# Simulation von Produktionssystemen mit SLAM

Thomas Witte
Thorsten Claus
Klaus Helling

# Simulation von Produktionssystemen mit SLAM

Eine praxisorientierte Einführung

 **ADDISON-WESLEY PUBLISHING COMPANY**

Bonn · Paris · Reading, Massachusetts · Menlo Park, California · New York
Don Mills, Ontario · Wokingham, England · Amsterdam · Milan · Sydney
Tokyo · Singapore · Madrid · San Juan · Seoul · Mexico City · Taipei, Taiwan

Die Deutsche Bibliothek – CIP-Einheitsaufnahme

**Witte, Thomas:**
Simulation von Produktionssystemen mit SLAM; Ein praxisorientierte Einführung /
Thomas Witte; Thorsten Claus; Klaus Helling. – Bonn; Paris;
Reading, Mass. [u. a.]: Addison-Wesley, 1994
   ISBN 3-89319-639-0

© 1994 Addison-Wesley (Deutschland) GmbH
1. Auflage 1994

Satz: Reemers EDV-Satz, Krefeld. Gesetzt aus der Sabon 10/12 Pkt.
Belichtung, Druck und Bindung: Bercker Graphischer Betrieb, Kevelaer
Produktion: Margrit Müller, München/Bonn
Umschlaggestaltung: Hommer Grafik-Design, Haar bei München

Das verwendete Papier ist aus chlorfrei gebleichten Rohstoffen hergestellt und alterungsbeständig. Die Produktion erfolgt mit Hilfe umweltschonender Technologien und unter strengsten Auflagen in einem geschlossenen Wasserkreislauf unter Wiederverwertung unbedruckter, zurückgeführter Papiere.

# Inhaltsverzeichnis

# Vorwort

*Simulanten* sind im allgemeinen Sprachgebrauch Menschen, die ein bestimmtes Verhalten vortäuschen. Durch die Imitation von charakteristischen Handlungen spiegeln sie ihrer Umwelt bewußt falsche Tatsachen vor. Die Simulation ist dagegen ein Vorgang, der Realität nachahmt. Die Imitation eines realen komplexen Systems durch ein Modell ist der erste Schritt der Simulation. Durch das Experimentieren mit diesem Ersatzsystem sollen Rückschlüsse auf das Verhalten des realen Systems gezogen werden. Die Güte einer Simulationsstudie hängt davon ab, wie gut das Modell das Verhalten des realen Systems abbildet. Im Gegensatz zum *Simulanten* hat der Ersteller eines Simulationsmodells sein Ziel dann erreicht, wenn sich Realität und Modell konsistent verhalten. Würde sein Modell falsche Tatsachen vorspiegeln, wären die Ergebnisse nicht brauchbar.

Die Fertigungsindustrie befindet sich weltweit im Umbruch. Organisatorische Strukturen und fertigungstechnische Abläufe ändern sich immer schneller. Kleinere Produktionsmengen, stärkere Kundenorientierung und steigendes Kostenbewußtsein setzen die Entscheidungsträger unter Druck. Die Simulation gilt als Schlüsseltechnologie zur Bewältigung dieser Probleme. In der Praxis wird die Simulation den hochgesteckten Erwartungen derzeit noch nicht gerecht. Der unzureichende Kenntnisstand über die Simulationstechnik und deren Anwendungsgebiete ist ein entscheidender Grund für die mangelnde Akzeptanz der Simulation in der Praxis.

Simulation wird derzeit nur an wenigen deutschen Universitäten und Fachhochschulen gelehrt, aber gerade im akademischen Bereich ist ein steigendes Interesse zu beobachten. Die Durchführung von Lehrveranstaltungen scheitert häufig am fehlenden Lehrmaterial. Eine fundierte Simulationsausbildung erfordert Kenntnisse aus so unterschiedlichen Bereichen wie der Systemtheorie, der Mathematik, der Informatik und der Simulationstechnik. Um Simulationsmodelle zur Lösung praktischer Problemstellungen zu entwickeln, muß der Modellbauer nicht nur das Instrument Simulation beherrschen, sondern auch über Wissen im Anwendungsgebiet verfügen.

Das vorliegende Buch versucht, diese Lücke auszufüllen. Es bietet eine kompakte praxisorientierte Einführung in die Simulation von Produktionssystemen mit dem Simulationssystem SLAMSYSTEM. Am einfachen Beispiel einer Fahrradfabrik werden grundlegende Modellierungstechniken für den Produktions- und Logistikbereich erläutert. Darüber hinaus werden Einsatzmöglichkeiten der Simulation, insbesondere der Animation, im Zusammenhang mit Fallstudien diskutiert. Neben einer detaillierten Darstellung der Elemente von SLAMSYSTEM enthält das Buch eine Sammlung von Modellierungsideen für die verschiedensten Anwendungsgebiete. Zahlreiche Aufgaben und Beispiele unterstreichen den Lehrbuchcharakter.

SLAMSYSTEM ist eine Entwicklungsumgebung für die Simulationssprache SLAM II (im folgenden kurz SLAM). SLAM (Simulation Language for Alternative Modeling) ist eines der am weitesten verbreiteten Softwareprodukte zur Erstellung von Simulationsmodellen. Die erste Version von SLAM wurde von Pritsker bereits 1979 entwickelt. Das Produkt hat sich auf dem Markt etabliert und wird regelmäßig an die neuesten Entwicklungen im Hard- und Softwarebereich angepaßt, um die Leistungsstärke des Systems zu erhöhen.

Im Fachgebiet Betriebswirtschaftslehre/Produktion der Universität Osnabrück wird SLAM seit mehr als zehn Jahren gelehrt. Vorlesungen vermitteln dabei die theoretischen Grundlagen zur Simulation. In Seminaren werden praxisnahe Problemstellungen mit SLAM analysiert. Die Studenten werden innerhalb eines Semesters in die Lage versetzt, größere Anwendungsfälle selbständig zu bearbeiten. Zahlreiche Diplomarbeiten in Kooperation mit Unternehmen dokumentieren den Erfolg der Ausbildung und die Tauglichkeit des Instruments zur Lösung praktischer Probleme.

Neben SLAM werden in Ausbildung und Forschung die Simulationssysteme FACTOR/AIM, SIMAN, WITNESS, SIMPLE++, MODSIM und PROSIMO eingesetzt. Für dieses Lehrbuch wurde die Simulationssprache SLAM ausgewählt, weil

▶ die Basiskonzepte leicht vermittelt werden können,
▶ der Sprachumfang verhältnismäßig gering ist,
▶ einfache Modellelemente eine sehr flexible Modellerstellung erlauben,
▶ Schnittstellen zu gängigen Programmiersprachen wie FORTRAN existieren,
▶ die Modellentwicklung transparent und gut dokumentierbar ist,
▶ die Durchführung kontinuierlicher und diskreter Simulationen möglich ist,
▶ geringe Hardwareanforderungen bestehen,
▶ eine Animation der Modelle durchführbar ist und
▶ das System auf verschiedenen Plattformen und Betriebssystemen verfügbar ist, einschließlich einer Student-Version.

Der Aufbau des Buches orientiert sich an den vielschichtigen Anforderungen der Simulation. Neben theoretischen Grundlagen zur Modellbildung, Statistik und Simulationstechnik werden die Elemente der Simulationssprache SLAM erörtert. Darüber hinaus ist es erforderlich, produktionswirtschaftliche Fragestellungen zu diskutieren. Das erste Kapitel widmet sich den theoretischen Grundlagen.

Das zweite Kapitel beschreibt wichtige Leistungsmerkmale von SLAMSYSTEM in Form eines Tutorials. Es vermittelt einen intuitiven Zugang zur Arbeit mit SLAMSYSTEM. In weniger als einer Stunde ist der Leser in der Lage, sein erstes Simulationsprogramm zu starten.

Kapitel drei und vier analysieren Problemstellungen einer Fahrradfabrik aus den Bereichen Reihenfolgeplanung, Kapazitätsplanung, Produktionsprogrammplanung, Lagerhaltung, Qualitätssicherung und Logistik mit Hilfe der Simulation. Für die verschiedenen Bereiche werden ausgewählte Probleme analysiert, modelliert, programmiert und ausgewertet. Jeder Abschnitt schließt mit einer Aufgabensammlung, die einerseits zur Wiederholung dient, andererseits anregen soll, eigene Simulationsmodelle zu entwickeln und zu analysieren.

Die Animation ist ein Verfahren zur Visualisierung und Präsentation von Simulationsergebnissen. Der Betrachter verfolgt auf dem Bildschirm, wie Einheiten in Warteschlangen eingestellt werden, Maschinen belegen und freigeben und sich durch das System bewegen. Auf einfache Art und Weise erfährt er, wie sich das Modell im Zeitablauf entwickelt und wo sich Engpässe ergeben. Im fünften Abschnitt wird aufgezeigt, wie eine Animation mit SLAMSYSTEM grundsätzlich erstellt werden kann. Begriff, Vor- und Nachteile sowie Grenzen der Animation werden diskutiert.

Die Gliederung der Einsatzgebiete der Simulation in der Produktion erfolgt in Kapitel sechs nach Planungsebenen. Eine Erläuterung wesentlicher Planungsprobleme der verschiedenen Ebenen wird durch die Angabe von Anwendungsfällen ergänzt. Dabei stehen mit SLAM erstellte Simulationsmodelle im Mittelpunkt. Die Schritte einer Simulationsstudie werden allgemein und am Beispiel einer Haushaltsgaszählermontage erläutert.

Die Beschreibung der Sprachelemente in Kapitel sieben beschränkt sich nicht nur auf die Syntax. Sie wird durch zahlreiche Beispiele und kleine Anwendungsfälle ergänzt. Durch diese Modellierungshinweise wird der Abschnitt zu einer Fundgrube für den Modellbauer, der über die vorgestellten Anwendungen Lösungshinweise für eigene Modellierungsprobleme findet. Da sich die Modellierung auf Fertigungssysteme beschränkt, die gut mit Hilfe der diskreten Simulation abgebildet werden können, sind die SLAM-Elemente zur kontinuierlichen Simulation weggelassen worden. Aus didaktischen Gründen werden die Schnittstellen zur Programmiersprache FORTRAN nicht beschrieben. Ein umfangreiches Literaturverzeichnis rundet das Buch ab.

Trends, die die Zukunft der Simulation bestimmen, zeichnen sich in vielen Forschungsaktivitäten ab, die folgende Schwerpunkte haben: Schnellere Modellentwicklung, höhere Genauigkeit und Strukturtreue der Modelle, Einsatz von graphischen Systemen zur Eingabe und Auswertung, Verbesserung des statistischen Instrumentariums sowie die Verknüpfung von Simulationswerkzeugen mit anderen computergestützten Planungsinstrumenten, z.B. Expertensystemen, Produktionsplanungssystemen und weiteren Systemen des Computer Integrated Manufacturing. Für die Betriebswirtschaftslehre bleibt es eine wichtige bislang noch nicht zufriedenstellend erledigte Aufgabe, den technisch orientierten Elementen von Simulationsmodellen kaufmännisch orientierte Elemente an die Seite zu stellen, um eine bei der Simulation mitlaufende ökonomische Bewertung der Systementwicklung zu ermöglichen.

Die Autoren danken allen, die mitgeholfen haben, dieses Lehrbuch fertigzustellen. Nicht namentlich genannt werden können die zahlreichen Studentinnen und Studenten, die in Lehrveranstaltungen und Diplomarbeiten unser Wissen über Möglichkeiten und kleine Mängel von SLAM mehrten. Für die redaktionelle Mitarbeit danken wir Frau cand. rer. pol. Carola Zieger und Herrn cand. rer. pol. Hartmut Wiese. Die Endredaktion hat Frau Dr. Brockhage übernommen. Frau Dr. Brockhage und Herr Wiese haben durch viele Anregungen zur erfolgreichen Fertigstellung des Buches beigetragen. Darüber hinaus sind wir der ExperTeam SimTex GmbH, Duisburg, und der Pritsker Corporation, Indianapolis, für die kostenlose Überlassung der Softwarepakete[1] zu Dank verpflichtet.

Simulation erlernt man durch Simulieren. Viel Spaß bei der Lektüre und der Arbeit mit SLAMSYSTEM wünschen

*Thomas Witte*
*Thorsten Claus*
*Klaus Helling*

---

1. Das Tutorial und die Beispiele im dritten Kapitel können mit der »student version« von SLAMSYSTEM (MS-WINDOWS) nachvollzogen werden. Die Animationen im Tutorial und im fünften Kapitel sowie die mit der Material Handling Extension erstellten Modelle des vierten Kapitels erfordern SLAMSYSTEM Version 3.0 (OS/2).

Die »student version« von SLAMSYSTEM sowie alle Beispielprogramme können vom Fachgebiet BWL/Produktion der Universität Osnabrück (49069 Osnabrück) gegen Erstattung der Versandkosten bezogen werden.

# 1 Grundlagen der Simulation von Produktionssystemen

## 1.1 Grundlagen der Produktion

### 1.1.1 Produktionssysteme und ihre Bestandteile

Produktion ist Leistungserstellung für andere Wirtschaftseinheiten (Adam 1993, Gutenberg 1983, Rieper/Witte 1993, Schweitzer 1993). Leistungen können dabei Sachgüter oder Dienstleistungen sein. Im folgenden beschränkt sich die Beschreibung auf die Fertigung von Sachgütern. Die Herstellung von Sachgütern ist ein Vorgang, bei dem Menschen und Anlagen tätig werden, um Rohmaterial und fremdbeschaffte Teile in Produkte umzuwandeln. Abbildung 1.1 enthält eine allgemeine Darstellung des Produktionsprozesses.

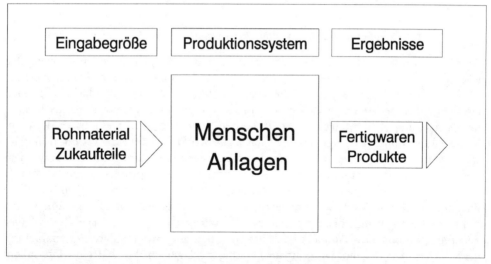

*Abbildung 1.1: Der Produktionsprozeß*

Diese Abbildung gibt einen verallgemeinernden Überblick auf einem relativ hohen Abstraktionsniveau. Die gewählte Sichtweise konzentriert sich auf Betriebsmittel und Personen, die direkt an der Wertschöpfung beteiligt sind. Der Herstellungsvorgang wird nicht näher spezifiziert, er wird als Blackbox angesehen. Mit Hilfe systemtheoretischer Ansätze ist es möglich, einen Herstellungsvorgang genauer zu analysieren, indem Elemente und Beziehungen identifiziert werden, die für eine gewählte Fragestellung wesentlich sind (Ulrich 1970). Dabei können Elemente, die zunächst als atomar eingestuft worden sind, weiter zerlegt werden. Sie bilden Teilsysteme. Abbildung 1.2 zeigt den Produktionsvorgang, insbesondere den Materialfluß, für eine stückorientierte Produktion, die hier aus einer Teilefertigung und einer Endmontage besteht.

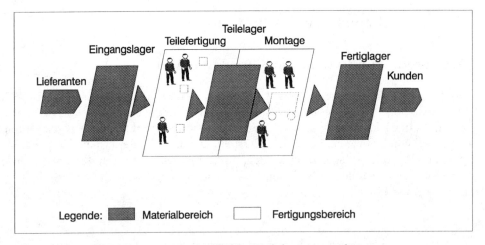

*Abbildung 1.2: Materialfluß bei Teilefertigung und Montage*

Sehr viele Konsumgüter, die im täglichen Leben eine Rolle spielen, sind aus Einzelteilen und Baugruppen zusammengesetzt. Dazu zählen z.B. Elektrogeräte, Fahrzeuge oder Möbel. Aber auch Investitionsgüter wie Maschinen oder Fabrikanlagen entstehen letztlich auf diese Weise. Jedes Teil, das in das Endprodukt eingeht, muß zuvor in einem selbständigen Vorgang hergestellt werden, soweit es nicht fertig beschafft wird. Dieser Herstellungsvorgang ist in gleicher Weise strukturiert wie die Produktion ingesamt: Material oder Vorprodukte werden durch Menschen und Maschinen zu einem Teil verarbeitet, das dann in einer Baugruppe oder einem Endprodukt weiterverwendet wird. Das gilt auch für den Montagevorgang, in dem Teile zu Baugruppen und diese wieder zu Endprodukten zusammengefügt werden. Diese Zerlegung des gesamten Produktionsvorganges in größere und kleinere Teilvorgänge ist in der Regel durch Läger gekennzeichnet, die die Aufgabe von Puffern haben und einzelne Bereiche unabhängiger voneinander machen. Das gilt für das Eingangslager mit beschafften Materialien, das Beschaffungsvorgänge von Produktionsvorgängen abgrenzt, für Zwischenläger mit Teilen und Vorprodukten, die sich zwischen aufeinanderfolgenden Fertigungsstufen befinden, und für Fertigwarenläger, die den Versand der fertigen Waren von der Produktion abkoppeln. Man ist bestrebt, die Läger klein zu halten, um geringe Kapitalbindungskosten zu haben. Dafür ist eine sorgfältige Abstimmung der einzelnen Bereiche und Vorgänge notwendig. Um Aufträge für Endprodukte verläßlich und geordnet erledigen zu können, müssen Materialflüsse und Fertigungsabläufe im voraus bedacht und festgelegt werden. Dabei kann die Simulation eine wesentliche Hilfe sein.

## 1.1.2 Ein Beispielbetrieb: Die Fahrradfabrik

Für die weiteren Überlegungen soll ein durchgängiges Beispiel genutzt werden. Die Auswahl des Beispiels beruht einerseits darauf, daß es eine Fertigungssituation zum Gegenstand hat, die hinreichend komplex ist, um die angesprochenen Konzepte zu demonstrieren. Andererseits müssen das Produkt und die Technologie auch für einen technisch interessierten Laien soweit vertraut sein, daß sich technische Erläuterungen in Grenzen halten können. Produkt und Fertigungsverfahren sollten ausgereift sein, damit der Beispielcharakter auch in Zukunft gewährleistet ist. Daher wurde als Beispielbetrieb eine Fahrradfabrik (Winkler/Rauch 1984) ausgewählt. An der Ausführung des Beispiels ist nicht nur etwas über die Fahrradproduktion zu lernen, sondern es kann nachvollzogen werden, wie eine konkrete Problemstrukturierung erfolgen kann.

Ausgangspunkt einer Anordnung von Fertigungsbereichen sind die zu erstellenden Produkte. Jedes Fahrrad besteht im wesentlichen aus fünf Baugruppen, die unabhängig von der konkreten Modellgestaltung als Rahmen, Lenkung, Laufräder, Antrieb und Ausrüstung gekennzeichnet werden können. Aus welchen Bestandteilen diese Baugruppen wiederum bestehen, ist in einer ersten Übersicht der Abbildung 1.3 zu entnehmen.

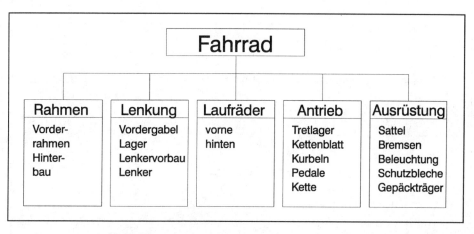

*Abbildung 1.3: Die Baugruppen eines Fahrrades*

Entsprechend diesen Baugruppen gestalten sich die Fertigungsbereiche. In jedem Fertigungsbereich werden für die Endmontage der Produkte die entsprechenden Teile und Baugruppen gefertigt und bereitgestellt. Die notwendigen Materialien werden einem Eingangslager entnommen. Das gilt zum Beispiel für die Rohre und Muffen, die im Rahmenbau benötigt werden. Die Anlagen und Werker, die in den einzelnen Bereichen zur Verfügung stehen, führen die Arbeitsgänge durch, die für die Herstellung des jeweiligen Teilproduktes benötigt werden. Im Rahmenbau etwa werden zunächst in der Rohrbearbeitung Rohre abgelängt und bearbeitet. Kleinteile wie Halterungen werden angelötet oder angeschweißt. Die rechte und die linke Hintergabel werden zusammengesetzt und gelötet oder geschweißt. Damit erfolgen zwei Vorfertigungen von Baugruppen, die im weiteren mit dem Gesamtrahmen verbunden werden. Das erfolgt bei der Gesamtlötung. Danach ist der Rahmen als Rohteil fertig. Er wird dann durch Sandstrahlen gereinigt und zum Rostschutz phosphatiert. Nach einer Qualitätsprüfung erfolgt dann mit Richten, Passungen Bearbeiten und Rahmennummer Einstempeln die Fertigbearbeitung. Schließlich wird der Rahmen mehrfach lackiert, wobei er jeweils einen Trockenofen durchlaufen muß. Dann kann er der Endmontage zur Verfügung gestellt werden, zu der auch die restlichen Baugruppen geliefert werden. Sie stammen aus Bereichen, die in entsprechender Weise wie der Rahmenbau die Arbeitsplätze enthalten, die für die jeweiligen Baugruppen nötig sind. Eine schematische Anordnung der Fertigungsbereiche findet sich in Abbildung 1.4. Aus ihr wird deutlich, daß auch die Fahrradfabrik den in Abschnitt 1.1 entwickelten Vorstellungen entspricht.

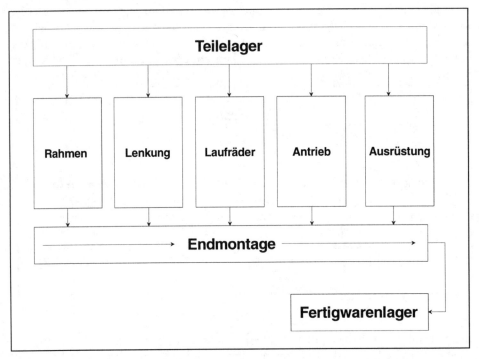

*Abbildung 1.4: Die Fertigungsbereiche in einer Fahrradfabrik*

Die skizzierte Fertigung wird genutzt, um Möglichkeiten der Simulation an konkreten realitätsnahen Situationen in einem konsistenten und zusammenhängenden Rahmen exemplarisch darzustellen.

# 1.2   Grundlagen der Simulation

## 1.2.1   Simulation

Simulation ist ein Vorgang, der Realität nachahmt. Er besteht im allgemeinen in der Abbildung eines komplexen realen Systems durch ein Ersatzsystem und dem Experimentieren mit diesem Ersatzsystem. Auf diese Weise soll das Verhalten des realen Systems untersucht werden (Shannon 1975, Pritsker 1979, Mertens 1982, Witte 1993). Die Untersuchungsergebnisse dienen dazu, das Systemverhalten zielgerichtet zu beeinflussen.

Im engeren Sinne wird unter Simulation im folgenden ein Vorgehen verstanden, Beschreibungen der Entwicklung von Merkmalen des realen Systems mit Hilfe eines Digitalrechners zu erzeugen. Die Zustandsgeschichten werden ausgewertet, um Kenntnisse über das reale System zu gewinnen (Witte 1973). Als Ersatzsystem dient dann ein computergestütztes Modell in Form eines Rechnerprogramms. Es ahmt das dynamische Verhalten des realen Systems nach und spiegelt es in künstlich erzeugten Zustandsgeschichten wider. Experimente sind dabei Programmdurchläufe mit unterschiedlichen Parametern, die entsprechende Zustandsgeschichten zum Ergebnis haben. Simulationsverfahren dienen der Strukturierung, Programmierung und Auswertung von derartigen Ersatzsystemen.

### Der systemtheoretische Hintergrund der Modellbildung

Ersatzsysteme, die für Simulationen genutzt werden, haben einen speziellen Modellcharakter, der sich systemtheoretisch erläutern läßt (Witte 1973, Zeigler 1976). Ein reales System wird dabei als eine Menge von Elementen verstanden, die untereinander in Beziehung stehen und sich gegenseitig beeinflussen. Die Elemente lassen sich durch Merkmale beschreiben, die zu einem gegebenen Zeitpunkt bestimmte Ausprägungen haben. Beziehungen zwischen den Elementen kommen dadurch zum Ausdruck, daß ihre Merkmalsausprägungen nicht in jeder theoretisch möglichen Kombination auftreten können. Die Gesamtheit der Merkmalsausprägungen, die die Elemente eines Systems zu einem bestimmten Zeitpunkt haben, ist der Zustand des Systems. Das Verhalten des Systems kommt durch Zustandsänderungen zum Ausdruck. Merkmale können sich im Zeitablauf ständig oder nur zu bestimmten Zeitpunkten verändern. Dementsprechend unterscheidet man kontinuierliche oder diskrete Zustandsänderungen. Diskrete Zustandsänderungen werden auch als Ereignisse bezeichnet. Eine Beschreibung der zeitlichen Abfolge von sich ändernden Zuständen heißt Zustandsgeschichte. Die Zustandsgeschichte des Systems erfaßt die gemeinsame Entwicklung der Merkmale der Systemelemente. Der Übergang von einem Systemzustand zu einem anderen erfolgt nach Regeln. Dabei können die Systemzustände zufallsabhängig sein. Will man ein System zielorientiert beeinflussen und bevorzugte Systemzustände herbeiführen, müssen die direkt beeinflußbaren Elemente bekannt sein. Ihre Merkmalsausprägungen sind dann so festzulegen, daß sich aufgrund der Transformationsregeln bevorzugte Systemzustände einstellen.

### Der besondere Charakter von Simulationsmodellen

Ein computerbasiertes Modell eines realen Systems benutzt Variablen, um die Merkmale der betrachteten Objekte zu beschreiben. Die Variablenwerte stellen die Merkmalsausprägungen dar. Den Zustandsgeschichten entsprechen Zeitreihen. Bei zufallsabhängigen Merkmalen sind die entsprechenden Variablen Zufallsgrößen, die zugehörigen Zustandsgeschichten sind Realisierungen von stochastischen Prozessen. Die Transformationsregeln des Systems müssen durch Regeln zur Fortschreibung der Variablenwerte im Zeitablauf erfaßt werden. Der Unterschied zwischen analytischen Modellen und Simulationsmodellen besteht in der Art und Weise, wie solche Regeln zur Festlegung der Beziehungen zwischen den Variablen formuliert werden. Bei analytischen Modellen werden die Regeln im wesentlichen im Rahmen einer einzigen mathematischen Teildisziplin wie der linearen Algebra oder der Funktionalanalysis formuliert. Die Teildisziplin liefert dann auch das formale Instrumentarium für Optimierungsüberlegungen. Die Beziehungen müssen dafür in den Strukturen der Teildisziplin abbildbar sein. Das ist bei Simulationsmodellen nicht der Fall. Hier können alle erdenklichen Algorithmen ausgenutzt werden, um realitätsgerechte Fortschreibungen der Variablen vorzunehmen. Dazu reicht die Kenntnis darüber, was ausgehend von einem bestimmten Zustand als nächstes passieren kann und wie sich die relevanten Größen kurzfristig beeinflussen. Die synchronisierte Fortschreibung der Variablenwerte sorgt für die Darstellung des Gesamtverhaltens des Systems. Durch entsprechende Computerprogramme werden die sachlichen und zeitlichen Zusammenhänge zwischen den Systemmerkmalen in Beziehungen zwischen den Modellvariablen umgesetzt. Man spricht auch von einer prozeduralen Beschreibung der Beziehungen (Franta 1977). Eine besondere Rolle spielt dabei die Fortschreibung der Zeit, weil sich an ihr die Fortschreibung der übrigen Variablen orientiert.

## 1.2.2   Simulationswerkzeuge

### Systematisierung

Die Zahl der kommerziell verfügbaren Softwareprodukte zur Unterstützung der Simulation wächst ständig. Ein Überblick von 1987 gibt mehr als 150 Produkte für die unterschiedlichsten Aufgabenstellungen und die verschiedensten Hardwarekonfigurationen an (Pratt 1987). Eine Marktstudie im deutschsprachigen Raum zeigte über 80 Simulationswerkzeuge auf, die sich speziell dem Themenkomplex Produktion und Logistik widmen (Noche 1991). Die Softwareprodukte erleichtern das Erstellen und Auswerten von Simulationsmodellen dadurch, daß sie vorformulierte Sprachelemente und Routinen zur Verfügung stellen. Dazu zählen zum Beispiel Datenstrukturen zur Beschreibung von Systemzuständen, Routinen für ihre Änderung, Prozeduren zur Steuerung des Zeitablaufs und des dynamischen Verhaltens der Modellgrößen sowie Auswertungsroutinen und Ergebnisreports. Solche Programmteile können natürlich auch in einer allgemeinen Programmiersprache geschrieben werden (Law/Kelton 1982, Bratley/Fox/Schrage 1987). Der Vorteil eines Simulationswerkzeuges besteht in der einfacheren und schnelleren Programmerstellung mit vorformulierten Konzepten, die in der Regel auch schon die Modellbildung vereinfachen. Der Vorteil geht verloren, wenn Sachverhalte modelliert werden müssen, die in dem Simulationswerkzeug nicht explizit vorgesehen sind.

Simulationswerkzeuge basieren in der Regel auf einer allgemeinen Programmiersprache. Sie lassen sich danach unterscheiden, ob ihnen grundsätzlich eine kontinuierliche oder eine diskrete Sichtweise des realen Systems zugrunde liegt (Spriet/Vansteenkiste 1982). Abbildung 1.5 stellt eine entsprechende Klassifikation dar.

### Werkzeuge für kontinuierliche Simulationen

Im kontinuierlichen Fall werden zur Darstellung des Systemzustandes Differential- oder Differenzengleichungen genutzt. Dabei sind Zeitfortschreibungsmechanismen naheliegend, die mit gleichbleibenden Zeitzuwächsen arbeiten. Die Fortschreibung der Systemzustände geschieht dann in einem gleichmäßigen Zeittakt. Werkzeuge zur Simulation zeitkontinuierlicher Systeme sind z.B. CSMP (IBM 1974), CSSL (Control Data 1971, Nilsen 1976) und DYNAMO (Pugh 1976, Zwicker 1981). Sie unterstützen die Modellierung durch relativ wenige, abstrakte Sprachelemente zur Formulierung der Modelle und stellen numerische und graphische Routinen zur Auswertung zur Verfügung. DYNAMO-Programme etwa kommen mit 13 unterschiedlichen Anweisungstypen aus. Sie bestehen im wesentlichen aus Differenzengleichungen, die Akkumulationsvariablen mit Hilfe von Veränderungsvariablen im Zeitablauf fortschreiben. Die Länge des Zeitschrittes und Anfangswerte für die Akkumulationsvariablen sind vorzugeben. Für Zwischenrechnungen können Hilfsvariablen genutzt werden. Ergebnisse werden in einem Graph dargestellt, in dem die Entwicklung der Variablen im Zeitablauf angegeben ist.

Ein auf PCs weitverbreitetes Instrument, das auch von Nicht-Spezialisten für einfache Simulationen im Sinne von »Wenn-dann«-Analysen genutzt werden kann und demzufolge weite Verbreitung gefunden hat, ist die Tabellenkalkulation (Jackson 1988).

### Diskrete Simulationssprachen

In diskreten Systemen läßt sich der Zeitfortschreibungsmechanismus grundsätzlich ereignis- oder aktivitätsorientiert organisieren (Hooper 1986). Bei der ereignisorientierten Simulation werden die Ereignisse explizit in einem Kalender festgelegt und entsprechend ihrer zeitlichen Reihenfolge abgearbeitet. Die Fortschreibung der Ereignisse erfolgt über die Festlegung und Terminierung von Folgeereignissen.

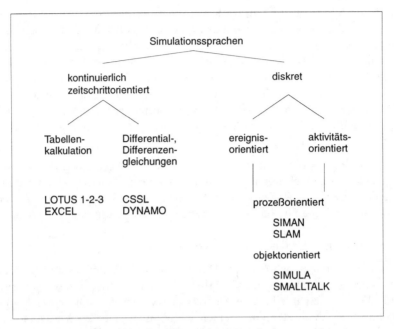

*Abbildung 1.5: Klassifikation von Simulationssprachen*

Eine Reihe von diskreten Simulationssprachen realisierten ursprünglich ausschließlich derartige Konzepte. Dazu zählen zum Beispiel SIMSCRIPT (Kiviat/Villanueva/ Markowitz 1973) oder GASP (Pritsker 1974). Aktivitätsorientierte Konzepte gehen davon aus, daß die Elemente zwischen den Ereignissen mit Aktivitäten beschäftigt sind, für deren Beginn und Ende bestimmte Bedingungen gelten müssen. Ereignisse werden dann implizit terminiert. Insbesondere in England wurden auf der Basis derartiger Überlegungen Sprachen wie CSL und ECSL entwickelt (Clementson 1973), die sich aber nicht durchsetzen konnten.

Diskrete Sprachen mit nennenswerten Anwendungszahlen (Christy/Watson 1983) verbinden beide Konzepte zum prozeßorientierten Ansatz. Er beschreibt den Durchlauf von mobilen Elementen durch ein Netzwerk von stationären Elementen etwa im Sinne von Kunden oder Aufträgen, die mehrere Bedien- oder Bearbeitungsstationen durchlaufen. Die dabei auftretende Abfolge von Schritten wird zu Prozessen zusammengefaßt. Ereignisse können sowohl explizit terminiert als auch durch Bedingungen festgelegt werden. Die Modellierung besteht im wesentlichen in der Festlegung der Art und Abfolge der Prozeßschritte. Häufig wird man dabei von einem graphischen Netzwerkgenerator unterstützt, der die zu durchlaufenden Stationen in Form von Knoten erfaßt. Bedingte und unbedingte Verzweigungen, im Netzwerk durch entsprechende Pfeile dargestellt, legen den Weg der mobilen Elemente durch die Stationen fest. Mobile Elemente werden durch Attributlisten beschrieben. Vertreter des prozeßorientierten Konzeptes sind GPSS (Schriber 1974, Gordon 1975, Henriksen 1983), SLAM (Pritsker 1986) und SIMAN (Pegden 1987). Neben den prozeßorientierten Elementen enthalten sie zusätzlich noch Sprachelemente für die kontinuierliche Simulation sowie für die Verknüpfung der beiden Konzepte. Sie bieten auch umfangreiche Unterstützung bei der Ergebnisanalyse in der Form von standardisierten Ergebnisberichten, statistischen Tests und graphischen Aufbereitungsmöglichkeiten. Darüberhinaus ermöglichen angeschlossene Animationssysteme die Darstellung der Abläufe in bewegten Bildern. Animationen unterstützen das Austesten des Modells und können für die Entscheidungsträger, die nicht mit den Details der Simulation vertraut sind, von großer Überzeugungskraft sein. Systeme wie TESS (Standridge/Pritsker 1987) oder FACTOR/AIM (Pritsker 1992) vereinen die angesprochenen Werkzeuge und erleichtern die Verwaltung von Simulationsprojekten mit Hilfe von Datenbankfunktionen.

Eine Reihe von Simulationswerkzeugen, sogenannte Simulatoren wie z. B. XCELL (Conway/Maxwell/McClain 1987), wurden für spezielle Anwendungsgebiete geschaffen. Sie verfügen über graphische Benutzeroberflächen, die eine schnelle und leichte Modellierung ohne Programmierung erlauben. Erfahrungsgemäß werden bei realistischen Problemen die Grenzen, die durch die Spezialisierung gezogen sind, jedoch schnell erreicht. In jüngerer Zeit wird das Konzept der prozeßorientierten Simulation weiterentwickelt zur objektorientierten Simulation (Witte/Grzybowski 1988, Guasch 1990). Die Grundidee geht auf die objektorientierten Programmiersprachen SIMULA (Birtwistle 1979) und SMALLTALK (Goldberg/Robson 1983) zurück. Bei objektorientierter Simulation werden sämtliche Elemente des Systems dynamisch erzeugt. Auf diese Weise werden rein datengetriebene Simulationen möglich und die Verknüpfung der Simulation mit anderen EDV-gestützten Planungssystemen wird wesentlich erleichtert (Witte 1990).

## 1.2.3  Ereignisorientierte Simulation

### Allgemeine Vorgehensweise

Die ereignisorientierte Zeitfortschreibung ist auch Grundlage der prozeß- und objektorientierten Vorgehensweise. Durch sie läßt sich die Funktionsweise von Simulationsmodellen erklären. In ereignisorientierten Systemen erfolgt eine Zustandsänderung, d.h. eine Fortschreibung der Tabellen, durch terminierte Ereignisse. Die Steuerung der zeitlichen Abfolge der Ereignisse übernimmt ein Ereigniskalender. Der Ereigniskalender ist eine Tabelle oder Liste zukünftiger Ereignisse, die vom Simulationssystem beim Nachvollzug der Vorgänge im realen System verarbeitet werden müssen. Für jedes Ereignis wird im Kalender der Eintreffenszeitpunkt, der Typ und spezifische Informationen nachgehalten. Typische Ereignisse bei der Simulation von Produktionssystemen sind z.B. Zugänge von Aufträgen, Umrüsten von Maschinen, Ausfälle von Maschinen oder Fertigstellungen von Aufträgen.

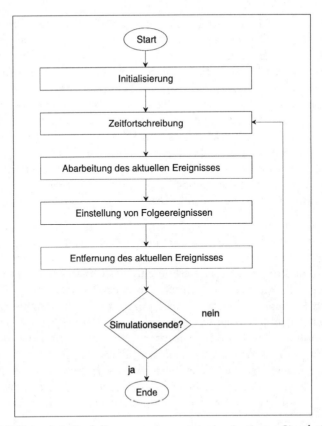

*Abbildung 1.6: Grobdiagramm einer ereignisorientierten Simulation*

Der Ablaufplan in Abbildung 1.6 zeigt die Steuerung der ereignisorientierten Simulation in einem Grobdiagramm (Law/Kelton 1982, S. 7). Im Schritt Initialisierung wird davon ausgegangen, daß die Strukturen des formalen Modells festgelegt sind. Dazu sind der Aufbau der Zustandstabellen, die Typen der auftretenden Ereignisse und die Algorithmen zur Ereignisfortschreibung zu definieren. Die Initialisierung legt dann die Ausgangszustände des Systems fest. Die Simulationszeit wird auf den Startzeitpunkt, in der Regel null, gesetzt, ein Endzeitpunkt für die Simulation kann definiert werden. Der Ereigniskalender wird durch die Eintragung des ersten Ereignisses und weiterer terminierter Ereignisse initialisiert. Bei der Zeitfortschreibung springt die Simulationszeit auf den frühesten Eintreffenszeitpunkt der im Ereigniskalender befindlichen Ereignisse. Das Ereignis mit dem frühesten Eintreffenszeitpunkt wird aktuelles Ereignis. Der Zeitfortschreibungsmechanismus der ereignisorientierten Simulation wird in der englischsprachigen Literatur treffend als next-event-time-advance bezeichnet. Die Abarbeitung des aktuellen Ereignisses erfolgt gemäß eines zugehörigen Algorithmus, der die Zustandstabellen aktualisiert und Folgeereignisse generiert.

Wenn die Ereignisabarbeitung Folgeereignisse generiert, erfolgt im nächsten Schritt die Einstellung der Folgeereignisse in den Ereigniskalender. Nach der Entfernung des aktuellen Ereignisses aus dem Ereigniskalender wird geprüft, ob das Simulationsende erreicht ist. Wenn die Simulationszeit dem festgelegten Endzeitpunkt entspricht oder der Ereigniskalender keine weiteren Ereignisse enthält, ist das Ende der Simulation erreicht. Andernfalls wird der Schritt Zeitfortschreibung erneut angestoßen, damit die Abarbeitung des nächsten Ereignisses nach dem gleichen Schema erfolgen kann.

Die Simulation einer einfachen Bedienstation illustriert im nächsten Abschnitt die Vorgehensweise der ereignisorientierten Simulation. Dabei werden die Tabellen von Hand fortgeschrieben. Für komplexe Simulationen realer Systeme ist eine Durchführung der Simulation per Hand nicht mehr praktikabel, so daß der Computer diese Vorgänge übernimmt.

### Simulation einer einfachen Bedienstation

Ein Arbeitsgang bei der Felgenproduktion für Fahrräder ist das Bohren der Löcher für die Speichen. Die Felgen werden dazu einzeln in eine Maschine gelegt. Vereinfachend wird angenommen, daß der Vorgang eine Bearbeitungszeit von drei Minuten benötigt, und daß die Felgen aus der vorgelagerten Fertigungsstation in Abständen zwischen einer und drei Minuten an der Bohrstation ankommen. Für die Simulation werden die folgenden Ankunftszeiten der Felgen unterstellt. Die erste Felge kommt zum Zeitpunkt null, die zweite zum Zeitpunkt zwei, die dritte eine Minute später. Felge vier trifft zum Zeitpunkt fünf ein und Felge fünf zum Zeitpunkt acht. Abbildung 1.7 veranschaulicht die Bearbeitung der Felgen an der Bohrmaschine im Zeitablauf.

In ihr sind die Felgen durch Kreise dargestellt und in der Reihenfolge der Ankunft durchnumeriert. Die Bohrmaschine ist als Quadrat gezeichnet, das die Nummer der Felge enthält, die die Maschine belegt. Die Übersicht gibt den Status der Warteschlange und der Bohrmaschine für die ersten 9 Minuten wieder. Als Ergebnis läßt sich eine hundertprozentige Auslastung der Bohrmaschine und ein stetiges Anwachsen der Warteschlange festhalten. Eine Simulation über einen längeren Zeitraum wird den beobachteten Effekt noch verstärken, da die Abarbeitungsrate an der Bohrmaschine kleiner als die Ankunftsrate der Felgen ist.

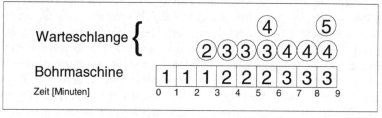

*Abbildung 1.7: Schematische Darstellung eines Bearbeitungsvorgangs*

Die Abbildung 1.7 stellt das Simulationsergebnis anschaulich dar, über die Vorgehensweise werden aber keinerlei Hinweise gegeben. Rechner können nur Simulationen durchführen, wenn ihnen ganz genau mitgeteilt wird, was wann zu tun ist. Es sind daher Datenstrukturen und Algorithmen zu definieren.

In einem zweiten Schritt müssen die Ereignistypen definiert werden, die zur Abbildung dieses Systems erforderlich sind. Dabei handelt es sich hier um die Ereignisse Zugang zum System und Fertigstellung einer Felge. Neben dem Typ und dem Eintreffenszeitpunkt enthält ein Ereignis einen Bezeichner, der angibt, welche Felge von dem Ereignis betroffen ist. Die Abbildungen 1.8 und 1.10 geben die Algorithmen für die Ereignisse an. Abbildung 1.9 enthält den Vorgang Bearbeitung, der Bestandteil beider Ereignisse sein kann (Page 1991, S. 45ff).

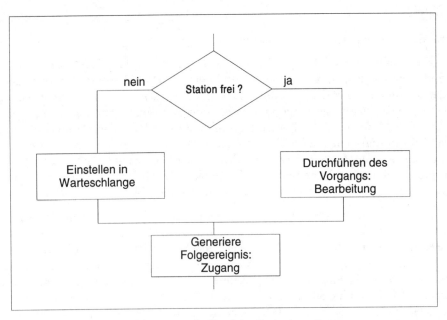

*Abbildung 1.8: Grobablauf des Ereignisses Zugang*

Wenn eine Felge das System erreicht, wird überprüft, ob die Bohrmaschine frei ist. Falls die Maschine bereits von einer anderen Felge besetzt ist, muß die ankommende Felge in eine Warteschlange eingestellt werden. Der Einstellungsvorgang ändert den Zustand der Felge und der Warteschlange, d.h. beide Tabellen werden aktualisiert. Falls die ankommende Felge auf eine freie Maschine stößt, kann der Bearbeitungsvorgang sofort beginnen. Jetzt wird der Vorgang Bearbeitung angestoßen. Er verändert zunächst den Systemzustand der Felge und der Bohrmaschine. Anschließend wird ein Folgeereignis Fertigstellung zum Zeitpunkt, der sich aus der aktuellen Simulationszeit und der Bearbeitungszeit ergibt, generiert und in den Ereigniskalender eingetragen.

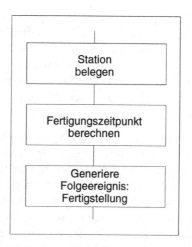

*Abbildung 1.9: Grobablauf des Vorgangs Bearbeitung*

Der Zugang der nächsten Felge wird ebenfalls mit einem Folgeereignis realisiert. Ein entsprechender Eintrag erfolgt im Ereigniskalender zum Zeitpunkt, der sich aus der aktuellen Simulationszeit und der Zwischenankunftszeit berechnet. Zu Beginn der Simulation müssen also nicht alle Zugänge innerhalb des Simulationszeitraumes in den Kalender eingetragen werden.

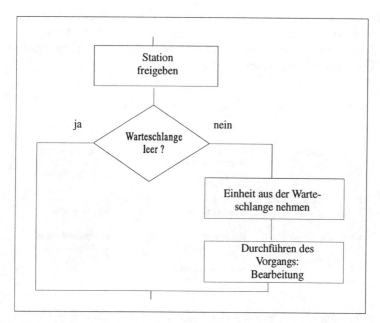

*Abbildung. 1.10: Grobablauf des Ereignises Fertigstellung*

Durch das Ereignis Fertigstellung wird nach Abschluß des Bohrvorgangs die Maschine freigegeben, d.h. der Systemstatus ändert sich hinsichtlich der Bohrmaschine und der Felge. Wenn Felgen vor der Station warten, wird nach dem FIFO-Prinzip (First-In-First-Out) eine Felge aus der Warteschlange entnommen und die Warteschlangentabelle aktualisiert. Anschließend wird zum aktuellen Simulationszeitpunkt der Vorgang ausgeführt. Das Ereignis Fertigstellung generiert also ein Folgeereignis Fertigstellung, wenn die Warteschlange nicht leer war.

Bei Durchführung der Simulation des Beispiels ergeben sich im Betrachtungszeitraum fünf Zugangs- und drei Fertigstellungsereignisse. Die folgende Übersicht zeigt auf der linken Seite den Zustand des realen Systems und rechts die zugehörige Computerrepräsentation zu den Zeitpunkten 0, 2, 3, 5, 6, 8 und 9. Bei der Darstellung wird unterstellt, daß die Ereignisse zu den jeweiligen Zeitpunkten vollständig abgearbeitet sind. Die Computerrepräsentation enthält die notwendigen Informationen, um ein Simulationsmodell des realen Systems zu verwalten. Der Systemstatus zeigt den Zustand der Bohrmaschine und der Warteschlange an. Die Zahlen neben der Bohrmaschine bzw. neben der Warteschlange geben die Nummer der Felge an, die die Bohrmaschine zum aktuellen Simulationszeitpunkt belegt bzw. in der Warteschlange steht. Ist die Maschine nicht belegt oder die Warteschlange leer, erscheint eine null. Für die im System befindlichen Felgen wird als Statusinformation deren Nummer und Ankunftszeit nachgehalten. Der Ereigniskalender listet bezogen auf die aktuelle Simulationszeit den Zeitpunkt, den Ereignistyp und die Nummer der zugehörigen Felge der zukünftigen Ereignisse auf.

Die ersten Zugangsereignisse und das erste Fertigstellungsereignis sollen etwas genauer betrachtet werden, um den Ablauf der Simulation zu verdeutlichen. Zum Zeitpunkt null wird der Ereigniskalender durch die Eintragung des ersten Zugangsereignisses initialisiert. Die Abarbeitung dieses Zugangs beginnt.

| Reales System | Computerrepräsentation | |
|---|---|---|
| Zeit = 0 | **Systemstatus** | Simulationszeit 0 |
| Bohrmaschine [1] | Bohrmaschine 1 | **Ereigniskalender** |
|  | Warteschlange 0 | 2 Zugang          2 |
| Warteschlange | Felgen | 3 Fertigstellung 1 |
|  | Nummer Ankunft | |
|  | 1          0 | |
| Zeit = 2 | **Systemstatus** | Simulationszeit 2 |
| Bohrmaschine [1] | Bohrmaschine 1 | **Ereigniskalender** |
|  | Warteschlange 2 | 3 Fertigstellung 1 |
| Warteschlange (2) | Felgen | 3 Zugang          3 |
|  | Nummer Ankunft | |
|  | 1          0 | |
|  | 2          2 | |

*Abbildung 1.11: Reales System und Computerrepräsentation (Teil I)*

| Reales System | Computerrepräsentation | |
|---|---|---|
| **Zeit = 3** | **Systemstatus** | Simulationszeit 3 |
| Bohrmaschine [2] <br> Warteschlange (3) | Bohrmaschine 2 <br> Warteschlange 3 <br> Felgen <br> Nummer Ankunft <br> 2    2 <br> 3    3 | **Ereigniskalender** <br> 5 Zugang     4 <br> 6 Fertigstellung  2 |
| **Zeit = 5** | **Systemstatus** | Simulationszeit 5 |
| Bohrmaschine [2] <br> Warteschlange (3) <br> (4) | Bohrmaschine 2 <br> Warteschlange 3, 4 <br> Felgen <br> Nummer Ankunft <br> 2    2 <br> 3    3 <br> 4    5 | **Ereigniskalender** <br> 6 Fertigstellung  2 <br> 8 Zugang     5 |
| **Zeit = 6** | **Systemstatus** | Simulationszeit 6 |
| Bohrmaschine [3] <br> Warteschlange (4) | Bohrmaschine 3 <br> Warteschlange 4 <br> Felgen <br> Nummer Ankunft <br> 3    3 <br> 4    5 | **Ereigniskalender** <br> 8 Zugang     5 <br> 9 Fertigstellung  3 |
| **Zeit = 8** | **Systemstatus** | Simulationszeit 8 |
| Bohrmaschine [3] <br> Warteschlange (4) <br> (5) | Bohrmaschine 3 <br> Warteschlange 4, 5 <br> Felgen <br> Nummer Ankunft <br> 3    3 <br> 4    5 <br> 5    8 | **Ereigniskalender** <br> 9  Fertigstellung 3 <br> 10 Zugang    6 |
| **Zeit = 9** | **Systemstatus** | Simulationszeit 9 |
| Bohrmaschine [4] <br> Warteschlange (5) | Bohrmaschine 4 <br> Warteschlange 5 <br> Felgen <br> Nummer Ankunft <br> 4    5 <br> 5    8 | **Ereigniskalender** <br> 10 Zugang    6 <br> 12 Fertigstellung 4 |

*Abbildung 1.12: Reales System und Computerrepräsentation (Teil II)*

Da die Bohrmaschine nicht belegt ist, kann die Bearbeitung der Felge 1 sofort erfolgen. Der Vorgang Bearbeitung sorgt für die Belegung der Bohrmaschine mit der ersten Felge und trägt das Folgeereignis Fertigstellung der Felge 1 zum Zeitpunkt 3 in den Ereigniskalender ein. Anschließend wird der Zeitpunkt des nächsten Zugangs berechnet und daher das Ereignis Zugang der Felge 2 zum Zeitpunkt 2 in den Ereigniskalender eingetragen. Die Abbildung 1.11 zeigt die Computerrepräsentation zum Zeitpunkt null nach Abschluß dieser Transaktionen (Law/Kelton 1982, S. 12f). Das aktuelle Ereignis wird aus dem Ereigniskalender gestrichen. Der Zeitfortschreibungsmechanismus setzt die Simulationszeit gleich dem frühesten Eintreffenszeitpunkt der im Ereigniskalender abgelegten Ereignisse. Der Zugang zum Zeitpunkt 2 wird also aktuelles Ereignis und entsprechend der zugehörigen Ereignisroutine abgearbeitet. Das Ergebnis ist wieder in Abbildung 1.11 dargestellt.

Das nächste abzuarbeitende Ereignis ist die Fertigstellung von Felge 1 zum Zeitpunkt 3. Die Bohrmaschine wird freigegeben. Da die Warteschlange nicht leer ist, kann die nächste Felge zur Bearbeitung entnommen werden. Die Bohrmaschine wird mit der Felge 2 belegt. Dann wird der Fertigstellungszeitpunkt dieser Felge berechnet, und das entsprechende Fertigstellungsereignis wird mit dem Zeitpunkt 6 in den Ereigniskalender eingetragen. Die weitere Entwicklung bis zum Zeitpunkt 9 ist in der Abbildung 1.12 dargestellt.

Die Zusammenstellung weist auf ein Problem der ereignisorientierten Simulation hin. Vorgänge, die in der Realität parallel ablaufen, lassen sich im Rechner oder mit dem Bleistift nur sequentiell durchführen. Zum Zeitpunkt 3 wird z.B. die erste Felge fertiggestellt und mit der Bearbeitung von Felge 2 begonnen. Außerdem erfolgt zum Zeitpunkt 3 der Zugang der dritten Felge. Es stellt sich die Frage, ob das Zugangsereignis oder das Fertigstellungsereignis zuerst ausgeführt werden soll. Würde das Zugangsereignis zuerst ausgeführt, müßte eine Entscheidung getroffen werden, ob zuerst Felge 2 oder Felge 3 aus der Warteschlange genommen werden soll. Wenn mehrere Ereignisse den gleichen Eintreffenszeitpunkt haben, ist die Reihenfolge der Abarbeitung dieser Ereignisse willkürlich. In dem Beispiel hat die Reihenfolge der Ereignisabarbeitung keinen Einfluß auf die Ergebnisse der Simulation, da die Felgen in der Warteschlange nach dem FIFO-Prinzip ausgewählt werden. Simulationsergebnisse können aber grundsätzlich abhängig von der logischen Abarbeitungsreihenfolge der anstehenden Ereignisse sein.

Die Tabellen 1.1 bis 1.4 spiegeln das Ablaufprotokoll und die Zustandsgeschichte des Simulationssystems wider. Die Ergebnisse der Simulation sind in Tabellen dokumentiert. Das Ablaufprotokoll enthält eine Liste aller abgearbeiteten Ereignisse. Es darf nicht mit dem dynamischen Ereigniskalender verwechselt werden. Die Zustandsgeschichten der Felgen, der Bohrmaschine und der Warteschlange bilden die Grundlage der statistischen Analyse der Simulationsergebnisse. Beispielsweise ermöglicht die Zustandsgeschichte der Bohrmaschine die Ermittlung der Auslastung dieser Ressource, die der Warteschlange Aussagen über die durchschnittliche Warteschlangenlänge und die Zustandsgeschichte der Felgen die Errechnung der Durchlaufzeiten.

| Zeit | Ereignis | Felge |
|---|---|---|
| 0 | Zugang | 1 |
| 2 | Zugang | 2 |
| 3 | Fertigstellung | 1 |
| 3 | Zugang | 3 |
| 5 | Zugang | 4 |
| 6 | Fertigstellung | 2 |
| 8 | Zugang | 5 |
| 9 | Fertigstellung | 3 |

*Tabelle 1.1: Ablaufprotokoll*

| Zeit | Zustand | Belegungszeit |
|---|---|---|
| 0 | 1 | 3 |
| 3 | 2 | 3 |
| 6 | 3 | 3 |
| 9 | 4 | 3 |

*Tabelle 1.2: Zustandsgeschichte der Bohrmaschine*

| Nummer | Ankunft | Abgang |
|---|---|---|
| 1 | 0 | 3 |
| 2 | 2 | 6 |
| 3 | 3 | 9 |
| 4 | 5 | - |
| 5 | 8 | - |

*Tabelle 1.3: Zustandsgeschichte der Felgen*

| Zeit | Zustand |
|------|---------|
| 2    | 2       |
| 3    | 3       |
| 5    | 3, 4    |
| 6    | 4       |
| 8    | 4,5     |
| 9    | 5       |

*Tabelle 1.4: Zustandsgeschichte der Warteschlange*

## 1.2.4 Zufallsvariablen als Eingabegrößen von Simulationsmodellen

### Grundvorstellungen der Wahrscheinlichkeitsrechnung

Das Verhalten von Produktionssystemen unterliegt vielfältigen zufallsbedingten Einflüssen. Dazu können zum Beispiel gehören

- die Art und der Umfang von Aufträgen, die in einer Zeiteinheit eine Werkstatt erreichen,
- die Zeitdauer, die zwischen dem Eintreffen von Aufträgen vergeht,
- der Ausfall von Maschinen oder der Krankenstand des Personals,
- die Ausführungszeiten von Vorgängen wie Bearbeitung oder Transport oder
- auch das Auftreten von Qualitätsmängeln nach Art und Häufigkeit.

Häufig ist man in der Lage, solche Sachverhalte mathematisch mit Hilfe von Zufallsvariablen zu erfassen. Eine Zufallsvariable beschreibt den Sachverhalt als Ergebnis eines Glücksspiels oder Zufallsexperiments, das einen beliebigen Wert aus einem Wertebereich zum Ausgang haben kann (Schlittgen 1991, S. 80ff). Welches Ergebnis sich realisiert, ist im Einzelfall nicht vorhersehbar, aber bei einer großen Anzahl von Wiederholungen läßt sich etwas über die Häufigkeit von Realisierungen in den verschiedenen Teilbereichen des Wertebereichs sagen.

### Diskrete Zufallsvariablen

Ein einfaches Beispiel für eine Zufallsvariable ist das Ergebnis, das man beim Würfeln mit einem sechsseitigen Würfel erhält. Der Wertebereich der Ergebnisse besteht aus den ganzen Zahlen von 1 bis 6. Bei einer hinreichend großen Anzahl von Wiederholungen wird jeder Wert ungefähr mit einem Anteil von 1/6 vertreten sein.

Zufallsabhängige Sachverhalte wie die Resultate beim Würfeln oder auch beim Roulette- oder Lottospielen, die eine abzählbare Anzahl von möglichen Ergebnissen haben, lassen sich mathematisch durch diskrete Zufallsvariable beschreiben. Sie stellen letztlich einen bequemen Weg dar, das Wissen über das Eintreffen von zufälligen Ergebnissen auf sinnvolle und einfache Weise zusammenzufassen.

Im folgenden gehen wir davon aus, daß die Ergebnisse ihrerseits selber auch Zahlen sind. Eine diskrete Zufallsvariable X ist durch eine diskrete Wahrscheinlichkeitsfunktion p gekennzeichnet, die jedem möglichen Ergebnis $x_i$, i = 1, 2, ..., n eine reelle Zahl $p(x_i) = p_i$ $(0 < p_i < 1)$ als Eintreffenswahrscheinlichkeit zuordnet. n bezeichnet die Anzahl der möglichen Ausprägungen bzw. Ergebnisse. Die Summe der Eintreffenswahrscheinlichkeiten muß 1 sein. Eine solche Zufallsvariable läßt sich zum Beispiel nutzen, um die zufallsabhängige wöchentliche Nachfrage nach einem Gut darzustellen. Es werden die Mengen 2, 4, 6 oder 8 Einheiten mit den Wahrscheinlichkeiten 1/8, 3/8, 1/4 und 1/4 nachgefragt. Mit n = 4 gilt also $x_1 = 2$, $x_2 = 4$, $x_3 = 6$ und $x_4 = 8$ sowie $p_1 = 1/8$, $p_2 = 3/8$, $p_3 = 1/4$ und $p_4 = 1/4$. In Abbildung 1.13 ist die Wahrscheinlichkeitsfunktion dieser Zufallsvariablen in Form eines Stabdiagramms angegeben (Bamberg/Baur 1984, S. 12).

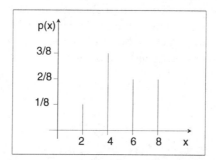

*Abbildung 1.13: Wahrscheinlichkeitsfunktion einer diskreten Zufallsvariablen*

Wichtige Kenngrößen, die Wissen über Zufallsvariablen in verdichteter Form wiedergeben, sind der Erwartungswert und der Modalwert. Der Erwartungswert E(X) einer diskreten Zufallsvariablen X ist als Summe aller möglichen mit den Eintreffenswahrscheinlichkeiten gewichteten Ergebnisse definiert (Schlittgen 1990, S. 117):

$$E(X) = \sum_{i=1}^{n} p_i x_i \ .$$

Er gibt den Mittelwert an, der sich bei häufiger Wiederholung des zufallsabhängigen Sachverhaltes einstellen wird. Der Modalwert besitzt die größte Wahrscheinlichkeit. Er entspricht dem häufigsten Wert bei unabhängigen Wiederholungen. Für die Zufallsvariable des Beispiels ergibt sich ein Erwartungswert von 21/4 = 5,25 und ein Modalwert von 4. Während der Erwartungswert denjenigen Wert angibt, um den die Ergebnisse schwanken, geben Varianz und Standardabweichung Auskunft über das Ausmaß der Schwankungen.

Die Varianz ist der Erwartungswert der Abweichungsquadrate:

$$V(X) = E(X - E(X))^2 = \sum_{i=1}^{n} p_i(x_i - E(x))^2 \, .$$

Für das Beispiel gilt demnach:

V(X) = 1/8 (2 - 5,25)² + 3/8 (4 - 5,25)² + 1/4 (6 - 5,25)² + 1/4(6 - 5,25)² = 31,5.

Als Standardabweichung S(X) wird die positive Quadratwurzel aus der Varianz bezeichnet. Für das Beispiel gilt S(X) = 5,61.

Im folgenden werden einige diskrete Zufallsvariable, die bei Simulationen Anwendung finden, mit Hilfe ihrer Wahrscheinlichkeitsfunktion charakterisiert (Law/Kelton 1982, S. 168ff). Darüberhinaus werden Einsatzmöglichkeiten angegeben.

Die Bernoulli-Verteilung kennzeichnet die Ergebniswahrscheinlichkeit eines Experimentes mit zwei alternativen Ergebnismöglichkeiten, die sich mit x = 0 oder x = 1 beschreiben lassen. Dabei trifft die eine Möglichkeit mit der Wahrscheinlichkeit p (0 < p < 1) ein, die andere mit (1-p). Sie wird benutzt, um andere diskrete Verteilungen wie binomiale und geometrische Verteilungen zu erzeugen. Die Wahrscheinlichkeitsfunktion lautet:

$$p(x) = \begin{cases} p & \text{für} \quad x = 1 \\ 1 - p & \text{für} \quad x = 0 \\ 0 & \text{sonst,} \end{cases}$$

mit dem Erwartungswert E(X) = p und der Varianz V(X) = p - p².

Die diskrete Gleichverteilung beschreibt die Ergebniswahrscheinlichkeiten eines Experimentes mit mehreren möglichen Ergebnissen, die als gleichwahrscheinlich gelten. Glücksspiele wie Würfeln oder Roulette lassen sich so charakterisieren. Sie wird aber auch häufig als erste Näherung in Situationen benutzt, in denen zwar die möglichen Alternativen bekannt sind, aber eine Differenzierung nach Eintreffenswahrscheinlichkeiten nicht zu begründen ist. Die Zufallsvariable X sei in dem Intervall [M; N+M] diskret gleichverteilt, dann gilt für die Wahrscheinlichkeitsfunktion:

$$p(x) = \begin{cases} \dfrac{1}{N+1} & \text{für} \quad x = M, M+1, ..., M+N \\ 0 & \text{sonst,} \end{cases}$$

mit E(X) = M+N/2 und V(X) = N/12.

Die Poissonverteilung beschreibt die Wahrscheinlichkeit, daß in einem bestimmten Zeitraum eine Anzahl von x Ereignissen eintrifft. Dabei geht man davon aus, daß die Ereignisse unabhängig voneinander auftreten. Im Mittel treten pro Zeiteinheit $\lambda$ ($\lambda > 0$) Ereignisse auf. Damit läßt sich zum Beispiel die Anzahl nachgefragter Einheiten pro Zeiteinheit modellieren.

Für die Wahrscheinlichkeitsfunktion gilt:

$$p(x) = \begin{cases} \dfrac{e^{-\lambda}\lambda^{x}}{x!} & \text{für} \quad x = 0, 1, 2, 3,.. \\ 0 & \text{sonst}, \end{cases}$$

mit $E(X) = \lambda$ und $V(X) = \lambda$.

Wenn empirische Daten für n mögliche Ergebnisse in Form einer Häufigkeitsstatistik vorliegen, läßt sich auf dieser Grundlage die Wahrscheinlichkeitsfunktion einer empirischen Verteilung definieren. Wenn $h_i$ für $i = 1,...,n$ die Häufigkeit des Ergebnisses $x_i$ angibt und N die Anzahl der insgesamt vorliegenden Ergebnisse ist, dann ist es naheliegend, die Eintreffenswahrscheinlichkeit $p_i$ eines Ergebnisses $x_i$ durch die relative Häufigkeit $h_i/N$ zu definieren. Wahrscheinlichkeitsfunktion und Kennwerte berechnen sich dann wie oben in den allgemeinen Formeln dargestellt.

### Kontinuierliche Zufallsvariablen

Ist als Ergebnis eines zufallsabhängigen Vorgangs jede beliebige Zahl aus einem Intervall von reellen Zahlen möglich, dann ist die entsprechende Zufallsvariable kontinuierlich. Die Wahrscheinlichkeit, daß ein Ergebnis in einem Teilintervall liegt, wird mit Hilfe einer Dichtefunktion f angegeben. Sie läßt sich als Integral der Dichtefunktion über dem entsprechenden Teilintervall berechnen, d.h. als Inhalt der Fläche, die von der Funktion, der x-Achse und den Intervallgrenzen umschrieben wird. Die Wahrscheinlichkeit, daß das Ergebnis überhaupt in dem zugrundeliegenden Intervall liegt, und damit die Fläche unter der Funktion insgesamt, muß 1 betragen.

Eine sehr einfache Dichtefunktion liegt bei gleichverteilten Zufallsvariablen vor. Sie sind dadurch gekennzeichnet, daß die Wahrscheinlichkeit, in ein Teilintervall des Grundintervalls zu fallen, nur von der Größe des Intervalls und nicht von der Lage innerhalb des Grundintervalls abhängt. Für alle gleichlangen Teilintervalle ergeben sich die gleichen Wahrscheinlichkeiten.

Damit ist klar, daß die Dichtefunktion überall im Definitionsintervall [a, b] den gleichen Wert haben muß, der nur von der Länge des Intervalls abhängt. Der Graph der Funktion (vgl. Abbildung 1.14) ist dort eine Parallele zur x-Achse im Abstand 1/(b - a). Die gesamte Fläche unter der Funktion hat dann den Inhalt 1, da sie ein Rechteck mit den Seitenlängen (b - a) und 1/(b - a) ist.

Für die Dichtefunktion f(x) einer im Intervall [a, b] gleichverteilten Zufallsgröße gilt somit:

$$f(x) = \begin{cases} \dfrac{1}{b-a} & \text{für} \quad x \in [a, b] \\ \\ 0 & \text{sonst.} \end{cases}$$

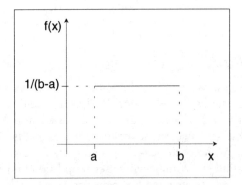

*Abbildung 1.14: Dichtefunktion einer gleichverteilten kontinuierlichen Zufallsvariablen*

Der Erwartungswert ist bei kontinuierlichen Zufallsvariablen über das Integral definiert. Dabei wird jeder Ergebniswert mit dem zugehörigen Wert der Dichtefunktion gewichtet und das Integral über den gesamten Definitionsbereich der sich dann ergebenden Funktion gebildet (Bamberg/Baur 1984, S. 119ff):

$$E(X) = \int_{-\infty}^{\infty} x f(x) dx.$$

Für die kontinuierliche Gleichverteilung bedeutet das:

$$E(X) = \int_{a}^{b} \frac{x}{b-a} dx = \frac{a+b}{2} .$$

Die Varianz ist wieder der Erwartungswert der Abweichungsquadrate. Für die Gleichverteilung ergibt sich damit:

$$V(X) = E(X - E(X))^2 = \frac{(b-a)^2}{12}$$

und

$$S(X) = \sqrt{V(X)} = \frac{b-a}{\sqrt{12}} .$$

Der Modalwert ist auch im kontinuierlichen Fall als Ergebnis mit dem größtmöglichen Wert der Dichtefunktion definiert. Es gibt bei gleichverteilten Zufallsgrößen keinen eindeutigen Modalwert, da die Dichtefunktion für alle möglichen Ergebnisse den gleichen Wert hat.

Kontinuierliche Eingabegrößen von Simulationsmodellen, die mit Hilfe von Zufallsgrößen modelliert werden, sind kontinuierliche Mengengrößen, vor allem Zeitdauern wie Bearbeitungszeiten oder Zwischenankunftszeiten. Im folgenden werden Dichtefunktion sowie Erwartungswert und Varianz von wichtigen kontinuierlich verteilten Zufallsvariablen angegeben und ihre Einsatzmöglichkeiten skizziert (Law/Kelton 1982, S. 158ff).

Die Dreiecksverteilung wird in informationsarmen Situationen benutzt, um über einen kleinstmöglichen Wert a, einen größtmöglichen Wert b und einen häufigsten Wert m (a < m < b) die möglichen Ergebnisse zu kennzeichnen. Man denke etwa an die Dauer von Vorgängen. Häufig lassen sich die notwendigen Informationen als subjektive Schätzungen durch Expertenbefragung ermitteln, auch wenn keine Aufzeichnungen über Vergangenheitsdaten vorliegen. Dann ergibt sich eine Dichtefunktion in Dreiecksform:

$$f(x) = \begin{cases} \dfrac{2(x-a)}{(m-a)(b-a)} & \text{für} \quad a \leq x \leq m \\[2ex] \dfrac{2(b-x)}{(b-m)(b-a)} & \text{für} \quad m \leq x \leq b \\[2ex] 0 & \text{sonst,} \end{cases}$$

mit $E(X) = \dfrac{a+m+b}{3}$ und $V(X) = \dfrac{a(a-m)+b(b-m)+m(m-b)}{18}$.

Die Exponentialverteilung gibt das Zeitintervall zwischen unabhängigen Ereignissen wieder. Das sind zum Beispiel Ankünfte bei einer Bedienstation, die durch eine Poissonverteilung mit gleichbleibender mittlerer Ankunftsrate $\lambda$ gekennzeichnet sind, d.h., daß hier im Schnitt pro Zeiteinheit $\lambda$ Ankünfte erfolgen. Die Zeit zwischen zwei aufeinanderfolgenden Ankünften läßt sich dann durch eine Exponentialverteilung mit dem Erwartungswert $1/\lambda$ kennzeichnen.

Die zugehörige Dichtefunktion lautet:

$$f(x) = \begin{cases} \lambda e^{-x\lambda} & \text{für} \quad x > 0 \\ 0 & \text{für} \quad x \leq 0, \end{cases}$$

mit $E(X) = \dfrac{1}{\lambda}$ und $V(X) = \dfrac{1}{\lambda^2}$.

Die Normalverteilung kennzeichnet Zufallsvariable, die als Summe einer große Anzahl unabhängig verteilter Zufallsvariablen zustande kommen. Der zentrale Grenzwertsatz sagt aus, daß die Normalverteilung zur Kennzeichnung eines Gesamtergebnisses herangezogen werden kann, das viele unabhängig voneinander wirkende zufallsabhängige Ursachen hat (Bamberg/Baur 1984, S. 129ff). Die Normalverteilung ist durch den Erwartungswert $\mu$ und die Standardabweichung $\sigma$ festgelegt. Für die Dichtefunktion gilt.

$$f(x) = \frac{1}{\sqrt{2\pi\sigma^2}} e^{-\frac{(x-\mu)^2}{2\sigma^2}} \quad \text{mit} \quad x \in \mathbb{R}$$

Dem Graph dieser Funktion in Abbildung 1.15 läßt sich die Bedeutung von Erwartungswert und Standardabweichung für die Normalverteilung entnehmen.

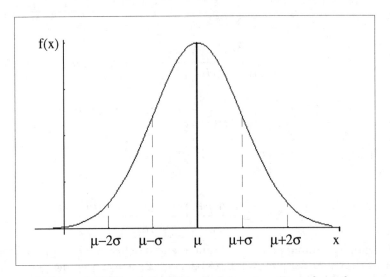

*Abbildung 1.15: Graph der Dichtefunktion einer Normalverteilung*

Die Wahrscheinlichkeit verteilt sich symmetrisch um den Erwartungswert. Dabei sind in mehr als zwei Dritteln der Fälle Ergebnisse zu erwarten, die in ein Intervall mit der

Breite 2σ um den Erwartungswert fallen. Wird das Intervall auf 4σ vergrößert, erfaßt man schon mehr als 99 Prozent der Fälle. Trotzdem können, wenn auch mit sehr geringer Wahrscheinlichkeit, sehr große und sehr kleine Werte vorkommen.

### Die Festlegung von Wahrscheinlichkeitsverteilungen für Eingabegrößen

Sollen Zufallsvariable in Simulationsmodellen als Eingabegrößen verwendet werden, müssen die entsprechenden Wahrscheinlichkeitsverteilungen festgelegt sein. Bei der Festlegung spielen drei grundsätzliche Vorgehensweisen eine Rolle (Law/Kelton 1982, S. 155ff). Zum einen können statistische Verfahren benutzt werden, um vorliegenden Daten eine theoretische Verteilung anzupassen. Die Vorgehensweise beruht auf der Annahme, daß die Daten eine Stichprobe für die gesuchte Zufallsvariable sind. Zunächst ist die Art der Verteilung zu schätzen und dann die entsprechenden Parameter. Gute Hinweise auf die Art der Verteilung ist von Histogrammen zu erwarten.

Ein Histogramm ist in erster Näherung eine graphische Annäherung an den Graph der zugrundeliegenden Dichtefunktion. Da die Dichtefunktionen verteilungstypische Verläufe haben, gibt das Aussehen des Histogramms häufig deutliche Hinweise auf die Art der Verteilung. Die Parameter, die die Verteilung festlegen, sind dann über statistisch abgesicherte Schätzgrößen zu ermitteln. Wird zum Beispiel aufgrund des Histogramms vermutet, daß für einen Sachverhalt eine Normalverteilung vorliegt, ist aufgrund der vorliegenden Daten der Erwartungswert mit Hilfe des arithmetischen Mittels und die Standardabweichung mit Hilfe der mittleren Abweichungsquadrate vom Mittelwert zu schätzen. Für die sich dann ergebende Zufallsvariable ist die Güte der Anpassung mit Hilfe statistischer Tests wie etwa Chi-Quadrat- oder Kolmogorof-Smirnof-Test zu überprüfen.

In manchen Situationen gibt es keine Daten. Das ist zum Beispiel der Fall, wenn ein noch nicht existierendes System modelliert werden soll. Ein erster Ansatz kann in solchen Situationen mit heuristischen Überlegungen gesucht werden. Dabei sollte zunächst ein kleinstmögliches Intervall [a; b] festgelegt werden, in dem die Ergebnisse mit der Wahrscheinlichkeit 1 zu erwarten sind. Um sinnvolle Intervallgrenzen zu erhalten, können Experten befragt werden, die ihre Meinung über kleinstmögliche und größtmögliche Ergebnisse einbringen sollten. Zum Beispiel kann man von der Verkaufsabteilung derartige Informationen über die Nachfrage nach einem neuen Produkt erwarten.

Wenn auf diese Weise ein Intervall festgelegt ist, sollte im nächsten Schritt eine Dichtefunktion über diesem Intervall definiert werden, die den zugrundeliegenden Sachverhalt möglichst gut beschreibt. Was »möglichst gut« bedeutet, hängt von den Informationen ab, über die man zusätzlich verfügt. Weiß man nichts weiter, kann es sinnvoll sein, eine Gleichverteilung der Ergebnisse anzunehmen. Vermutet man eine Häufung von Ergebnissen bei einem bestimmten Wert, läßt sich das über eine Dreiecksverteilung abbilden. Der Häufungswert legt dann den Modalwert der Verteilung fest.

In manchen theoretisch gut untersuchten Situationen lassen sich Verteilungen auf der Grundlage der Theorie angeben. So weiß man aus der Warteschlangentheorie, daß die Zwischenankunftszeiten exponentialverteilt sind, wenn man davon ausgehen kann, daß Kunden einzeln und unabhängig voneinander mit einer gleichbleibenden mittleren Ankunftsrate in das System kommen. Die Exponentialverteilung läßt sich mit Hilfe des Kehrwertes der Ankunftsrate festlegen. Voraussetzung ist natürlich eine begründete Vorstellung über die durchschnittliche Anzahl von Ankünften pro Zeiteinheit.

In ähnlicher Weise lassen sich auch andere theoretisch begründete Erkenntnisse nutzen. Zum Beispiel ist nach der Prüftheorie die Anzahl von fehlerhaften Stücken in einer Stichprobe, die einer Grundgesamtheit mit einem bekannten Schlechtanteil entstammt, binomial verteilt. Die Zuverlässigkeitstheorie macht Aussagen über die Ausfallwahrscheinlichkeiten des Gesamtsystems, wenn man etwas über die Ausfallwahrscheinlichkeiten seiner Komponenten weiß.

Im konkreten Anwendungsfall ist man in der Regel darauf angewiesen, für die verschiedenen Eingabegrößen auch auf verschiedene Vorgehensweisen zurückzugreifen. Die Güte der Modellierungsergebnisse hängt in besonderem Maße von der Glaubwürdigkeit und Richtigkeit der Eingabegrößen ab. Eine Aufdeckung und Bewertung der Datenquellen und eine Begründung der gewählten Modellierung der Eingabegrößen sollte daher Bestandteil einer jeden Simulationsstudie sein.

### Die Erzeugung von Stichproben für Zufallsvariablen mit Hilfe von Pseudozufallszahlen

Simulationen von Vorgängen mit zufallsabhängigen Einflüssen müssen über Möglichkeiten verfügen, für die beteiligten Zufallsvariablen Stichproben zu erzeugen. Sind zum Beispiel in einem Produktionssystem die Bearbeitungszeiten zufallsabhängig und somit in sachgerechter Weise nur durch eine Zufallsvariable darstellbar, müssen für die laufende Fortschreibung des Systems Realisierungen der Zufallsvariable Bearbeitungszeit zur Verfügung stehen. Jedesmal, wenn eine Bearbeitungszeit benötigt wird, muß im Prinzip ein Zufallsexperiment durchgeführt werden, dessen Ergebnis als zufallsabhängige Bearbeitungszeit benutzt werden kann. Das muß auch im Rechner realisierbar sein. Dabei geschieht die Erzeugung von Realisierungen von Zufallsvariablen grundsätzlich in zwei Schritten.

Zunächst wird eine Zahl erzeugt, die als Realisierung einer Zufallsvariable gelten kann, die zwischen 0 und 1 gleichverteilt ist. Die Möglichkeit, derartige Zufallszahlen zu erzeugen, ist die Grundlage für jede Realisierung einer Zufallsvariable. Unter Realisierung einer Zufallsvariable wird ein numerischer Wert verstanden, der entsprechend der zugehörigen Wahrscheinlichkeitsverteilung angenommen werden kann. Für alle Arten von Zufallsvariablen gilt, daß Realisierungen für sie durch Transformation von Realisierungen der [0;1]-gleichverteilten Zufallsvariablen berechnet werden können. Diese Transformation, die natürlich von der Art der Wahrscheinlichkeitsverteilung der Zufallsvariable abhängt, ist der zweite Schritt bei der Festlegung einer Realisierung einer Zufallsvariable mit einer gegebenen von der [0;1]-Verteilung verschiedenen Wahrscheinlichkeitsverteilung.

Gleichverteilte Zufallszahlen können anhand physikalischer Experimente erzeugt werden. Ein idealer Würfel könnte z.B. zur Erzeugung diskret gleichverteilter Zufallszahlen aus dem Intervall [1;6] dienen. Roulette oder Lotto sind weitere Beispiele für diskrete Zufallszahlengeneratoren. Zerfallsprozesse von Atomen können als stetige Zufallsgeneratoren eingesetzt werden. Diese Verfahren haben jedoch den großen Nachteil, daß die Ergebnisse nicht reproduzierbar sind. Die Ergebnisse eines Simulationsprogramms, das auf physikalische Zufallsgeneratoren zurückgreift, könnten kein zweites Mal erzeugt werden. Vergleichsstudien wären nicht durchführbar, da sich die Randbedingungen verändern. Eine Möglichkeit, reproduzierbare Zufallszahlen zu generieren, bieten rekursive Gleichungen, die auf Basis vorangegangener Zufallszahlen arbeiten. Da das Ergebnis eine deterministisch erzeugbare Zahlenfolge ist, sind die Zahlen nicht im eigentlichen Sinne zufällig. Die Zahlen sind vielmehr pseudozufällig. Derartige Generatoren werden dementsprechend als Pseudozufallszahlengeneratoren (Afflerbach/Lehn 1986, Grube 1975) bezeichnet. Um realitätsnahe Simulationsergebnisse zu erhalten, sollte ein Pseudozufallsgenerator folgende Anforderungen erfüllen (Pritsker 1986, S. 717):

▶ Die Zahlen müssen in dem Intervall [0, 1]-gleichverteilt sein.
▶ Die Zahlen müssen unabhängig sein, d.h. innerhalb einer Zahlenfolge dürfen keine Korrelationen auftreten.
▶ Bevor eine Zahl zum zweiten Mal erzeugt wird, müssen möglichst viele Iterationsschritte durchgeführt werden. Die Anzahl der notwendigen Iterationsschritte wird als Zykluslänge bezeichnet.
▶ Die Zahlenfolge muß reproduzierbar sein. Unterschiedliche Startwerte sollten unterschiedliche Folgen generieren.

Die Kongruenzmethode genügt allen Forderungen. Eine sehr einfache Technik stellt die lineare Kongruenzmethode dar (Dagpunar 1988, S. 19ff). Die Zahlen werden aufgrund der Beziehung

$$r_{i+1} \equiv (ar_i + c)(\bmod\ m)$$

mit positiven ganzen Zahlen $r_0$, a, c und m erzeugt. Bei Vorgabe einer Anfangszahl $r_0$ wird eine Zahlenfolge berechnet, deren Glieder positive ganze Zahlen kleiner m sind. Die neue Zahl $r_{i+1}$ ergibt sich aus ihrem Vorgänger $r_i$ als ganzzahliger Rest bei Division des Ausdrucks $ar_i + c$ durch m. Mit a = 6, c = 13, m = 25 und $r_0$ = 3 gilt zum Beispiel:

$$r_1 = (6 \cdot 3 + 13)(\bmod\ 25) = 6$$
$$r_2 = (6 \cdot 6 + 13)(\bmod\ 25) = 24.$$

Die generierten Zahlen $r_i$ sind in dem Intervall [0; 24] diskret gleichverteilt, d.h. die Zykluslänge kann maximal 25 betragen, da der Zyklus sonst mindestens zwei identische Zahlen enthalten würde. Um eine in dem Intervall [0; 1] gleichverteilte Zahlenfolge zu erhalten, muß $r_i$ jeweils durch m dividiert werden. Der Parameter m stellt die Obergrenze für die Zykluslänge dar. Um eine möglichst große Zykluslänge zu erhalten, wird m in der Regel als größtmögliche in dem benutzten Rechner darstellbare Binärzahl festgelegt, zum Beispiel $2^{31}$ bei einer 32 Bit-Maschine. Damit läßt sich eine Zahlenfolge der Länge $2^{31}$ erreichen. Mit Hilfe des oben dargestellten Zufallszahlengenerators ist es möglich, Realisierungen beliebig verteilter Zufallsgrößen zu erzeugen. Das soll am Beispiel der früher betrachteten Nachfrageverteilung verdeutlicht werden. Die zugehörige Wahrscheinlichkeitsfunktion lautet:

$$p(x) = \begin{cases} \dfrac{1}{8} & \text{für} \quad x = 2 \\[2ex] \dfrac{3}{8} & \text{für} \quad x = 4 \\[2ex] \dfrac{1}{4} & \text{für} \quad x = 6 \\[2ex] \dfrac{1}{4} & \text{für} \quad x = 8 \\[2ex] 0 & \text{sonst.} \end{cases}$$

Für die Transformation von Realisierungen einer gleichverteilten Zufallsgröße auf eine Zufallsgröße, die einem anderen Verteilungsgesetz, etwa der angeführten diskreten Verteilung, genügt, wird die Verteilungsfunktion benötigt. Die Verteilungsfunktion F einer Zufallsgröße X gibt für jede reelle Zahl x an, mit welcher Wahrscheinlichkeit eine Realisierung $x_0$ mit $x_0 \leq x$ vorkommt. Im vorliegenden diskreten Fall gilt:

$$F(x) = \begin{cases} 0 & \text{für} \quad x \leq 2 \\[2ex] \dfrac{1}{8} & \text{für} \quad 2 \leq x < 4 \\[2ex] \dfrac{1}{2} & \text{für} \quad 4 \leq x < 6 \\[2ex] \dfrac{3}{4} & \text{für} \quad 6 \leq x < 8 \\[2ex] 1 & \text{für} \quad 8 \leq x. \end{cases}$$

Für die Verteilungsfunktion F(r) der auf dem Intervall [0; 1] gleichverteilten Zufallsvariable R gilt:

$$F(r) = \begin{cases} 0 & \text{für} & r < 0 \\ r & \text{für} & 0 \leq r < 1 \\ 1 & \text{für} & r \geq 1. \end{cases}$$

In der Abbildung 1.16 (Witte 1973, S. 148) ist auf der rechten Seite die diskrete Verteilungsfunktion F(x) für die Nachfrage und auf der linken Seite die Verteilungsfunktion F(r) einer im Intervall [0;1] gleichverteilten Zufallsgröße skizziert. Die Verteilungsfunktion F(x) wird als eine Treppe dargestellt, wobei die Wahrscheinlichkeitsfunktion p(x) die Stufenhöhen bestimmt.

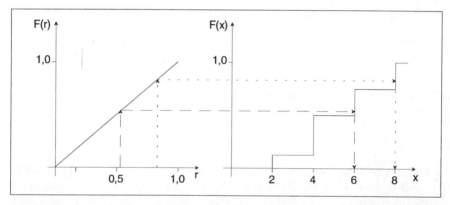

*Abbildung 1.16: Erzeugung von Realisierungen diskret verteilter Zufallsgrößen*

Abbildung 1.16 deutet weiterhin den Transformationsprozeß von Zufallszahlen an. Zunächst wird eine Zufallszahl aus dem Intervall [0;1] gezogen, z.B. 0,5142. Die gestrichelte Linie muß verfolgt werden, um den zugehörigen Nachfragewert 6 zu erhalten. Die gepunktete Linie gibt die Vorgehensweise für die Zufallszahl 0,8 an. Die Variable r stellt eine Untergrenze für den zugehörigen Funktionswert der Verteilungsfunktion F(x) dar. Jeder Zahl aus dem Intervall [0,5; 0.75] wird eine Nachfragemenge 6 zugeordnet, d.h. eine Nachfragemenge 6 realisiert sich mit der Wahrscheinlichkeit von 0.25. Die zu Beginn getroffenen Wahrscheinlichkeitsannahmen werden also nicht verletzt. Für die übrigen Intervalle gelten analoge Überlegungen.

Die Erzeugung von Realisierungen kontinuierlich verteilter Zufallsgrößen läßt sich auf ähnliche Weise bewerkstelligen. Gegeben sei eine Zufallsgröße X mit einer kontinuierlichen Verteilungsfunktion F(x) und eine in dem Intervall [0; 1] gleichverteilte Zufallzsahl R. Eine Realisierung r der Zufallsgröße R kann als Prozentpunkt der Verteilungsfunktion F(x) interpretiert werden.

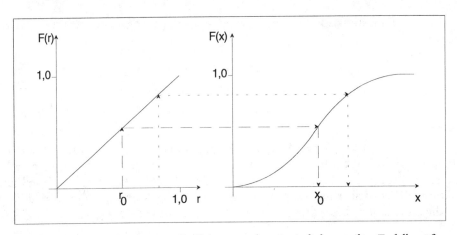

*Abbildung 1.17: Erzeugung von Realisierungen kontinuierlich verteilter Zufallsgrößen*

Es gilt demnach:

$$r = F(x)$$

Eine Realisierung x der Zufallsgröße X kann bei bekanntem r über die Inverse der Verteilungsfunktion F(x) berechnet werden (Dagpunar 1988, S. 47ff):

$$x = F^{-1}(r).$$

Abbildung 1.17 (Witte 1973, S. 150) stellt diesen Zusammenhang graphisch dar. Ein Wert $x_0$ mit $x_0 \leq x$ realisiert sich mit einer Wahrscheinlichkeit von $F(x_0)$, d.h. mit einer Wahrscheinlichkeit von $r_0$. SLAM erzeugt Realisierungen von Zufallsgrößen auf Basis der diskutierten Methoden (Dagpunar 1988). Dafür werden unterschiedliche Zufallszahlenströme zur Verfügung gestellt, die sich hinsichtlich der Startwerte $r_0$ bei Verwendung der linearen Kongruenzmethode unterscheiden.

## 1.2.5 Auswertung von Simulationsergebnissen

### Klassifizierung von Beobachtungen

Der Modellbauer möchte ein reales System mit Hilfe der Simulation analysieren. Die einzelnen Analysepunkte können in Form eines Fragenkatalogs definiert werden. Vier typische Fragestellungen sind:

▶ Wie lange befindet sich eine Einheit im System (Durchlaufzeit)?
▶ Wie lange muß eine Einheit vor einer Maschine warten (Wartezeit)?
▶ Wieviele Einheiten halten sich in einer Warteschlange auf (Warteschlangenlänge)?
▶ Wie lange wird eine Maschine effektiv genutzt (Auslastung)?

In Klammern ist für jede Fragestellung die entsprechende Kenngröße angegeben. Die Simulation erzeugt Daten bzw. Beobachtungen für die einzelnen Fragestellungen. Das Beispiel der einfachen Bedienstation aus Abschnitt 1.2.5 liefert z.B. drei verschiedene Werte für die Durchlaufzeit von Felgen. Die Fragen lassen sich also nicht eindeutig beantworten. Die Aufgabe der Auswertung von Simulationsmodellen besteht darin, die Daten derart aufzubereiten, daß eine Beantwortung obiger Fragestellungen möglich ist.

Jede Beobachtung $x(t)$ kann als eine mögliche Realisierung einer Zufallsvariable $X(t)$ aufgefaßt werden. Die Variable t ist ein Element der Indexmenge T. Im obigen Beispiel existieren z.B. drei Zufallsvariable $X(1)$, $X(2)$ und $X(3)$ in bezug auf die Durchlaufzeit. Die Folge aller $X(t)_{t \in T}$ wird als stochastischer Prozeß bezeichnet, wobei der Parameter t als Zeitparameter bezeichnet wird. Die Folge der Beobachtungen $x(t)_{t \in T}$ kann als Zeitreihe interpretiert werden. Jede Zeitreihe stellt eine mögliche Realisierung des zugehörigen stochastischen Prozesses dar. Bei der Auswertung müssen stochastische Prozesse mit diskreten und kontinuierlichen Zeitparametern unterschieden werden (Schlittgen/Streitberg 1991, S. 69ff).

Realisierungen, die einem Prozeß mit diskreten Zeitparametern entspringen, können nur zu bestimmten Zeitpunkten erfaßt werden. Es handelt sich um Einzelwerte. Während der Analyse ist nur der Parameterwert, nicht der Zeitraum, in dem der Wert beobachtet worden ist, von Interesse. Durchlauf- und Wartezeiten sowie Kostengrößen sind Beispiele für diese Gruppe. Die Beobachtungen werden von 1 bis n durchnumeriert. Die Indexmenge T ist dann die Menge aller positiven ganzen Zahlen kleiner n, $T = \{1, 2, ... n\}$. Da der Wertebereich aller $X(t)$ stetig ist, bezeichnet die Folge $X(t)_{t \in T}$ einen stetigen stochastischen Prozeß (Schlittgen/Streitberg 1991, S. 79).

Realisierungen, die einem Prozeß mit kontinuierlichen Zeitparametern entspringen, sind zeitraumbezogen. Neben dem Parameterwert wird der Zeitraum festgehalten, in dem der Parameterwert unverändert bleibt. Typische Vertreter dieser Klasse von Beobachtungen sind Auslastungen von Ressourcen und Warteschlangenlängen. Die aktuelle Auslastung einer Maschine kann zu jedem Zeitpunkt gemessen werden. Durchlaufzeiten können dagegen nur aufgenommen werden, wenn eine Einheit das System verlassen hat. Wenn $T_S$ den Simulationszeitraum bezeichnet, setzt sich die Indexmenge T aus allen nicht negativen reellen Zahlen kleiner $T_S$ zusammen, $T = \{x \in \mathbb{R} \mid x \leq T_S\}$. Da der Wertebereich aller $X(t)$ diskret ist, bezeichnet die Folge $X(t)_{t \in T}$ einen diskreten stochastischen Prozeß (Pritsker 1986, S. 35ff).

Für jede Kenngröße generiert die Simulation also eine komplette Zeitreihe, die nur eine mögliche Realisierung eines stochastischen Prozesses darstellt. In diesem Zusammenhang treten zwei Probleme auf. Erstens: wie können die Zeitreihen benutzerfreundlich hinsichtlich der Interpretation aufbereitet werden? Zweitens: wann kann von einer einzigen Zeitreihe auf die realen Größen, d.h. auf den Erwartungswert und die Varianz des stochastischen Prozesses, geschlossen werden? Zeitreihen können durch zeitliche Mittel und ihre Stichprobenvarianz beschrieben werden. Die Charakterisierung von

Zeitreihen allein auf Basis von Parametern ist sehr komprimiert, Detailwissen geht verloren. Daher sollte die Aufbereitung um graphische Formen ergänzt werden. Die Ergodentheorie liefert Ansätze zur Lösung des zweiten Problems. Es werden Bedingungen aufgestellt, wann Querschnittanalysen durch Längsschnittanalysen ersetzt werden können. Während Querschnittanalysen Beobachtungen untersuchen, die zu einem Zeitpunkt aufgenommen worden sind, bezieht sich das Untersuchungsfeld bei Längsschnittanalysen auf Beobachtungen, die zu verschiedenen Zeitpunkten gesammelt worden sind. Simulationsstudien erzeugen Daten für die Längsschnittanalyse. Zur Beantwortung des Fragenkatalogs ist aber eine Querschnittanalyse notwendig.

Die Aufbereitung der Daten muß in Abhängigkeit vom Prozeßtyp erfolgen. Diskrete stochastische Prozesse werden mit Hilfe einer Häufigkeitsstatistik und kontinuierliche mit Hilfe einer Zeitstatistik ausgewertet. Am Beispiel der einfachen Bedienstation soll die grundsätzliche Vorgehensweise erläutert werden. Die Zeitreihen, die das Simulationsmodell innerhalb der ersten neun Minuten erzeugt, werden einer Längsschnittanalyse unterzogen. Welche Rückschlüsse für die Zufallsgrößen bzw. die realen Größen gezogen werden können, wird im anschließenden Abschnitt zur Stationarität untersucht.

**Auswertung von Prozessen mit diskreten Zeitparametern**

In einem ersten Schritt sollten die Daten gruppiert werden. Dazu wird der Wertebereich der Daten in Klassen eingeteilt. Jede Klasse ist durch eine Ober- und Untergrenze beschränkt. Anschließend werden die Beobachtungen den Klassen zugeordnet. Als Ergebnis erhält man für jede Klasse eine Häufigkeit. Die Klassengrenzen sollten äquidistant gewählt werden. Randklassen bilden eine Ausnahme, wobei offene Randklassen vermieden werden sollten (Bamberg/Baur 1984, S. 14).

Die Dokumentation kann in Form einer Häufigkeitstabelle oder eines Histogramms erfolgen (Schlittgen 1990, S. 22ff). Eine Häufigkeitstabelle besteht aus zwei Spalten. Die erste Spalte enthält die Klassengrenzen und die zweite Spalte den Häufigkeitswert. Histogramme bestehen aus Rechtecken, die für jede Klasse gezeichnet werden. Die Rechteckfläche ist proportional zur Klassenhäufigkeit. Histogramme zeigen die Verteilung der Ausprägungen gut auf.

Im Modell der einfachen Bedienstation kann die Durchlauf- und Wartezeit für drei Felgen berechnet werden. Die Durchlaufzeit berechnet sich aus der Differenz zwischen der Abgangs- und Ankunftszeit im System. Wartezeit ist der Zeitunterschied zwischen der Ankunftszeit im System und dem Bearbeitungsbeginn an der Bohrmaschine. Daher lassen sich für Felgen, die sich noch in der Warteschlange aufhalten, keine Wartezeiten angeben. Die Durchlaufzeit setzt sich aus der Warte- und der Bearbeitungszeit zusammen.

| Felge | Durchlaufzeit | Wartezeit |
|-------|---------------|-----------|
| 1 | 3 | 0 |
| 2 | 4 | 1 |
| 3 | 6 | 3 |

*Tabelle 1.5: Urliste der Durchlauf- und Wartezeiten*

Tabelle 1.5 enthält die Durchlauf- und Wartezeiten für die ersten drei Felgen in Form einer Urliste. Abbildung 1.18 zeigt die entsprechenden Histogramme. Die Durchlaufzeit ist dafür in die Klassen $0 \leq x \leq 4$ und $4 < x \leq 8$ aufgeteilt worden. Für die Wartezeit ist die Klasseneinteilung $0 \leq x \leq 2$ und $2 < x \leq 4$ gewählt worden.

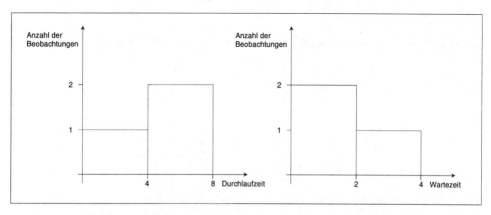

*Abbildung 1.18: Histogramme für die Durchlauf- und die Wartezeit*

Anhand der beiden Histogramme wird die Bedeutung der Klasseneinteilung klar. Obwohl der Zusammenhang zwischen der Durchlauf- und Wartezeit linear ist, weicht das Erscheinungsbild der Histogramme voneinander ab.

Zeitreihen können sehr komprimiert durch

▶ das zeitliche Mittel,

▶ die Stichprobenvarianz,

▶ den minimalen sowie

▶ den maximalen Wert

beschrieben werden. Die Stichprobenvarianz gibt die Streuung um das zeitliche Mittel an. Durch die Parameter Minimum und Maximum wird ein Intervall eingegrenzt, in dem sich alle Beobachtungen bewegen.

Die Bestimmung der letzten beiden Parameter ist trivial. Zur Berechnung des zeitlichen Mittels $\overline{x}$ müssen alle Beobachtungen addiert und durch die Anzahl der Beobachtungen dividiert werden:

$$\overline{x} = \frac{1}{n} \sum_{i=1}^{n} x_i \, ,$$

wobei n die Anzahl der Beobachtungen und $x_i$ den Wert der i-ten Beobachtung bezeichnet. Die Stichprobenvarianz $S^2$ beschreibt die mittlere quadratische Abweichung vom Mittelwert:

$$S^2 = \frac{1}{n-1} \sum_{i=1}^{n} (x_i - \overline{x})^2 .$$

Der Mittelwert $\overline{x}_{DLZ}$ und die Stichprobenvarianz $S^2_{DLZ}$ der Durchlaufzeit ist demnach:

$$\overline{x}_{DLZ} = \frac{1}{3} \ (3 + 4 + 6) = 4\frac{1}{3}$$

sowie

$$S^2_{DLZ} = \frac{1}{3-1} \left( \frac{16}{9} + \frac{1}{9} + \frac{25}{9} \right) = 2\frac{1}{3} .$$

Für die Wartezeit ergibt sich ein zeitliches Mittel $\overline{x}_{WZ}$ von:

$$\overline{x}_{WZ} = \ = \frac{1}{3} \ (0 + 1 + 3) = 1\frac{1}{3}$$

und eine Stichprobenvarianz $S^2_{WZ}$ von:

$$S^2_{WZ} = \frac{1}{3-1} \left( \frac{16}{9} + \frac{1}{9} + \frac{25}{9} \right) = 2\frac{1}{3} .$$

Aufgrund des linearen Zusammenhanges weichen die Stichprobenvarianzen der beiden Zeiten nicht voneinander ab. Die Differenz des Mittelwertes beträgt genau 3 Minuten.

### Auswertung von Prozessen mit kontinuierlichen Zeitparametern

Beobachtungen stochastischer Prozesse mit kontinuierlichen Zeitparametern können nicht in Form von Häufigkeitsstatistiken aufbereitet werden, da der Zeitbezug verloren gehen würde. Der Wert des Parameters muß demzufolge in Abhängigkeit von der Zeit abgetragen werden. Derartige Funktionsgraphen werden als Trajektorien bezeichnet.

Abbildung 1.19 zeigt die Trajektorien hinsichtlich der Warteschlangenlänge und der Bohrmaschinenauslastung für das Modell der einfachen Bedienstation. Während die Warteschlangenlänge schwankt, ist die Auslastung konstant bei 100%.

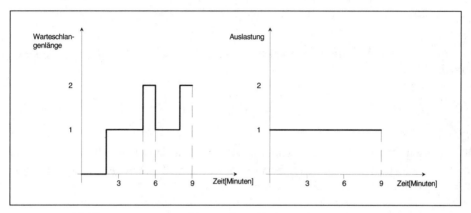

*Abbildung 1.19: Warteschlangenlänge und Auslastung im Zeitablauf*

Parameter können wieder für eine komprimierte Beschreibung der Beobachtungen herangezogen werden. Die Berechnung des Mittelwertes und der Stichprobenvarianz muß allerdings um einen Zeitbezug ergänzt werden. Abbildung 1.19 zeigt einen möglichen Weg zur Berechnung auf. Der Mittelwert ist die durchschnittliche Höhe des Graphen $x(t)$, d.h. die Fläche, die durch den Graphen $x(t)$ und die x-Achse begrenzt wird, dividiert durch die Simulationszeit. Die Fläche kann als Integral über den Simulationszeitraum $T_S$ berechnet werden. Eine Berechnungsvorschrift für das zeitliche Mittel $\overline{x}$ ist:

$$\overline{x} = \frac{1}{T_S} \int_0^{T_S} x(t)dt .$$

Da sich die Fläche aus Rechtecken zusammensetzt, berechnet sich das Integral aus der Summe aller Rechtecke. Sortiert man zusätzlich alle Rechtecke ihrer Größe nach, kann der Mittelwert aus:

$$\overline{x} = \frac{1}{T_S} \sum_{i=0}^{max} i d_i$$

bestimmt werden, wobei max die maximale Höhe der Rechtecke (Warteschlangenlänge) und $d_i$ die Breite aller Rechtecke der Höhe i bezeichnet. Es gilt demnach:

$$T_S = \sum_{i=0}^{max} d_i .$$

Anders ausgedrückt, gibt $d_i$ die Länge des Zeitraums an, in dem die zugehörige Kenngröße den Wert i annimmt. Die Stichprobenvarianz $S^2$ kann aus:

$$S^2 = \frac{1}{T_S} \int_0^{T_S} x(t)^2 dt$$

berechnet werden. Aufgrund der Struktur von x(t) läßt sich die Berechnung wieder vereinfachen:

$$S^2 = \frac{1}{T_S} \sum_{i=0}^{max} (i - \overline{x})^2 d_i \ .$$

Die durchschnittliche Warteschlangenlänge $\overline{x}_{wz}$ bezieht sich auf den Beobachtungszeitraum von 9 Minuten, wovon sich 2 Minuten keine, 5 Minuten genau eine und 2 Minuten zwei Felgen vor der Bohrmaschine aufhalten:

$$\overline{x}_{WL} = \frac{1}{9}(2 \cdot 0 + 5 \cdot 1 + 2 \cdot 2) = 1.$$

Die zugehörige Stichprobenvarianz $S^2_{WL}$ ist:

$$S^2_{WL} = \frac{1}{9}(2 \cdot (0 - 1)^2 + 5 \cdot (1 - 1)^2 + 2 \cdot (2 - 1)^2) = \frac{4}{9}.$$

Im Durchschnitt hält sich also genau eine Felge in der Warteschlange auf. Eine durchschnittliche Warteschlangenlänge von 1,8 würde darauf hindeuten, daß die Warteschlange häufig während des Simulationszeitraums zwei Einheiten enthält.

Die Auslastung der Bohrmaschine beträgt konstant 100%. Daher ist die Stichprobenvarianz null. Die Bohrmaschine ist der Engpaß, da die Bedienrate kleiner als die Ankunftsrate ist.

| Kenngröße | Mittel-wert | Stichproben-varianz | Mini-mum | Maxi-mum | Anzahl der Beobachtungen |
|---|---|---|---|---|---|
| Durchlaufzeit | 4,333 | 2,333 | 3 | 6 | 3 |
| Wartezeit | 1,333 | 2,333 | 0 | 3 | 3 |
| Warteschlangenlänge | 1 | 0,444 | 0 | 2 | --- |
| Auslastung | 1 | 0 | 1 | 1 | --- |

Tabelle 1.6: Ergebnisreport der einfachen Bedienstation

Tabelle 1.6 faßt die Beschreibung der Zeitreihen zusammen. Eine derartige Aufstellung bezeichnet man auch als Ergebnisreport. Für kontinuierliche Zeitreihen läßt sich keine Beobachtungsanzahl angeben, da diese Werte ständig gemessen werden. Neben der Varianz wird häufig die Standardabweichung oder der Variationskoeffizient angegeben. Die Standardabweichung ist die positive Quadratwurzel aus der Varianz und der Variationskoeffizient der Quotient aus der Standardabweichung und dem Mittelwert. Das Zahlenmaterial der Simulation ist jetzt hinreichend analysiert worden. Welche Rückschlüsse können nun auf die realen Größen gezogen werden?

## Stationarität

Stochastische Prozesse sind Folgen von Zufallsvariablen, die unterschiedliche Erwartungswerte und Varianzen haben können. Für die Interpretation der Simulationsergebnisse ist es notwendig, daß die Erwartungswerte und Varianzen für alle Zufallsvariablen eines Prozesses identisch sind. Sonst wäre der Aufwand zu hoch, um alle Parameter zu schätzen. Falls diese Bedingung erfüllt ist, sind das zeitliche Mittel und die Stichprobenvarianz erwartungstreue Schätzer für den Erwartungswert und die Varianz aller Zufallsvariablen eines Prozesses.

Erwartungswerte stochastischer Prozesse können von der Zeit abhängen. Im obigen Beispiel wurde eine mittlere Wartezeit von 1,333 Minuten berechnet. Die Frequenz der Felgenankünfte ist höher als die Frequenz der Fertigstellungen. Daher wächst die Warteschlange vor der Bohrmaschine stetig an. Je länger die Simulation durchgeführt wird, desto höher wird die Wartezeit bzw. desto länger wird die Warteschlange sein (vgl. Abbildung 1.19). Das zeitliche Mittel ist demnach kein erwartungstreuer Schätzer. In diesem Abschnitt sollen Bedingungen aufgestellt werden, unter denen zeitliche Mittel und Stichprobenvarianzen erwartungstreue Schätzer darstellen, d.h. die Ergebnisse der Längsschnittanalyse mit denen der Querschnittanalyse übereinstimmen (Schlittgen/ Streitberg 1991, S. 147ff).

Wenn ein charakterisierender Parameter unabhängig von der Zeit ist, so wird er als stationär bezeichnet. Abbildung 1.20 zeigt alle möglichen Kombinationen von Mittelwert- und Varianzstationarität stochastischer Prozesse. Auf der x-Achse ist jeweils die Zeit und auf der y-Achse sind die Merkmalsausprägungen abgetragen. Ein Linienzug verbindet die Beobachtungen. In den Schlangenlinien ist die Entwicklung des Mittelwertes durch eine Gerade angedeutet. Während der erste und dritte Prozeß konstante Mittelwerte aufzeigen, weisen die beiden übrigen Prozesse einen steigenden Trend auf. Die Amplitude der Kurven ist ein Maßstab für die Varianz. Wenn die Amplituden weder stetig wachsen noch stetig abnehmen, kann eine über die Zeit konstante Varianz angenommen werden. In Abbildung 1.20 weisen die ersten beiden Prozesse konstante Amplituden auf, d.h. die Varianz ist konstant.

Ein stochastischer Prozeß wird als stationär bezeichnet, wenn die Mittelwert- und die Kovarianzfunktion invariant gegenüber der Zeit bzw. stationär sind (Schlittgen/

Streitberg 1991, S. 83). Im Falle von Stationarität stellen der Mittelwert und die Stichprobenvarianz erwartungstreue Schätzer für den Erwartungswert und die Varianz dar. Auf die Auswertung von Simulationsmodellen übertragen bedeutet Stationarität, daß anhand des Mittelwertes und der Stichprobenvarianz Aussagen über die Kenngrößen getroffen werden können.

Die Frage, ob ein Prozeß stationär ist, kann nicht immer ohne weiteres geklärt werden. Die Theorie fordert für jede Zeitreihe die Durchführung von Tests auf Stationarität. In der praktischen Anwendung reicht es aus, die einzelnen Beobachtungen in Abhängigkeit von der Zeit zu zeichnen, um entsprechende Aussagen zu treffen.

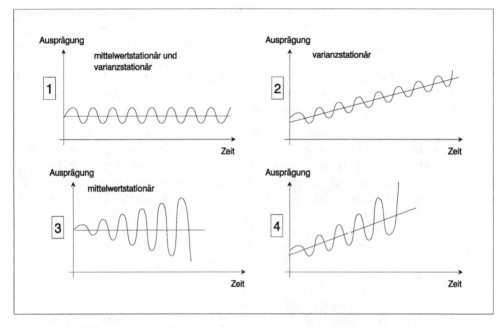

*Abbildung 1.20: Mittelwert- und Varianzstationarität stochastischer Prozesse*

Im Produktionsbereich bedeuten trendbehaftete bzw. nicht mittelwertstationäre Prozesse, daß bestimmte Größen wie Warteschlangen oder Lagerbestände ständig anwachsen. Der Produktivitätssteigerung eines Systems sind bei unveränderten Kapazitäten ebenfalls Grenzen gesetzt. Wenn eine Simulationsstudie trendbehaftete Prozesse aufzeigt, sollte die Systemkonfiguration geändert werden.

Als Resümee läßt sich festhalten, daß bei gesicherter Stationarität die Simulationsergebnisse zur Schätzung der Erwartungswerte von Durchlaufzeiten, Warteschlangenlängen, Wartezeiten und Auslastungsgraden herangezogen werden können. Wenn ein Prozeß nicht stationär ist, sollte grob eine Aussage über die Trendentwicklung gemacht werden. Eine Anpassung eines Trendmodells ist nicht notwendig. Simulationssysteme unterstützen eine derartige Vorgehensweise in den seltensten Fällen.

Die Übertragung der Erkenntnisse auf die Beispielsituation ergibt, daß die Prozesse bezüglich der Warteschlange nicht stationär sind. Sie weisen einen steigenden Trend auf. Die oben berechneten Durchschnittsgrößen Durchlaufzeit, Wartezeit und Warteschlangenlänge können demnach nicht als Schätzer für das reale System verwendet werden. Lediglich der Auslastungsgrad von 100% ist von der Zeit unabhängig.

Steigende Warteschlangen bedeuten steigenden Lagerplatzbedarf. Daher muß der Modellbauer aus dieser Simulation die Konsequenz ziehen, die Kapazität der Bohrmaschine zu erhöhen, damit sich die Zwischenankunfts- und die Bearbeitungszeiten angleichen. Die Bearbeitungszeiten könnten vielleicht durch eine leistungsfähigere Maschine reduziert werden. Eine weitere Möglichkeit besteht darin, eine zweite Maschine anzuschaffen. Die Simulation kann hier zur Bewertung verschiedener Alternativen herangezogen werden.

# 1.3 Aufgaben

### I. Grundlagen der Produktion

a) Versuchen Sie, eine Produktion zu kennzeichnen, in der Schränke in größerer Stückzahl hergestellt werden sollen. Informieren Sie sich über die typischen Fertigungstechniken der Möbelherstellung. Wie soll die Teilefertigung ablaufen? Welche Arbeitsplätze sollten eingerichtet werden? Auf welche Art und Weise erfolgt die Montage?
b) Geben Sie für die beschriebene Möbelfabrik die Elemente des Produktionssystems an. Welche Beziehungen bestehen zwischen den Elementen?

### II. Simulation und Simulationswerkzeuge

a) In welchen Fällen ist die Simulation zur Lösung von praktischen Problemen besser geeignet als analytische Modelle?
b) Welche Unterschiede bestehen zwischen den Zeitfortschreibungsmechanismen von diskreten und kontinuierlichen Simulationswerkzeugen?

### III. Ereignisorientierte Simulation

*Einfache Bedienstation*

Die in Abschnitt 1.2.3 vorgestellte Simulation einer einfachen Bedienstation soll fortgesetzt werden. Die nächsten Ankunftszeiten der Felgen können aus der Tabelle 1.7 entnommen werden

| Felgennummer | Zeitpunkt [Minute] |
|---|---|
| 6 | 10,5 |
| 7 | 12 |
| 8 | 13,5 |
| 9 | 16,5 |
| 10 | 18 |

*Tabelle 1.7: Ankunftszeiten*

a) Fertigen Sie eine schematische Darstellung des Bearbeitungsvorganges an.
b) Stellen Sie die Entwicklung des realen Systems der entsprechenden Computerrepräsentation gegenüber. Die Entwicklung soll den Zeitraum bis zur Abarbeitung aller Ereignisse aufzeigen.
c) Erweitern Sie das Ablaufprotokoll und die Zustandsgeschichten der Systemelemente um die in Aufgabenteil b) aufgezeigte Entwicklung.

*Zwei einfache Bedienstationen*

Das Modell der einfachen Bedienstation aus Abschnitt 1.2.3 wird um eine weitere Station ergänzt. Nach dem Bohrvorgang werden die Felgen an einer Maschine poliert. Für den Poliervorgang werden abwechselnd zwei bzw. drei Minuten benötigt.

a) Definieren Sie für die erweiterte Modellsituation alle Ereignisse. Entwickeln Sie für jedes definierte Ereignis eine Ereignisroutine.
b) Stellen Sic die Entwicklung des realen Systems der entsprechenden Computerrepräsentation gegenüber.
c) Listen Sie die abgearbeiteten Ereignisse in Form eines Ablaufprotokolls auf.
d) Erstellen Sie die Zustandsgeschichten aller Systemelemente.

*Simulation eines Supermarktes*

In einem Supermarkt treffen Kunden in unregelmäßigen Abständen ein und werden an einer Kasse bedient. Tabelle 1.8 enthält die konkreten Ankunftszeiten der Kunden, wobei die Kunden von 1 - 11 durchnummeriert worden sind.

Die Kunden benötigen für die Zusammenstellung des Warenkorbes im Durchschnitt zehn Minuten und stellen sich anschließend an der Kasse an. Der Kassiervorgang beträgt pro Kunde zwei Minuten. Zur Analyse des Systems soll eine Simulation über die ersten 15 Minuten durchgeführt werden.

a) Bilden Sie die Abläufe in einer schematischen Darstellung ab.
b) Stellen Sie die Entwicklung des realen Systems der entsprechenden Computerrepräsentation gegenüber.

| Kundennummer | Eintreffenszeitpunkt |
|---|---|
| 1 | 1 |
| 2 | 1 |
| 3 | 3 |
| 4 | 3 |
| 5 | 3 |
| 6 | 5 |
| 7 | 6 |
| 8 | 7 |
| 9 | 10 |
| 10 | 12 |
| 11 | 13 |

*Tabelle 1.8: Ankunftszeiten der Kunden*

c) Listen Sie die abgearbeiteten Ereignisse in Form eines Ablaufprotokolls auf.
d) Geben Sie die Zustandsgeschichten der Kunden, der Warteschlange und der Kasse an.

## IV. Zufallsvariable als Eingabegrößen

a) Was versteht man unter einer Zufallsgröße? Erläutern Sie den Unterschied zwischen einer diskreten und einer kontinuierlichen Zufallsgröße. Geben Sie für beide Fälle Beispiele an.
b) Zeichnen Sie die Dichte- und die Verteilungsfunktion für eine stetige Gleichverteilung im Intervall [2; 8]. Bestimmen Sie den Erwartungswert und die Varianz.
c) Zeichnen Sie die Dichte- und die Verteilungsfunktion für eine in dem Intervall [2; 8] mit dem Modalwert 5 dreiecksverteilten Zufallsvariable. Bestimmen Sie den Erwartungswert und die Varianz.
d) Diskutieren Sie die Unterschiede zwischen einer Dreiecks-, Normal- und Exponentialverteilung, deren Erwartungswerte identisch sind.
e) Finden Sie Beispiele für dreiecks-, gleich- und normalverteile Vorgangszeiten in einer Möbelfabrik.
f) Warum sind Ankunftszeiten häufig exponentialverteilt?
g) Wie können in einem Simulationsmodell Wahrscheinlichkeitsverteilungen angepaßt werden?
h) In einer Tischlerei werden die drei Arbeitsgänge Bohren, Sägen und Fräsen durchgeführt. Für eine Simulationsstudie sind für jeden Arbeitsgang 30 Bearbeitungszeiten aufgenommen worden (vgl. Tabelle 1.9). Passen Sie für jeden Vorgang eine Verteilung an.

| Bohren | Sägen | Fräsen |
|--------|-------|--------|
| 20 | 5 | 11 |
| 11 | 5 | 13 |
| 13 | 5 | 14 |
| 12 | 10 | 18 |
| 10 | 15 | 17 |
| 19 | 15 | 25 |
| 15 | 15 | 21 |
| 16 | 5 | 22 |
| 18 | 10 | 12 |
| 12 | 10 | 23 |
| 13 | 10 | 19 |
| 14 | 15 | 16 |
| 18 | 15 | 24 |
| 15 | 5 | 20 |
| 15 | 5 | 15 |
| 16 | 10 | 11 |
| 11 | 10 | 13 |
| 14 | 5 | 14 |
| 15 | 10 | 18 |
| 17 | 5 | 17 |
| 13 | 15 | 25 |
| 16 | 15 | 21 |
| 15 | 10 | 22 |
| 15 | 10 | 12 |
| 17 | 5 | 23 |
| 14 | 5 | 19 |
| 16 | 15 | 16 |
| 14 | 10 | 20 |
| 15 | 5 | 14 |
| 16 | 5 | 24 |

*Tabelle 1.9: Bearbeitungszeiten*

i) Erklären Sie den Unterschied zwischen echten Zufallszahlen und Pseudozufallszahlen.

j) Beschreiben Sie physikalische Experimente, die kontinuierliche Zufallszahlen erzeugen.

k) Was ist ein Pseudozufallszahlenstrom?

l) Erzeugen Sie mit Hilfe der linearen Kongruenzmethode (a = 6, c = 13, m = 25; $r_0$ = 8) zehn in dem Intervall [0; 1] gleichverteilte Pseudozufallszahlen.

m) Transformieren Sie die in Aufgabenteil l) erzeugten Pseudozufallszahlen in Pseudozufallszahlen, die in dem Intervall [10; 20] stetig gleichverteilt sind.

n) Transformieren Sie die in Aufgabenteil l) erzeugten Pseudozufallszahlen in Pseudozufallszahlen, die in dem Intervall [10; 20] diskret gleichverteilt sind.

o) Transformieren Sie die in Aufgabenteil l) erzeugten Pseudozufallszahlen in Pseudozufallszahlen, die in dem Intervall [10; 20] mit dem Modalwert 150 stetig dreiecksverteilt sind.

## V. Auswertung von Simulationsergebnissen

a) Ergänzen Sie den im Abschnitt 1.2.5 definierten Fragenkatalog um weitere Kenngrößen, die in einer Simulationsstudie von Interesse sein können.

b) Was ist ein stochastischer Prozeß?

c) Was ist eine Zeitreihe?

d) Erörtern Sie den Unterschied zwischen stochastischen Prozessen mit diskreten und kontinuierlichen Zeitparametern. Warum ist die Aufbereitungsform der Simulationsergebnisse von dem Prozeßtyp abhängig?

e) Wann sind stochastische Prozesse stationär?

f) Diskutieren Sie die Bedingungen, unter denen die Simulationsergebnisse als Schätzer für den Erwartungswert der entsprechenden Zufallsvariablen herangezogen werden können.

g) Analysieren Sie die Durchlauf- und Wartezeiten, die Auslastungsgrade sowie die Warteschlangenlängen für alle drei Modelle aus Aufgabenteil III in Form eines Ergebnisreports sowie von Histogrammen und Trajektorien. Weisen Sie die Warteschlangenlänge, die Wartezeit und die Auslastung im Modell der zwei einfachen Bedienstationen getrennt aus.

h) Diskutieren Sie für alle drei Modelle aus Aufgabenteil III die Stationaritätsbedingungen.

i) Verändern Sie die Ankunftsrate im Modell der einfachen Bedienstation derart, daß die Stationaritätsbedingungen erfüllt sind.

# 2 Tutorial

## 2.1 Aufbau des Tutorials

Das vorliegende Tutorial beschreibt wichtige Leistungsmerkmale von SLAMSYSTEM anhand eines Beispiels. Das Durcharbeiten vermittelt einen intuitiven Zugang zur Arbeit mit SLAMSYSTEM. In weniger als einer Stunde ist der Leser in der Lage, sein erstes Simulationsprogramm zu starten. Das Ziel besteht darin, zu zeigen, wie einfach die Erstellung von Simulationsmodellen mit SLAMSYSTEM ist.

Das Tutorial beginnt mit der Vorstellung eines einfachen praktischen Problems. In zehn Schritten werden neben der Bildung von Simulationsmodellen und der Durchführung von Simulationsläufen auch Möglichkeiten zur Präsentation der Simulationsergebnisse vorgestellt. Der gesamte Ablauf wird anhand der Beispielsituation verdeutlicht. Nur im neunten Schritt wird ein anderes Beispiel für die bildgestützte Simulation, das als Demo-Version zum Lieferumfang von SLAMSYSTEM gehört, verwendet. Dieser Schritt kann übersprungen oder isoliert ausgeführt werden (für Trickfilmfans oder videokonditionierte Animateure). Echte »Simulanten« arbeiten das Tutorial in der vorgegebenen Reihenfolge vollständig durch.

## 2.2 Die Beispielsituation

Abgebildet wird ein Ausschnitt der Produktion von Felgen für die Laufräder eines Fahrrades. Die Felgenrohlinge werden dem Fertigungsbereich automatisch zugeführt. Alle 2,5 Minuten kommt ein Felgenrohling an. Zunächst werden auf der ersten Maschine die Löcher zum Einfügen der Speichen in das Felgenprofil gebohrt. Die Bearbeitungszeit eines Teils auf dieser Maschine ist gleichverteilt zwischen 1,5 und 3,5 Minuten. Anschließend wird auf der zweiten Maschine das Ventilloch gebohrt. Die Bearbeitungsdauer für diese Station beträgt konstant 2,1 Minuten. Die tägliche Arbeitszeit beträgt acht Stunden.

Alle Daten basieren auf einer Analyse des Fertigungsprozesses. Ziel der Simulation ist die Bestimmung folgender Kenngrößen:

▶ Auslastung der Maschinen,
▶ Warteschlangenlängen vor den Maschinen,
▶ Durchlaufzeit der Felgen durch den Fertigungsbereich,
▶ Ermittlung der täglichen Fertigungskapazität.

# 2.3   Simulation in 10 Schritten

### I. Starten von SLAMSYSTEM

Es wird vorausgesetzt, daß die »student version« von SLAMSYSTEM richtig installiert ist. Zum Start des Programms wird auf der DOS-Ebene

`win slam<CR>` eingegeben.

Auf der WINDOWS-Ebene wird SLAMSYSTEM, wie andere Anwendungsprogramme auch, durch einen »Doppelklick« auf dem zugehörigen Sinnbild gestartet.

Nach dem Programmaufruf erscheint das SLAMSYSTEM-Fenster (vgl. Abbildung 2.1). Die am oberen Fensterrand befindliche Menüleiste zeigt die Funktionen von SLAMSYSTEM. Zur Auswahl eines Menüpunktes muß der Mauszeiger stets auf den Menüpunkt bewegt und dann die linke Maustaste gedrückt werden. Die Systembedienung entspricht der Benutzerführung von MS-Windows. Auch die kontextorientierte Hilfefunktion kann mit der Funktionstaste F1 aktiviert werden. Die Nutzung der Online-Hilfe erspart häufig den Griff zum Handbuch.

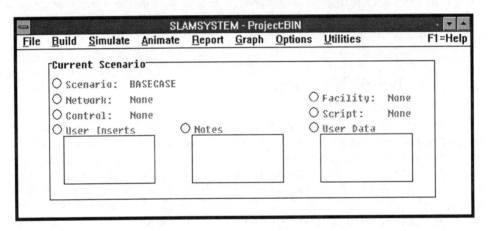

*Abbildung 2.1: Das SLAMSYSTEM-Fenster*

Im Rechteck »Current Scenario« werden die einzelnen Komponenten eines Szenarios dargestellt. Die nächsten Schritte des Tutorials erläutern die Definitionen der Bestandteile »network«, »control« und »note«. Die Bereiche »facility« und »script« werden zur Erstellung einer im Tutorial nicht behandelten Animation mit der Windows/DOS-Version benötigt. »User Inserts« und »User Data« bezeichnen FORTRAN-Programmmodule und zugehörige Daten, die im Rahmen dieser Einführung nicht betrachtet werden.

## II. Definition des Projekts

Zunächst wird wie folgt ein Name für das Simulationsprojekt vergeben:

1. Wähle »File« aus der Menüleiste des SLAMSYSTEM-Fensters und »New« aus dem zugehörigen Pull-Down-Menü.
2. Durch Voreinstellung wird der Cursor in das Eingabefeld »New project name« bewegt. Wenn nicht, ist das Feld anzuklicken.
3. Eingabe des Projektnamens: »Tutorial«.
4. Auswahl der Schaltfläche »New«.

## III. Definition des Szenarios

Zur Analyse eines Simulationsprojekts werden in der Praxis häufig unterschiedliche Alternativen getestet. SLAMSYSTEM ermöglicht die Verwaltung dieser Alternativen als Szenarien. Für ein Projekt können unterschiedliche Szenarien definiert werden. Beispielsweise können für die Auslegungsplanung eines Fertigungsbereiches unterschiedliche Maschinenanordnungen verglichen werden. Im Rahmen des Tutorials wird nur ein Szenario untersucht. Das Szenario muß auch benannt werden (vgl. Abbildung 2.2):

1. Wähle »Scenario« im Rechteck »Current Scenario«.
2. Durch Voreinstellung wird der Cursor in das Feld »Scenario« bewegt. Wenn nicht, ist das Feld anzuklicken.
3. Eingabe des Szenarionamens: »Felge«.
4. Auswahl der Schaltfläche »New«.

*Abbildung 2.2: Das Szenario-Eingabefenster*

## IV. Bildung des Netzwerks

Das Netzwerk dient dazu, den Fluß der Einheiten (Felgen) durch das System (Felgenproduktion) zu modellieren. Ein Netzwerk besteht aus Knoten und gerichteten Kanten (Pfeilen), die diese Knoten verbinden. Zur Abbildung der Felgenproduktion wird zunächst ein CREATE-Knoten benötigt, der die Einheiten erzeugt. Die Warteschlangen vor den Bearbeitungsstationen und die Belegung der Maschinen werden durch AWAIT-Knoten abgebildet. Die Maschinen selbst sind mittels RESOURCE-Blöcken dargestellt. Aktivitäten (ACTIVITY) modellieren die Bearbeitungszeiten. Nach Beendigung der Bearbeitung werden die Maschinen durch einen FREE-Knoten wieder freigegeben, so daß die nächste Einheit aus der Warteschlange die Maschine belegen kann. Zur Ermittlung der Durchlaufzeiten der Einheiten wird ein COLCT-Knoten benötigt.

Alle Knoten werden im Netzwerkgenerator nach dem gleichen Schema eingegeben. Zuerst wird der CREATE-Knoten erzeugt. Die folgenden Schritte sind zur Definition eines Netzwerks erforderlich (vgl. Abbildung 2.3):

1. Wähle »Network« im Rechteck »Current Scenario«.
2. Auswahl der Schaltfläche »New« zum Starten des Netzwerkgenerators.
3. Wähle »CREATE« aus dem Listenfeld.
4. Auswahl der Schaltfläche »OK«.
5. Die Parameter des CREATE-Knotens müssen in die auf dem Bildschirm erscheinende Maske eingegeben werden. Zeichen werden links vom blinkenden, vertikalen Cursor eingegeben. Bei Vertippen können Zeichen mit der Backspacetaste gelöscht werden. Mit der Tabulatortaste wird zwischen Feldern hin und her gesprungen. Für das Beispiel wird in das Feld »Time Between« der Wert »2.5« eingetragen, das Feld »Marking Atrib« erhält den Wert »1«. In den übrigen Feldern bleiben die Voreinstellungen unverändert.
6. Wenn alle Felder die richtigen Werte enthalten, wähle die Schaltfläche »OK« (oder die Returntaste).
7. Plaziere den CREATE-Knoten oben links auf dem Arbeitsblatt.

Als nächstes werden die Schritte drei bis sieben für den AWAIT-Knoten erneut durchgeführt. Folgende Parameter sind einzutragen (vgl. auch Abbildung 2.3):

Node Label:      »WS1«
File Number:     »1«
Res or Gate:     »Masch1«

Die Knoten CREATE und AWAIT werden durch eine ACTIVITY verbunden. Die Verbindung zweier Knoten durch eine ACTIVITY geschieht nach folgendem Muster:

1. Wähle »ACTIVITY« aus dem Listenfeld.
2. Auswahl der Schaltfläche »OK«.
3. Bestimme durch Anklicken des CREATE-Knotens den Startpunkt der Aktivität und durch Anklicken des AWAIT-Knotens den Endpunkt.
4. Die Parameter des ACTIVITY-Knotens sind in die folgende Maske einzugeben. In diesem Fall können die Voreinstellungen übernommen werden.
5. Wähle die Schaltfläche »OK«.

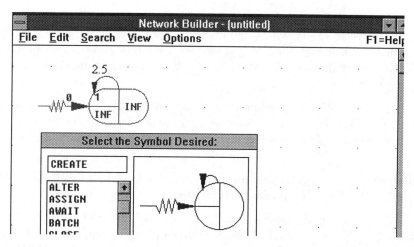

*Abbildung 2.3: Plazierung des CREATE-Knotens in dem Netzwerkgenerator*

Die übrigen Knoten werden auf analoge Weise eingegeben und – wie in der Abbildung 2.4 ersichtlich – mit Aktivitäten verbunden.

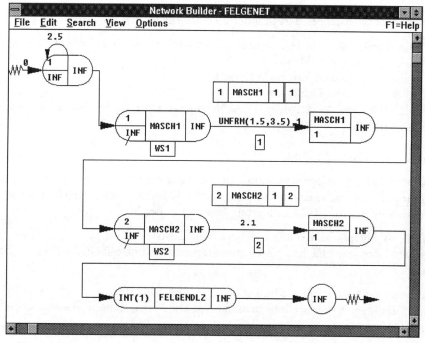

*Abbildung 2.4: Das komplette Netzwerk der Beispielsituation*

Für die Verbindung der beiden AWAIT- mit den FREE-Knoten sind im Feld »Activity Number« die Werte »1« bzw. »2« und im Feld »Duration« dieser Aktivitäten die entsprechenden Bearbeitungszeiten einzugeben. Für Maschine eins wird als Bearbeitungszeit die Gleichverteilung »UNFRM, (1.5, 3.5)« eingegeben und für Maschine zwei der konstante Wert »2.1«.

Nach Abschluß der Netzwerkdefinition muß das erstellte Netzwerk der Vorgabe entsprechen. Sind Änderungen der Parameter erforderlich, genügt ein Doppelklick auf dem entsprechenden Knoten, um in der Parametermaske Verbesserungen vorzunehmen.

Die einzugebenden Parameter sind für die weiteren Netzwerkelemente aufgeführt, soweit sie nicht den Voreinstellungen entsprechen:

RESOURCE:    Resource number »1«, Resource Label »Masch1«, File number »1«.
RESOURCE:    Resource number »2«, Resource Label »Masch2«, File number »2«.
FREE:        Resource »Masch1«.
FREE:        Resource »Masch2«.
AWAIT:       Node LABEL »WS2«, File number »2«, Res or Gate »Masch2«.
COLCT:       Type or Variable »Int(1)«, Label »FELGENDLZ«
TERMINATE:

Das Netzwerk wird gespeichert und der Netzwerkgenerator verlassen:

1. Wähle »File« aus der Menüliste des Netzwerkgenerators und »Save as« aus dem zugehörigen Pull-Down-Menü.
2. Eingabe des Netzwerknamens: »Felgenet«.
3. Auswahl der Schaltfläche »OK«.
4. Wähle »File« aus der Menüleiste des Netzwerkgenerators und »Exit« aus dem zugehörigen Pull-Down-Menü.

### V. Eingabe der Kontrollbefehle

Die Kontrollbefehle liefern dem Simulator die benötigten Basisdaten zur Steuerung der Simulation. Die Vorgehensweise zur Eingabe der Kontrollbefehle besteht aus einer Parametrisierung der für die Modellierung benötigten Befehle:

1. Wähle »Control« im Rechteck »Current Scenario«.
2. Auswahl der Schaltfläche »New« zum Starten des Kontrollbefehlseditors »Control Builder«.

Für die stets erforderlichen Kontrollbefehle GEN, LIMITS und FIN werden vom »Control Builder« Voreinstellungen angezeigt. Die Voreinstellungen werden wie folgt angepaßt:

1. Bewege den Cursor auf den GEN-Befehl und führe einen Doppelklick aus.

2. Ändere die Parameter des GEN-Befehls in der folgenden Maske:

Name:         Claus Helling
Project:      Tutorial
Date:         24.08.1992

3. Wenn alle Felder die richtigen Werte enthalten, wähle die Schaltfläche »OK«.

Analog sind für den LIMITS-Befehl die folgenden Parameter einzugeben:

Files:        »2«
Attributes:   »2«
Entries:      »100«

Der Kontrollbefehl »GEN« beinhaltet allgemeine Informationen zu einem Simulationsprogramm, der LIMITS-Befehl definiert die erforderlichen Systemressourcen, und der FIN-Befehl beendet einen Simulationslauf. Er kann hier unverändert bleiben.

Zur Steuerung unseres Simulationsprogramms sind drei weitere Befehle erforderlich. Der Befehl NETWORK dient zur Verbindung der Netzwerkkomponente mit den Kontrollbefehlen. Das Ende der Simulationszeit wird mit dem INITIALIZE-Befehl eingegeben, und der MONTR-Befehl dient zur Definition eines Ablaufprotokolls (TRACE), das alle Simulationsereignisse im Zeitablauf aufzeichnet. Der Ablauf zur Eingabe der weiteren Kontrollbefehle ist einfach und wird am Beispiel des INITIALIZE-Befehls dargestellt (vgl. Abbildung 2.5):

1. Auswahl des FIN-Befehls (einfaches Anklicken), um direkt vor dieser Zeile einzufügen.
2. Wähle »Edit« aus der Menüleiste und »Insert« aus dem zugehörigen Pull-Down-Menü.
3. Auswahl der Schaltfläche »OK«.
4. Wähle »INITIALIZE« im angebotenen Listenfeld.
5. In der folgenden Maske werden alle Voreinstellungen bis auf das Feld »Ending time« übernommen. Im Feld »Ending time« wird der Wert »480« eingegeben. Damit ist die Simulationszeit auf einen Arbeitstag (480 Min.) eingestellt.
6. Auswahl der Schaltfläche »OK«.

Die Befehle NETWORK und MONTR werden auf die gleiche Weise vor der Befehlszeile INITIALIZE eingefügt. Bei NETWORK können alle Voreinstellungen übernommen werden. »Trace« muß beim MONTR-Befehl in das Feld »Option« eingegeben werden.

Im nächsten Schritt werden die Kontrollbefehle als »Control« gesichert und der »Control Builder« beendet:

1. Wähle »File« aus der Menüleiste des »Control Builders« und »Save as« aus dem zugehörigen Pull-Down-Menü.
2. Eingabe des Kontrolldateinamens: »Felgecon«.

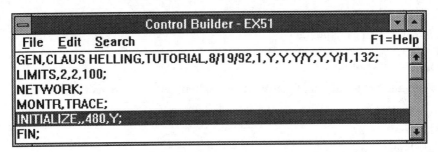

*Abbildung 2.5: Kontrolldatei für die Beispielsituation*

3. Auswahl der Schaltfläche »OK«.
4. Wähle »File« aus der Menüleiste des »Control-Builders« und »Exit« aus dem zugehörigen Pull-Down-Menü.

## VI. Dokumentation

SLAMSYSTEM stellt einen Notizblock zur Verfügung, der es erlaubt, mit Hilfe eines einfachen Texteditors ein Simulationsprojekt zu dokumentieren. Angefangen von der Problemstellung über die Modellierung bis hin zur Ergebnisanalyse sollten alle Phasen einer Simulationsstudie dokumentiert werden. Die Dokumentation wird in der »Current Scenario Box« direkt mit einem Szenario verbunden. Als Beispiel wird zur Netzwerkdatei »Felgenet« eine Erläuterung des ersten Attributes der Einheiten angelegt:

1. Wähle »Notes« im Rechteck »Current Scenario«.
2. Auswahl der Schaltfläche »New« im folgenden Dialogfeld.
3. Eingabe des gewünschten Textes in den Notizblock: »Das Attribut 1 enthält den Kreationszeitpunkt.«
4. Wähle »File« aus der Menüleiste des Notizblocks und »Save as« aus dem resultierenden Pull-Down-Menü.
5. Eingabe des Namens der Notiz: »Felgenet«.
6. Auswahl der Schaltfläche »OK«.
7. Wähle »File« aus der Menüleiste und »Exit« aus dem resultierenden Pull-Down-Menü.

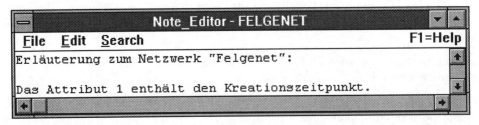

*Abbildung 2.6: Notiz zur Dokumentation des Netzwerks*

Weitere Notizen werden auf gleiche Weise erstellt. Wiederholen Sie die Schritte eins bis sieben zur Erstellung der Notiz »Felgecon« (vgl. Abbildung 2.7).

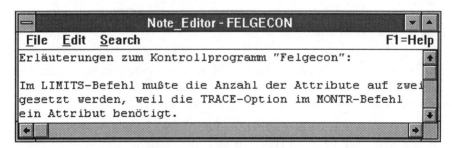

*Abbildung 2.7: Notiz zur Kontrolldatei*

Außerdem kann das Feld »Description« im SLAMSYSTEM-Fenster zur Dokumentation genutzt werden. Klicken Sie das Feld an, um dann maximal drei Zeilen Text einzugeben. Zum Beispiel »Tutorial, Felgenproduktion, 1992«.

## VII. Simulation eines Szenario

Vor dem Start eines Simulationslaufes müssen das Netzwerk »Felgenet«, die Kontrolldatei »Felgecon« und die zugehörigen Dokumentationen mit dem Szenario »Felge« verbunden werden. Anschließend wird das veränderte Szenario gesichert.

1. Auswahl von »Network« aus dem Rechteck »Current Scenario«.
2. Wähle »Felgenet« aus dem resultierenden Listenfeld.
3. Wähle die Schaltfläche »Setcurrent«.
4. Wähle die Schaltfläche »OK«.
5. Auswahl von »Control« aus dem Rechteck »Current Scenario«.
6. Wähle »Felgecon« aus dem resultierenden Listenfeld.
7. Wähle die Schaltfläche »SetCurrent«.
8. Wähle die Schaltfläche »OK«.
9. Auswahl von »notes« im Rechteck »Current Scenario«.
10. Wähle »Felgenet« im Listenfeld auf der rechten Seite.
11. Auswahl der Schaltfläche »Add«.
12. Wähle »Felgecon« im Listenfeld auf der rechten Seite.
13. Auswahl der Schaltfläche »Add«.
14. Auswahl der Schaltfläche »OK«.

Die weiteren Schritte zum Start eines Simulationslaufes werden wie folgt durchgeführt:

1. Auswahl von »Simulate« aus der Menüleiste des Rechtecks »Current Scenario« und von »Translate« aus dem folgenden Pull-Down-Menü.
2. Auswahl von »Simulate« aus der Menüleiste des Rechtecks »Current Scenario« und von »Run« aus dem folgenden Pull-Down-Menü.

Gelingt der Simulationslauf ohne Fehler, kann mit der Interpretation der Ergebnisse begonnen werden. Zur Behebung von Fehlern sind die Hinweise im nächsten Abschnitt zu beachten.

## VIII. Analyse der Simulationsergebnisse

Die Simulationsergebnisse können als Summary-Report und in graphischer Form als Tortendiagramme, Histogramme, Plots oder Balkendiagramme präsentiert werden. Der Summary-Report wird automatisch nach jedem Simulationsablauf erzeugt. Dieser Standardergebnisbericht wird wie folgt aufgerufen:

1. Wähle »Report« aus der Menüleiste des Rechtecks »Current Scenario« und »Output« aus dem resultierenden Pull-Down-Menü.
2. Wähle die Schaltfläche »Summary« in der folgenden Dialogbox.
3. Wenn der Simulationslauf fehlerfrei ausgeführt wurde, erscheint ein Textfenster, das den Summary-Report des Szenarios »Tutorial« enthält (vgl. Abbildung 2.8).
   Falls Fehler bei der Übersetzung des Netzwerkes oder der Kontrolldatei bzw. während des Simulationslaufes aufgetreten sind, müssen diese korrigiert werden, bevor der Summary-Report angezeigt werden kann.

   *Fehler bei der Übersetzung des Netzwerkes oder der Kontrollbefehle:*
   Wähle »Echo« aus der Dialogbox, die nach Schritt eins erscheint. Die Fehlermeldungen werden angezeigt. Fehler sind im Netzwerk bzw. in der Kontrolldatei zu korrigieren, bevor der Simulationslauf erneut gestartet wird.

   *Fehler während des Simulationslaufes:*
   Wähle »Intermediate« aus der Dialogbox, die nach Schritt 1 erscheint. Die Fehlermeldungen erscheinen, und die Korrekturen sind vorzunehmen.

4. Zum Verlassen des Summary-Reports ist »File« aus der entsprechenden Menüleiste und »Exit« aus dem folgenden Pull-Down-Menü zu wählen.

Mit Hilfe des Summary-Reports können die gewünschten Kenngrößen für die Felgenproduktion angegeben werden. Für die Zielgrößen ergeben sich die folgenden Werte (vgl. Abbildung 2.8):

▶ Durchlaufzeit der Felgen:                    12,5 Minuten
   (STATISTICS FOR VARIABLES)                  (NO. Of. OBS.)

▶ Fertigungskapazität pro Tag:                 186 Felgen
   (STATISTICS FOR VARIABLES)                  (MEAN VALUE)

▶ mittlere Warteschlange:                      an Maschine 1: 3,1 Felgen
                                               an Maschine 2: 0,049 Felgen

   (FILE STATISTICS)                           (AVERAGE LENGTH)

▶ Auslastung der Maschinen:                    Maschine 1: 99%,
                                               Maschine 2: 82%

   (RESOURCE STATISTICS)                      (AVERAGE UTIL)

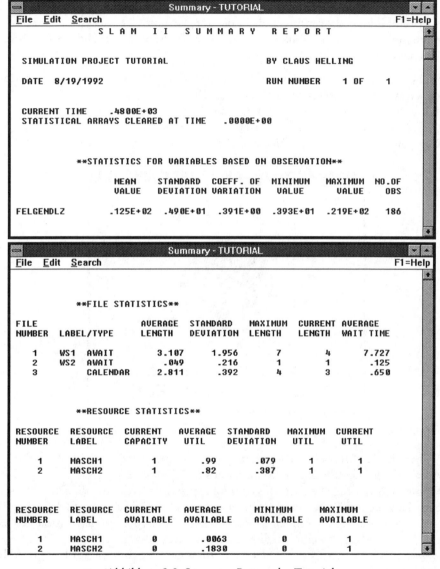

*Abbildung 2.8: Summary-Report des Tutorials*

Zu beachten ist, daß die Ergebnisse eines Simulationslaufs stochastische Größen sind und daher bei der Analyse von Simulationsergebnissen statistische Verfahren eingesetzt werden müssen (vgl. Kapitel 1.2.5), auf die im Tutorial verzichtet wird.

Die graphische Ergebnisanalyse soll an zwei einfachen Beispielen vorgestellt werden. Gezeigt wird die Erstellung eines Torten- und eines Balkendiagramms. Das Tortendiagramm in Abbildung 2.9 veranschaulicht die durchschnittliche Auslastung der zweiten Maschine, und anhand des Balkendiagramms werden die durchschnittlichen Warteschlangen vor den Maschinen verglichen.

1. Wähle »Graph« aus der Menüleiste des Rechtecks »Current Scenario« und »Output« aus dem resultierenden Pull-Down-Menü.
2. Auswahl der Schaltfläche »Pie chart« aus der folgenden Dialogbox.
3. Wähle die »Util. of Resource: Masch2« aus dem Listenfeld.
4. Auswahl der Schaltfläche »OK« zum Anzeigen der Tortengrafik.

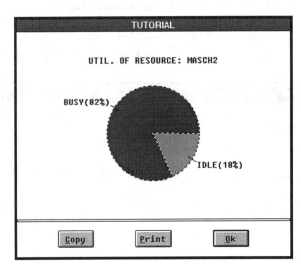

*Abbildung 2.9: Tortendiagramm zur Darstellung der Auslastung der Maschine 2*

5. Wähle die Schaltfläche »OK«, um die Grafik zu beenden.
6. Auswahl der Schaltfläche »Bar Chart« aus der Dialogbox.
7. Wähle »File Average Length« aus dem folgenden Listenfeld, um die durchschnittlichen Längen der Warteschlangen anzuzeigen (vgl. Abbildung 2.10).
8. Verbinde in der resultierenden Dialogbox die Warteschlange eins mit Balken eins und Warteschlange zwei mit Balken zwei (vgl. Abbildung 2.11).
9. Auswahl der Schaltfläche »OK« zum Anzeigen der Balkengrafik (vgl. Abbildung 2.12).
10. Wähle die Schaltfläche »OK«, um die Grafik zu beenden.

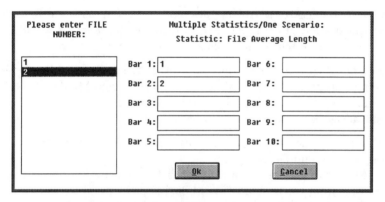

*Abbildung 2.10: Auswahlfenster für die Erstellung eines Balkendiagramms*

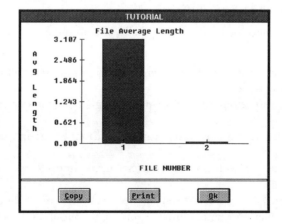

*Abbildung 2.11: Verbinden der Warteschlangen mit den Balken*

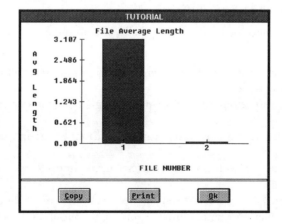

*Abbildung 2.12: Vergleich der Warteschlangen anhand eines Balkendiagramms*

11. Zur Beendigung der graphischen Outputanalyse wähle die Schaltfläche »Cancel«.

12. Wähle »File« aus der Menüleiste des Rechtecks »Current Scenario« und »Save« aus dem resultierenden Pull-Down-Menü.

## IX. Beenden von SLAMSYSTEM

Vor dem Verlassen von SLAMSYSTEM sollten die (erwünschten) Änderungen des Projekts gespeichert werden.

1. Wähle »File« aus der Menüliste und »Save« aus dem folgenden Pull-Down-Menü.

2. Wähle erneut »File« aus der Menüliste und »Exit« aus dem Pull-Down-Menü, um zur WINDOWS-Oberfläche zurückzukehren.

## X. Demonstration einer komplexen Animation

Die Animation visualisiert die Abläufe des modellierten Systems am Bildschirm. Die Stärke der Animation liegt darin, daß der Modellbauer (und der Entscheidungsträger) die Zusammenhänge verschiedener Abläufe erkennen kann.

Die Leistungsfähigkeit einer Animation mit SLAMSYSTEM wird anhand eines mitgelieferten Beispielprogramms der Version 3.0 für OS/2 gezeigt. Mit der Student-Version kann die Animation nicht durchgeführt werden. Zunächst müssen das Beispielprojekt und das zugehörige Szenario geladen werden.

1. Wähle »File« aus der Menüleiste des SLAMSYSTEM-Fensters und »Open« aus dem zugehörigen Pull-Down-Menü.

2. Wähle »Models« aus dem Listenfeld (»Models« erscheint nur im Listenfeld, wenn bei der Installation von SLAMSYSTEM die Beispiele installiert wurden).

3. Wähle »Scenario« aus dem Rechteck »Current Scenario« und »Factory« aus dem zugehörigen Listenfeld. Dazu muß das Listenfeld weiter nach unten gerollt werden.

4. Auswahl der Schaltfläche »Open«.

Jetzt werden die Animationsoptionen eingestellt, und anschließend wird die Animation gestartet:

1. Wähle »Options« im Rechteck »Current Scenario« und »Simulate« aus dem zugehörigen Pull-Down-Menü.

2. Auswahl von »Animation« und »Post-processing animation« im folgenden Dialogfeld.

3. Die erscheinenden Optionen werden durch Auslösen der Schaltfläche »OK« übernommen.

4. Wähle »Animate« im Rechteck »Current Scenario« und »Run« aus dem folgenden Pull-Down-Menü.

5. In der folgenden Dialogbox müssen im Rechteck »Required Updates« die Felder »Translation of Network and Control« und »Run Simulation« ausgeschaltet wer-

den. Im Bereich »Options« erfolgt die Auswahl der Option »Continue without up-
dating scenario« und eine Bestätigung mit der Schaltfläche »OK«.

6. Wähle »OK« in der folgenden Dialogbox und die Animation beginnt (vgl. Abbildung 2.13).
7. Nach Beendigung der Animation führt die Returntaste zurück zum SLAMSY-
   STEM-Fenster.
8. Wähle »File« aus der Menüleiste des Rechtecks »Current Scenario« und »Save« aus
   dem resultierenden Pull-Down-Menü.

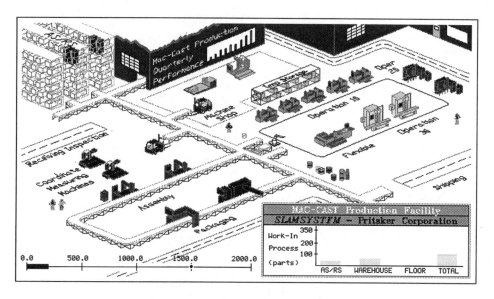

*Abbildung 2.13: Layout des Animationsbeispiels*

# 3 Die Simulation von Fertigungssystemen am Beispiel einer Fahrradfabrik

## 3.1 Einführung

### 3.1.1 Modellbau mit SLAMSYSTEM

**Überblick**

SLAMSYSTEM verwaltet Simulationsmodelle in Form von Projekten. Jedes Projekt besteht aus einer Liste von Szenarien. Ein Szenario stellt eine Variante des Modells dar, das im Rahmen des Projekts analysiert wird. Grob gliedert sich ein Szenario in Modell- und Ergebniskomponenten. Die Beschreibung beschränkt sich auf den Modellbau, d.h. auf die Eingabeseite. Abbildung 3.1 zeigt einen Überblick über die Modellkomponenten. Die Zahlen an den Linien geben an, wieviele Teilkomponenten in ein Szenario eingebunden werden können. Eine Simulationsstudie kann z.B. aus beliebig vielen Animationsbeschreibungen (Animations) bestehen.

Die Komponenten »Network« und »Control« müssen zwingend besetzt sein. Die Rubrik »Notes« erlaubt eine ausführliche Dokumentation der einzelnen Szenarien. »Inserts« und »Data« bezeichnen FORTRAN-Programme, die in ein Szenario eingebunden werden können. Ausgabedateien liegen in Form von Ergebnisreports und Grafiken vor.

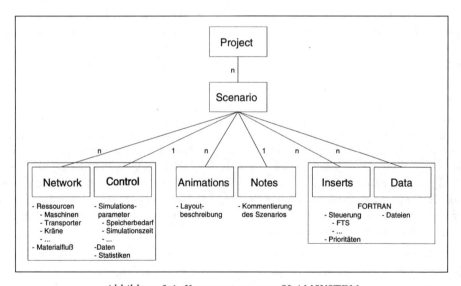

*Abbildung 3.1: Komponenten von SLAMSYSTEM*

In der Netzwerkdatei (Network) werden die Ressourcen in Form von Blöcken definiert und der Materialfluß beschrieben. Ressourcen sind alle Engpässe in einem Modell, z.B. Maschinen, Transporter, Krane oder Förderbänder. Die Definition erstreckt sich über Kapazitätsangaben, Geschwindigkeits- und Beschleunigungsgrößen sowie Standortbestimmungen.

Der Materialfluß wird in Form eines Netzwerkes beschrieben. Ein Netzwerk besteht aus einer Menge von Knoten und gerichteten Kanten bzw. Pfeilen, das von Einheiten (Entities, Transaktion) durchlaufen wird. Einheiten können als Material oder Aufträge interpretiert werden. Bei Erreichen eines Knotens verändern sie den Systemzustand. Der Zustand einer Ressource kann z.B. von frei auf belegt geändert werden. Die Kanten verzögern die Simulationszeit und wählen den Nachfolgerknoten aus. Falls sich einem Knoten mehrere Kanten anschließen, kann die Auswahl der Kante über Bedingungen oder Wahrscheinlichkeiten erfolgen.

SLAM stellt eine Vielzahl von Standardknoten und -kanten zur Verfügung. Die Struktur dieser Elemente ist sehr einfach. Als Konsequenz müssen Standardsituationen immer durch identische Folgen von Knoten und Kanten beschrieben werden. Ein Maschinenbearbeitungsvorgang teilt sich z.B. in die Schritte

- ▶ Maschine anfordern, ggf. warten,
- ▶ Simulationszeit verzögern und
- ▶ Maschine freigeben

auf. Andere Simulationssysteme bestehen aus Makroelementen für derartige Standardsituationen, d.h. es braucht nur ein Modellbaustein ediert zu werden. Das Simulationssystem WITNESS stellt z.B. Bausteine für Maschinen, Teile und Lagerplätze zur Verfügung. Der Vorteil wird aber auf Kosten der Flexibilität erkauft. Die Anzahl von Wartungs- und Ausfallzyklen kann z.B. für eine Maschine begrenzt sein. Außerdem erfordern praktische Anwendungen oft eine Modellierung, für die die vorhandenen Bausteine nicht ausreichen.

Einheiten können mit Hilfe von Eigenschaftsvariablen (Attributen) charakterisiert werden. Typische Merkmale sind Farbe, Größe oder die Ankunftszeit im System. Neben den einheitenspezifischen Variablen können globale Variablen definiert werden. Der Gültigkeitsbereich von globalen Variablen erstreckt sich auf alle Systemelemente. Die Simulationszeit ist eine typische globale Variable. SLAMSYSTEM erlaubt text- oder symbolorientierte Eingabe. Letztere Variante setzt keine Syntaxkenntnisse voraus und verschafft einen besseren Überblick über das Netzwerk. SLAM II-Systeme lassen nur eine textorientierte Eingabe zu. Im anschließenden Abschnitt wird kurz der Aufbau von SLAM II-Programmen diskutiert.

In der Kontrolldatei (Control) werden übergreifende Simulationsparameter beschrieben. Darüber hinaus können globale Variablen und zugehörige Statistiken definiert werden.

Die Animation dient zur Visualisierung von Simulationsmodellen. Der Zustand von Ressourcen und Einheiten wird im Zeitablauf gezeigt. Die Darstellung kann um Auswertungen ergänzt werden. Die Entwicklung von Animationsmodellen erfolgt in SLAMSYSTEM über die Zuordnung von Symbolen zu Ressourcen und Einheiten. Systemvariablen, wie Warteschlangenlängen und Auslastungen, können in Form von Graphen visualisiert werden. Als Hintergrund können beliebige Bilder verwendet werden. Die Beschreibung des Layouts kann sich dabei über mehrere Fenster verteilen.

Falls die Standardelemente von SLAMSYSTEM nicht ausreichen, kann der Leistungsumfang um FORTRAN-Programme ergänzt werden. Dieser Möglichkeit kommt im Zusammenhang mit Materialhandhabungseinrichtungen eine große Bedeutung zu. Da der komplette Sprachumfang von FORTRAN bereitgestellt wird, können beliebige Steuerungen für den Materialfluß, fahrerlose Transportsysteme oder Kräne realisiert werden. Andere Simulationssysteme verfügen über eine eigene, neu zu erlernende Programmiersprache, die oftmals an gängige Sprachen wie C oder FORTRAN angelehnt ist.

Die FORTRAN-Schnittstelle besteht neben dem Programm- (User Inserts) aus einem Datenteil (User Data). Der Datenbereich setzt sich aus ASCII-Daten zusammen. Die Daten eines Simulationsmodells können von anderen Systemen, z.B. von PPS-Systemen, verwaltet werden. Der Programmteil muß die entsprechenden Routinen zum Einlesen der Daten enthalten. Simulationsexperimente können auf diese Weise auf Basis unterschiedlicher Daten ohne Veränderung der Kontrolldatei durchgeführt werden.

## SLAM II

SLAM II-Programme bestehen aus einem Kontroll- und einem Netzwerkteil. Der grundsätzliche Aufbau ist:

```
GENERATE;                    Projektbeschreibung
LIMITS;                      Speicherbedarf
Datenbeschreibung            Daten
optionale Kontrollbefehle    Steuerung
NETWORK;                     Beginn des Netzwerkes
      Netzwerkbeschreibung
      ENDNETWORK;            Ende des Netzwerkes
INITIALIZE;                  Simulationszeitraum
FINISH;                      Programmende
```

Unter der Rubrik *Datenbeschreibung* können globale Variablen mit bestimmten Werten initialisiert und Warteschlangen mit Einheiten vorbesetzt werden. Die Rubrik *optionale Kontrollbefehle* enthält weitere Befehle zur Steuerung der Simulation. In dem Bereich *Netzwerkbeschreibung* wird das Netzwerk in Form von Knoten, Pfeilen und Blöcken beschrieben.

Die programmtechnische Umsetzung erfolgt in textorientierten Netzwerkbefehlen. Netzwerkbefehle dürfen nicht in den ersten sieben Spalten stehen, da sie mit Sprungadressen bzw. Label versehen werden können. Die Länge der Label ist auf fünf alphanumerische Zeichen beschränkt, wobei die ersten vier identifizierend sein müssen. Jeder Befehl muß durch ein Semikolon abgeschlossen werden, dahinter können Kommentare stehen. Komplette Kommentarzeilen werden durch ein Semikolon in der ersten Spalte eingeleitet. Die Befehle können abgekürzt werden, da bereits die ersten drei Zeichen des Befehlsnamens signifikant sind.

Die Funktionalität der meisten Kontroll- und Netzwerkbefehle kann durch eine Parameterliste näher bestimmt werden. Diese Liste kann sich über mehrere Zeilen erstrekken, dabei dürfen zusammengehörige Zeichenketten, wie Variablen- und Befehlsnamen, nicht getrennt werden. Einige Parameter müssen von dem Modellierer gesetzt werden. Für die übrigen Parameter gibt es Voreinstellungen, die bei Bedarf geändert werden können. Parameterlisten werden durch runde Klammern, Schrägstriche und Kommata den Befehlen angehängt. Wenn Parameter nicht spezifiziert werden, wird auf die Voreinstellung zurückgegriffen. Da die Reihenfolge der Parameter fix ist, müssen ggf. mehrere Kommata hintereinander folgen, um die Position des Parameters zu markieren. Wenn z.B. der vierte Parameter der CREATE-Anweisung die Zahl zehn erhalten soll, hat der Befehl folgendes Format:

```
CREATE,,,,10;
```

Befehle sind auf 50 Felder beschränkt, wobei ein Feld durch ein Trennzeichen abgegrenzt ist. Zu den Trennzeichen zählen arithmetische Operatoren, Klammern und Kommata.

Bei Modellierung mit SLAMSYSTEM enthält die Kontrolldatei keine Netzwerkbeschreibung. Die Netzwerkbeschreibung kann sich auf mehrere Netzwerkdateien verteilen. SLAMSYSTEM fügt die Netzwerke und die Kontrolldatei zu einem SLAM II-Programm zusammen. Das Grundgerüst von SLAM II-Programmen ist nun bekannt, so daß Simulationsmodelle entwickelt werden können.

## 3.1.2  Untersuchungsgegenstand

Die Simulation mit SLAMSYSTEM soll am Beispiel der Fahrradfabrik OSNARAD erörtert werden. OSNARAD hat sich auf preisgünstige Tourenräder in den Größen 22", 24", 26" und 28" spezialisiert. Die Produktion gliedert sich in die vier Teilbereiche Rahmenbau, Felgenproduktion, Laufradproduktion und Endmontage. Ausrüstungsteile, Antriebsgruppen und Lenkungen werden fremdbezogen. Im Rahmenbau werden aus fremdbezogenen Hinterrahmen, Kleinteilen und Stahlrohren lackierte Rahmen produziert. Das Unternehmen stellt die Felgen selbst her. Diese werden aus Alu- bzw.-Stahlprofilstangen gefertigt und anschließend in der Laufradproduktion mit Naben und Speichen versehen. Die Endmontage bildet den größten Werkstattbereich. Dort werden Rahmen, Lenkungen, Laufräder, Antriebsbaugruppen und diverse Ausrüstungsteile zu kompletten Fahrrädern montiert. Alle Fremdteile werden in einem Hochregallager eingelagert. Die montierten Fahrräder lagern in einem Auslieferungslager. In diesem Lager werden die Fahrräder kommissioniert und mit einem Gabelstapler auf Lkws oder Eisenbahnwagen geladen. Abbildung 3.2 zeigt einen Überblick über die Werkstattbereiche, die Lager und den Materialfluß. Dreiecke deuten Lager, Pfeile den Materialfluß und Rechtecke die Unternehmensbereiche an.

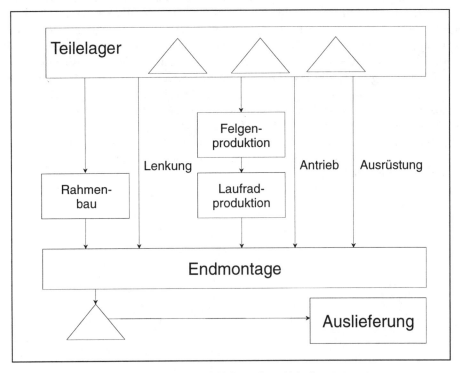

*Abbildung 3.2: Grobmodell der Fahrradfabrik OSNARAD*

Der wachsende Konkurrenzdruck auf dem Fahrradsektor erfordert einen reibungslosen Ablauf der Produktion, geringe Lager und ein hohes Qualitätsniveau. Eine Vorstudie hat zu folgenden Problemstellen geführt:

▶ Auftragsreihenfolgen in der Felgenproduktion (siehe Abschnitt 3.2),
▶ Kapazitätsplanung im Rahmenbau (siehe Abschnitt 3.3),
▶ Qualitätssicherung in der Laufradproduktion (siehe Abschnitt 3.4),
▶ Beschaffungs- und Lagerhaltungspolitik im Teilelager (siehe Abschnitt 3.5),
▶ Programmplanung in der Endmontage (siehe Abschnitt 3.6),
▶ Logistik im Hochregallager (siehe Abschnitt 4.2) sowie
▶ Anzahl der Gabelstapler im Auslieferungsbereich (siehe Abschnitt 4.3).

Die Problembereiche können unabhängig voneinander untersucht werden. Zur Analyse soll die Simulation eingesetzt werden. Den einzelnen Abschnitten ist das Grobmodell der Fahrradfabrik OSNARAD vorangestellt, wobei der jeweils relevante Untersuchungsbereich herausgehoben wird. Eine nach Aktivitäten, Knoten, Blöcken und Kontrollbefehlen gegliederte Übersicht zeigt, welche SLAM-Elemente in den Abschnitten eingeführt werden. Die Ist-Situation wird jeweils abgebildet. Anhand der Modelle können unterschiedliche Alternativen durchgespielt werden. Der Leser ist aufgefordert, entsprechende Variationsmöglichkeiten zu suchen und auszutesten. Obige Auflistung enthält Verweise auf die zugehörigen Abschnitte. Die Modellbeschreibungen sind auf zwei Kapitel verteilt worden, da SLAMSYSTEM für die in Kapitel 4 verwendeten Materialflußelemente, wie Kräne und Transporter, eine nur in der OS/2-Version verfügbare Erweiterung (Material Handling Extension) vorhält. Alle Beispiele aus Kapitel 3 können mit der »student version« bearbeitet werden. Die Darstellung beschränkt sich auf die wesentlichen Modellierungstechniken und eine kontextbezogene Verwendung der Sprachelemente von SLAMSYSTEM. Eine detaillierte Diskussion der Modellelemente enthält das siebte Kapitel. Jeder Abschnitt schließt mit einer Aufgabensammlung, die einerseits zur Wiederholung dient, andererseits anregen soll, eigene Simulationsmodelle zu entwickeln.

## 3.2    Die Simulation einer Teilefertigung: Felgenproduktion

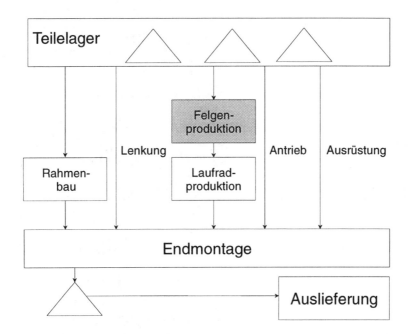

| Aktivitäten | REGULAR, SERVICE |
|---|---|
| Knoten | ASSIGN, AWAIT, CREATE, COLCT, FREE, GOON, QUEUE, TERMINATE |
| Blöcke | RESOURCE |
| Kontrollbefehle | ARRAY, FINISH, GENERATE, INITIALIZE, LIMITS, NETWORK, PRIORITY |

### 3.2.1    Problemstellung

Für die Herstellung der Fahrräder produziert das Unternehmen OSNARAD zunächst die benötigten Felgen. Mit den betrachteten maschinellen Anlagen können Stahl- und Alufelgen in den Größen 24" sowie 28" gefertigt werden. Die Abbildung 3.3 spiegelt den Fertigungsprozeß der Felgen grob wider. Dreiecke stellen Lagerflächen, Kreise Bearbeitungsstationen und Linien Transportwege dar.

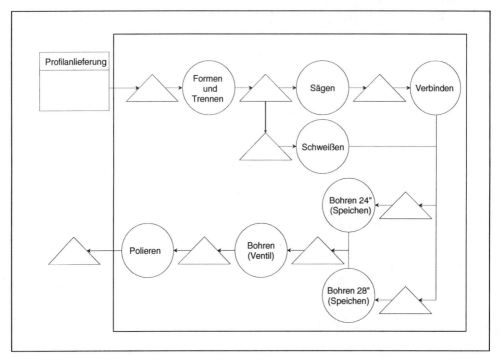

*Abbildung 3.3: Felgenproduktion von OSNARAD*

Gabelstapler transportieren gezogene Stahl- bzw. Alustangen (Profile) in zwölf und achtzehn Meter Länge aus dem Teilelager zu der ersten Bearbeitungsstation. Die Profile werden in Losen von je 20 Stück transportiert. Da die einzelnen Materialen an verschiedenen Plätzen lagern, treten unterschiedliche Transportzeiten auf. Exakte Zeiten können aufgrund externer Effekte, wie Wegversperrungen und kleinen Pausen der Fahrer, nicht angegeben werden. Eine Langzeitstudie der Transportvorgänge hat zu den Ergebnissen in Tabelle 3.1 geführt. Neben dem Verteilungstyp (Normal- bzw. Dreiecksverteilung) der Transportzeiten sind die Zeitpunkte der ersten Lieferung aufgelistet. Zwölf-Meter-Stahlprofile werden z.B. im Schnitt alle 500 Minuten mit einer Standardabweichung von 100 Minuten angeliefert. Für die Aluprofile lassen sich genaue Zeitintervalle einschließlich eines Modalwerts angeben (siehe Tabelle 3.1) .

An der ersten Bearbeitungsstation FORMEN UND TRENNEN werden die Profile gebogen und getrennt. Abbildung 3.4 stellt diesen Bearbeitungsvorgang schematisch dar (Winkler/Rauch 1991, S. 190). Zunächst werden die Profilstangen auf die richtige Länge gesägt, wobei die Länge von dem Felgenumfang abhängig ist. Anschließend werden die abgetrennten Stücke rund geformt. Um den Verschnitt zu minimieren, werden für die einzelnen Felgengrößen unterschiedlich lange Profilstangen verwendet.

| Material | Länge 12 Meter | | Länge 18 Meter | |
| | erste Lieferung | Zwischenankunftszeit | erste Lieferung | Zwischenankunftszeit |
| --- | --- | --- | --- | --- |
| Stahl | 0 | normalverteilt (500,100) | 0 | normalverteilt (400,200) |
| Alu | 0 | dreiecksverteilt(400,500,600) | 0 | dreiecksverteilt (300,500,700) |

*Tabelle 3.1: Transportzeiten pro Los in Minuten*

Aus einer Profilstange sollen grundsätzlich 6 Felgen hergestellt werden. Für 24"-Felgen werden daher 12 Meter lange Stangen benötigt. Die Fertigung von 28"-Felgen erfordert 18 Meter lange Stangen. Tabelle 3.2 verschafft einen Überblick, welche Zusammenhänge zwischen Profilstangen und Felgen bestehen.

| Profillänge/Losgröße | | Felgenlosgröße | Felgengröße |
| --- | --- | --- | --- |
| 12 m/20 Stück | TRENNEN | 120 Stück | 24" |
| 18 m/20 Stück | TRENNEN | 120 Stück | 28" |

*Tabelle 3.2: Losgrößen*

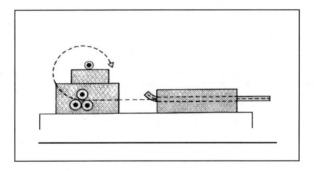

*Abbildung 3.4: Felgenbiegemaschine*

Während der Stoß (Trennstelle) von Stahlfelgen geschweißt wird, erfolgt bei Alufelgen eine Steckverbindung. Hierzu muß die Trennstelle zuerst paßgenau gesägt werden. Anschließend wird die Felge mit Hilfe zweier Alustifte verbunden. Die Abbildung 3.5 vermittelt einen Eindruck, wie sich Alu- und Stahlfelgen im Querschnitt unterscheiden und wie Alufelgen verbunden werden (Winkler/Rauch 1991, S. 191).

Im Fertigungsprozeß werden an den folgenden Bohrmaschinen die Löcher für die Speichen und das Ventil gebohrt. Um Umrüstzeiten zu vermeiden, existiert für jede Felgengröße eine Speichenbohrmaschine. Der letzte Arbeitsgang vor der Einstellung ins Felgenlager besteht aus dem Polieren der Felgen. Da an den einzelnen Stationen jeweils ein Los von 120 Felgen betrachtet wird, kann aufgrund des zentralen Grenzwertsatzes eine normalverteilte Bearbeitungszeit für ein Los unterstellt werden. In Tabelle 3.3 sind die Mittelwerte und die Standardabweichungen der einzelnen Arbeitszeiten aufgelistet. Da die Bearbeitungszeiten unabhänig sind, berechnet sich die erwartete Gesamtbearbeitungszeit für ein Felgenlos aus der Summe der Erwartungswerte der einzelnen Bearbeitungszeiten (vgl. Tabelle 3.4). Die Gesamtbearbeitungszeit ist die Untergrenze für die Durchlaufzeit.

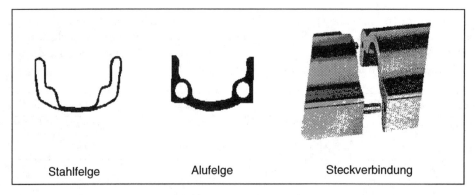

*Abbildung 3.5: Felgenprofile*

| | Alu | | Stahl | |
| | 24" | 28" | 24" | 28" |
|---|---|---|---|---|
| Formen und Trennen | normal(120, 10) | normal(130, 10) | normal(140, 10) | normal(150, 10) |
| Sägen | normal(60, 10) | normal(60, 10) | | |
| Verbinden | normal(200, 20) | normal(200, 20) | | |
| Schweißen | | | normal(160, 20) | normal(160, 20) |
| Bohren (Speichen) | normal(240, 40) | normal(320, 50) | normal(240, 40) | normal(320, 50) |
| Bohren (Ventil) | normal(40, 10) | normal(40, 10) | normal(40, 10) | normal(40, 10) |
| Polieren | normal(40, 10) | normal(40, 10) | normal(40, 10) | normal(40, 10) |

*Tabelle 3.3: Bearbeitungszeiten pro Los in Minuten*

| Material\Größe | 24" | 28" |
|---|---|---|
| Stahl | 620 | 710 |
| Alu | 700 | 790 |

*Tabelle 3.4: Erwartete Gesamtbearbeitungszeiten pro Los in Minuten*

OSNARAD möchte die Durchlaufzeiten der Felgen minimieren. Die Durchlaufzeit hängt von der Einsteuerung der Aufträge ab. Eine Simulationsstudie soll zur Bewertung verschiedener Verfahren zur Auftragseinsteuerung durchgeführt werden. In den folgenden Abschnitten wird ein Simulationsmodell für die Felgenproduktion schrittweise entwickelt. Alternative Modellierungsmöglichkeiten werden aufgezeigt. Anschließend wird in dem Kapitel zur Reihenfolgeplanung das Planungsproblem von OSNARAD diskutiert.

## 3.2.2 Einfache Bedienstationen

Zunächst wird die Fertigung von 24"-Alufelgen abgebildet, d.h. die Stationenfolge ist konstant. Die Bearbeitungszeiten sind unabhängig von den Aufträgen. Der erste Modellierungsschritt besteht darin, stationäre und dynamische Systemelemente zu kennzeichnen. Die stationären Elemente bilden das Produktionssystem (Netzwerk), das von den dynamischen Elementen (Einheiten bzw. Entities) durchlaufen wird. In der Beispielsituation setzt sich die Menge der stationären Elemente aus den Bearbeitungsstationen FORMEN UND TRENNEN, SÄGEN, VERBINDEN, BOHREN(SPEICHEN), BOHREN(VENTIL) und POLIEREN zusammen. Dynamische Elemente sind die Profile und die Felgen.

In der Station FORMEN UND TRENNEN wird aus einem Profillos genau ein Felgenlos erstellt. Da bei der obigen Fragestellung lediglich die Durchlaufzeiten ganzer Lose von Bedeutung sind, braucht dieser Umwandlungsprozeß nicht näher berücksichtigt zu werden. Die Modellierung eines einzigen Einheitentyps, der zunächst ein Profil- und später ein Felgenlos repräsentiert, reicht aus.

Im folgenden soll kurz die Vorgehensweise bei der Modellerstellung diskutiert werden. In einem ersten Schritt wird die Funktionalität des Programms unabhängig von einer Programmiersprache erläutert. Anschließend wird eine mögliche SLAM-Realisierung vorgestellt. Die spezifizierten Netzwerkelemente werden in diesem Zusammenhang nur am Beispiel erläutert. Eine detaillierte und vollständige Diskussion der Elemente enthält die Beschreibung der Sprachelemente im siebten Kapitel. Das gesamte Modell der 24"-Alufelgenproduktion läßt sich grob in die drei Module Ankunft, Bearbeitung und Abgang von Losen untergliedern (vgl. Abbildung 3.6). Das erste Modul beinhaltet die Einsteuerung der Einheiten (Profillose) in den Fertigungsbereich, d.h. die Einheiten müssen gemäß der Ankunftszeiten erzeugt werden. Das zweite Modul besteht aus sieben Bearbeitungsstationen, die nacheinander durchlaufen werden müssen. Im dritten Modul werden schließlich die Durchlaufzeiten der Felgenlose erfaßt und der belegte Speicherplatz wieder freigegeben.

Die Funktionalität des ersten Moduls besteht darin, in einem dreiecksverteilten Abstand (Minimalwert = 400, Modalwert = 500, Maximalwert = 600, vgl. Tabelle 3.1) Einheiten (Profile) zu generieren und die Ankunftszeit der Einheiten zu vermerken. Die Ankunftszeit ist kein Parameter des Systems, sondern der Einheiten.

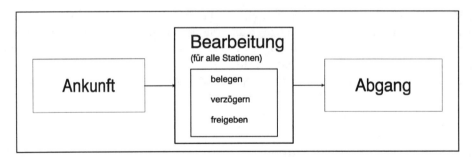

*Abbildung 3.6: Module der Felgenproduktion*

Während der Geltungsbereich von Systemparametern bzw. globalen Variablen das komplette Simulationsmodell umfaßt, beziehen sich einheitenspezifische Parameter (Eigenschaften oder Attribute) nur auf die entsprechende Einheit. Demzufolge muß für jede Einheit eine vorher zu bestimmende Anzahl von Speicherplätzen bereitgestellt werden.

Die Obergrenze für die Anzahl der verwendeten Attribute pro Einheit muß in der Kontrolldatei eines Szenarios festgelegt werden. Der Zugriff kann nur über ATRIB(Index) erfolgen. Der Index wählt dann das entsprechende Attribut aus. ATRIB(1) bezeichnet z.B. das erste Attribut einer Einheit.

Der Materialfluß in einem Simulationsmodell wird in Form eines Netzwerks beschrieben, das von Einheiten durchlaufen wird. Ein Netzwerk ist ein gerichteter Graph, der aus einer Menge von Knoten und Kanten besteht. Die Kanten werden als Aktivitäten bezeichnet und verzögern die Simulationszeit. Die Knoten verändern den Status der stationären und dynamischen Systemelemente. Zur Modellierung der Ankunftssituation wird der CREATE-Knoten herangezogen.

**TRIAG(400, 500, 600,1)**

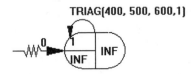

                    CREATE, TRIAG(400, 500, 600, 1),,1;

Zum Zeitpunkt null wird die erste Einheit generiert. Das erste Attribut erhält den Kreationszeitpunkt. In einem dreiecksverteilten Abstand folgen weitere Einheiten. Da die Zwischenankunftszeit zufallsabhängig ist, muß einer der von SLAM zur Verfügung gestellten zehn Zufallszahlenströme ausgewählt werden. In diesem Fall wurde der erste Zufallszahlenstrom ausgewählt. Wenn ein Parameter auf INF gesetzt worden ist, greift SLAM auf die Voreinstellung zurück.

Alle SLAM-Knoten bestehen aus einem Funktions- und einem Weiterleitungsteil. Der Funktionsteil ist knotenspezifisch. Der Aufbau des Weiterleitungsteils ist dagegen für alle Knoten identisch (vgl. Abschnitt 7.1). Er enthält genau einen Parameter. Da ein Knoten mehrere Nachfolgerknoten haben kann, dient der Weiterleitungsteil zur Auswahl der Nachfolgerknoten. Wenn der entsprechende Parameter nicht besetzt ist, werden alle Knoten bedient, d.h. die Einheiten müssen ggf. vervielfacht werden.

Die Modellierung der Bearbeitungsstationen im zweiten Modul laufen nach dem in Abbildung 3.6 gezeigten Muster ab. Stationen sind Engpässe, d.h. es können nicht beliebig viele Einheiten parallel weitergeleitet werden. Jede Station wird von einer Einheit für einen bestimmten Zeitraum belegt. Dieser Vorgang läßt sich in drei Teilschritte zerlegen:

*Belegen*

Die Einheit nimmt eine Kapazitätseinheit der Station bzw. Ressource in Anspruch, d.h. die noch verfügbare Kapazität der Ressource wird temporär um eins verringert. Der Status der Ressource und der Einheit verändern sich. Während der Bearbeitung kann die Maschine von keiner weiteren Einheit in Anspruch genommen werden. Zusätzliche Einheiten müssen warten. Daher muß jeder Station mindestens eine Warteschlange zugeordnet sein, in der die wartenden Einheiten in Form einer Liste verwaltet werden.

*Verzögern*

Die Bearbeitung läßt einen bestimmten Zeitraum verstreichen, in dem sich der Status der Ressource und der Einheit nicht ändert.

*Freigeben*

Der Bearbeitungsvorgang ist abgeschlossen. Die Einheit verläßt die Ressource, d.h. die Kapazität wird wieder um eins erhöht. Falls Einheiten vor der Ressource warten, kann die Bearbeitung der nächsten Einheit beginnen.

SLAM definiert Bearbeitungsstationen durch Blöcke, Zeitverzögerungen durch Aktivitäten und Statusänderungen durch Knoten. Neben der Modellierung eines Bearbeitungsvorgangs muß jede Ressource zusätzlich als statisches Element (Block) definiert werden. Maschinen weisen sich alleine durch einen Namen, eine Anfangskapazität und durch zugeordnete Pufferzonen bzw. Warteschlangen aus. Der RESOURCE-Block gibt eine solche Struktur zur Beschreibung vor.

          RESOURCE/1, FORMER(1), 1;

Dieser Block definiert eine Bearbeitungsstation mit dem Namen FORMER. Die Ressource erhält eine »1« als numerischen Schlüssel, eine Anfangskapazität von eins und die erste Warteschlangendatei. Einer Ressource können auch mehrere Warteschlangen zugeordnet sein. Jede dieser Warteschlangen wird in einer eigenen Liste (Datei) verwaltet. Der Zugriff auf die Dateien erfolgt dann über einen Index.

Eine Kapazitätsreduzierung von Ressourcen realisiert der AWAIT-Knoten. Festgelegt werden die Ressource und die Warteschlange, in der die Einheit im Bedarfsfall gespeichert wird.

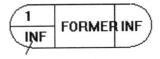

```
                    AWAIT(1), FORMER;
```

Die Kapazität der Ressource FORMER wird durch eine ankommende Einheit um eins verringert. Falls die verfügbare Kapazität null beträgt, warten die Einheiten in der ersten Warteschlangendatei. Die Abarbeitung der Warteschlange erfolgt nach der FIFO-Regel, wenn in der Kontrolldatei nichts anderes angegeben wurde.

Nach der Bearbeitung muß die Einheit die Ressource wieder freigeben. Dazu erhöht der FREE-Knoten die Kapazität einer Ressource.

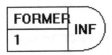

```
                    FREE, FORMER;
```

Die Bearbeitungszeiten an den einzelnen Stationen sind normalverteilt. Die Verzögerung muß also in Abhängigkeit einer Zufallszahl erfolgen. Zeitverzögerungen können in Form von REGULAR-Aktivitäten modelliert werden. Aktivitäten werden in einem Netzwerk als Pfeile dargestellt, an denen die Verzögerungszeit vermerkt ist.

RNORM[120,10,2], 1

```
                    ACTIVITY, RNORM(120, 10, 2);
```

RNORM ist eine SLAM-Funktion, die eine normalverteilte Pseudozufallszahl liefert. Aus der Tabelle 3.3 sind die Werte für den Mittelwert und die Varianz bekannt. Da der erste Zufallszahlenstrom schon bei dem CREATE-Knoten verwendet wurde, muß jetzt auf den zweiten Zufallszahlenstrom zurückgegriffen werden. Analog zur Bearbeitungsstation FORMER lassen sich ebenfalls die übrigen Stationen modellieren.

Im dritten Modul erfolgt die Auswertung der Simulation. Die Durchlaufzeit eines Felgenloses errechnet sich aus der Differenz zwischen der aktuellen Simulationszeit bei Fertigstellung eines Felgenloses und der Ankunftszeit der Profile, die im ersten Attribut gespeichert worden ist. Der COLCT-Knoten legt eine entsprechende Intervallstatistik an.

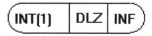

COLCT, INT(1), DLZ;

Der Parameter INT(1) bestimmt, daß für jede Einheit die Differenz zwischen TNOW (aktuelle Simulationszeit) und dem ersten Atrribut in einer Liste abgelegt wird. Im Summary-Report erscheint eine Auswertung dieser Liste. Die statistische Analyse bezieht sich auf den Durchschnittswert, die Standardabweichung, die Varianz sowie minimale und maximale Werte.

Nachdem eine Einheit alle Bearbeitungs- und Auswertungsknoten durchlaufen hat, wird der Speicherplatz durch einen TERMINATE-Knoten freigegeben.

TERMINATE;

Nach Abschluß der nötigen Vorüberlegungen kann das komplette Netzwerk vorgestellt werden. Die Abbildung 3.7 gibt eine mögliche Modellierung vor. Unbeschriftete Pfeile stellen eine Verbindung ohne Zeitverzug zwischen den einzelnen Stationen her. Die generierten Pseudozufallszahlen sind unabhängig, da jede Verteilung von einem anderen Zufallszahlenstrom gesteuert wird.

Jedes SLAM-Netzwerk muß um eine Kontrolldatei ergänzt werden, in der die Projektbeschreibung, der Speicherbedarf und die Simulationsdauer festgelegt werden.

```
GEN,CLAUS HELLING,ALU_24,05/01/1993;
LIMITS,6,1,100;
NETWORK;
INITIALIZE,,18300,Y;
FIN;
```

Der LIMITS-Befehl reserviert sechs Dateien (sechs Warteschlangen), ein Attribut für jedes der insgesamt zulässigen 100 Einheiten. Es dürfen sich nie mehr als 100 Einheiten gleichzeitig im System aufhalten. Der INITIALIZE-Befehl setzt die Simulationszeit auf 18.300 Zeiteinheiten (305 Stunden) fest. Die Simulationsergebnisse werden in Form eines Summary-Reports zur Verfügung gestellt. Die Analyse bezieht sich auf die Auslastung der Ressourcen, die Warteschlangenlängen und die Durchlaufzeiten (siehe Abbildung 3.7).

Abbildung 3.8 enthält den von SLAM erzeugten Summary-Report. Der erste Teil informiert über das Simulationsprojekt und die Simulationszeit. Die Daten werden aus dem GEN- und dem INITIALIZE-Befehl übernommen.

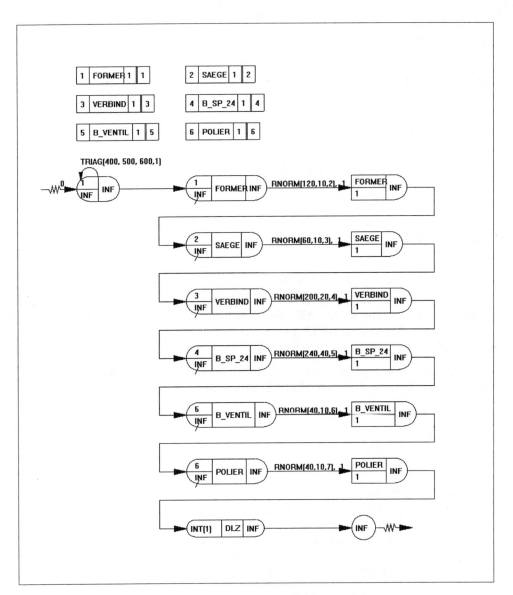

*Abbildung 3.7: Modell der 24"-Alufelgenproduktion*

```
              S L A M   I I   S U M M A R Y   R E P O R T
SIMULATION PROJECT   ALU_24          BY   CLAUS HELLING
DATE  5/ 1/1993                      RUN NUMBER   1 OF    1
CURRENT TIME     .1830E+05
STATISTICAL ARRAYS CLEARED AT TIME   .0000E+00


      **STATISTICS FOR VARIABLES BASED ON OBSERVATION**
```

|  | MEAN VALUE | STANDARD DEVIATION | COEFF.OF VARIATION | MINIMUM VALUE | MAXIMUM VALUE | NO.OF OBS |
|---|---|---|---|---|---|---|
| DLZ | .699E+03 | .426E+02 | .609E-01 | .584E+03 | .781E+03 | 36 |

**\*\*FILE STATISTICS\*\***

| FILE NUMBER | TYPE | AVERAGE LENGTH | STANDARD DEVIATION | MAXIMUM LENGTH | CURRENT LENGTH | AVERAGE WAIT TIME |
|---|---|---|---|---|---|---|
| 1 | AWAIT | .000 | .000 | 1 | 0 | .000 |
| 2 | AWAIT | .000 | .000 | 1 | 0 | .000 |
| 3 | AWAIT | .000 | .000 | 1 | 0 | .000 |
| 4 | AWAIT | .000 | .000 | 1 | 0 | .000 |
| 5 | AWAIT | .000 | .000 | 1 | 0 | .000 |
| 6 | AWAIT | .000 | .000 | 1 | 0 | .000 |
| 7 | CALENDAR | 2.396 | .489 | 3 | 2 | 44.340 |

**\*\*RESOURCE STATISTICS\*\***

| RESOURCE NUMBER | RES LABEL | CURRENT CAPACITY | AVERAGE UTIL | STANDARD DEVIATION | MAXIMUM UTIL | CURRENT UTIL |
|---|---|---|---|---|---|---|
| 1 | FORMER | 1 | .23 | .423 | 1 | 0 |
| 2 | SAEGE | 1 | .12 | .329 | 1 | 0 |
| 3 | VERBIND | 1 | .41 | .493 | 1 | 0 |
| 4 | B_SP_24 | 1 | .47 | .499 | 1 | 1 |
| 5 | B_VENTIL | 1 | .08 | .269 | 1 | 0 |
| 6 | POLIER | 1 | .08 | .264 | 1 | 0 |

| RESOURCE NUMBER | RES LABEL | CURRENT AVAILABLE | AVERAGE AVAILABLE | MINIMUM AVAILABLE | MAXIMUM AVAILABLE |
|---|---|---|---|---|---|
| 1 | FORMER | 1 | .7664 | 0 | 1 |
| 2 | SAEGE | 1 | .8768 | 0 | 1 |
| 3 | VERBIND | 1 | .5857 | 0 | 1 |
| 4 | B_SP_24 | 0 | .5288 | 0 | 1 |
| 5 | B_VENTIL | 1 | .9217 | 0 | 1 |
| 6 | POLIER | 1 | .9244 | 0 | 1 |

*Abbildung 3.8: Summary-Report der 24"-Alufelgenproduktion*

Der COLCT-Knoten erzeugt die Statistik über die Durchlaufzeit (DLZ), die im zweiten Teil des Reports erscheint. Neben dem Mittelwert (MEAN VALUE), der Standardabweichung (STANDARD DEVIATION), dem Variationskoeffizienten (COEFF OF VARIATION), dem minimalen (MINIMUM VALUE) und dem maximalen Wert (MAXIMUM VALUE) ist die Anzahl der Beobachtungen angegeben. Insgesamt sind 36 Lose fertiggestellt worden. Im Durchschnitt hat sich ein Los 699 Minuten im System aufgehalten. Die Standardabweichung von 42,6 Minuten fällt im Vergleich nicht sehr groß aus. Aufgrund der normalverteilten Bearbeitungszeiten weichen Minimum und Maximum um 197 Minuten voneinander ab. Der stochastische Prozeß ist stationär, d.h. der beobachtete Mittelwert kann als Schätzer für den Erwartungswert der Durchlaufzeit herangezogen werden.

In der dritten Rubrik des Summary-Reports werden die Warteschlangen ausgewertet. Eine eindeutige Identifizierung erfolgt über die Warteschlangen- bzw. Dateinummer. Als zweites Identifizierungsmerkmal dient der Knotentyp. In diesem Beispiel treten alle Warteschlangen im Zusammenhang mit AWAIT-Knoten auf. Die Auswertung der Warteschlangen erstreckt sich auf den Mittelwert (AVERAGE LENGTH) und die Standardabweichung, die maximale und aktuelle Länge sowie die durchschnittliche Wartezeit einer Einheit (AVERAGE WAIT TIME). Schließlich ist eine Statistik mit dem Namen CALENDAR aufgeführt. Die dort aufgelisteten Angaben beziehen sich auf den Ereigniskalender. Für die Interpretation des Simulationsmodells sind diese Angaben in der Regel ohne Bedeutung.

Die Kenngrößen aller sonstigen Dateien sind, abgesehen von der maximalen Warteschlangenlänge, null, d.h. vor den Maschinen brauchen keine Pufferplätze eingerichtet zu werden. Falls ein Auftrag an eine Maschine gelangt, kann er sofort bearbeitet werden. Die maximale Warteschlangenlänge beträgt jeweils eins, da der AWAIT-Knoten jede ankommende Einheit durch die Warteschlange schleust. Alle Aufträge halten sich für null Minuten in den entsprechenden Warteschlangen auf. Die Simulationsergebnisse können als Schätzer verwendet werden, da wiederum stationäre, hier sogar konstante, stochastische Prozesse vorliegen.

Die letzte Rubrik des Summary-Reports bezieht sich auf die Auswertung der Ressourcen. Sie besteht aus zwei Teilen. Während sich der erste Teil auf die Auslastung der Ressourcen bezieht, wird im zweiten Teil die Verfügbarkeit der Ressourcen dargestellt. Die einzelnen Zeilen der Statistik enthalten die Ressourcennummer und den -namen, die aktuelle Kapazität, die durchschnittliche, maximale und aktuelle Auslastung und Verfügbarkeit der Ressource sowie die Standardabweichung bezüglich des Mittelwerts. Im Grunde genommen könnte der zweite Teil entfallen, da er sich als Spiegelbild des ersten Teils ergibt. Die durchschnittliche Auslastung und Verfügbarkeit einer Ressource addieren sich zu eins. Die Betriebsmittel sind maximal zu 47% ausgelastet. Die relativ hohen Werte der Standardabweichung beruhen auf dem stetigen Wechsel zwischen Belegung und Freigabe der Ressource.

Das Ergebnis der Simulation lautet, daß das Modell für die alleinige Fertigung der 24"-Alufelgen zu großzügig ausgelegt ist. Der Modellbauer braucht allerdings noch keine Konsequenzen aus diesem Ergebnis zu ziehen, da erst ein Teilaspekt des Produktionsprogramms modelliert worden ist. Bevor der Modellumfang vergrößert wird, soll zunächst eine weitere Modellierungsvariante der 24"-Alufelgenproduktion diskutiert werden.

Die bisher vorgestellten REGULAR-Aktivitäten haben eine unendliche Kapazität, d.h. es können beliebig viele Einheiten parallel befördert werden. SERVICE-Aktivitäten haben einen ähnlichen Funktionsumfang, können aber nur eine bestimmte Anzahl von Einheiten gleichzeitig weiterleiten. Da SERVICE-Aktivitäten einen Engpaß bilden, stellen sie eine weitere Möglichkeit zur Modellierung von Bearbeitungsstationen dar. Eine explizite Definition von Ressourcen kann entfallen. Den SERVICE-Aktivitäten müssen Warteschlangen vorangestellt werden. Falls die Kapazität der Aktivität erschöpft ist, muß die Warteschlange die zusätzlichen Einheiten aufnehmen. Folgende Konstruktion modelliert z.B. die Station FORMER:

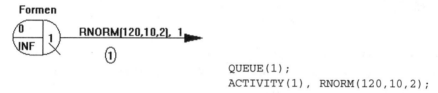

```
QUEUE(1);
ACTIVITY(1), RNORM(120,10,2);
```

Der QUEUE-Knoten definiert die erste Warteschlangendatei. Sie bildet den Pufferbereich der Station FORMER. Die nachfolgende SERVICE-Aktivität verzögert die Simulationszeit um einen normalverteilten Wert, wobei die im Kreis stehende eins die Kapazität der Ressource FORMER darstellt.

Die Abbildung 3.9 beschreibt eine komplette Modellierung der Felgenproduktion mit SERVICE-Aktivitäten. Im Vergleich zum Ressourcenkonzept ist das Netzwerk bedeutend kompakter. Die Nachteile dieser Modellierung fallen erst bei komplexeren Problemen ins Gewicht. So ist z.B. eine Kapazitätsänderung der Bearbeitungsstationen während eines Simulationslaufs nicht möglich. Der Abschnitt 7.2 enthält einen Vergleich der beiden vorgestellten Konzepte.

Die Kontrolldatei bleibt gegenüber dem Ressourcenmodell unverändert. Im Summary-Report ergeben sich keine inhaltlichen Veränderungen. Die Auslastung der Maschinen wird nicht in einer RESOURCE-Statistik, sondern in einer SERVICE-Statistik ausgewiesen.

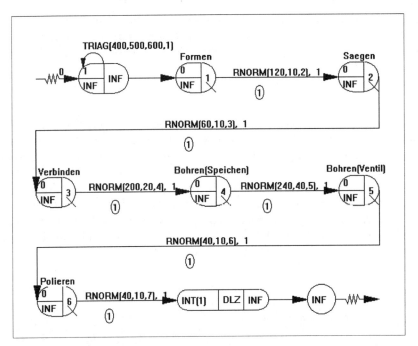

*Abbildung 3.9: Netzwerk der 24"-Alufelgenproduktion mit SERVICE-Aktivitäten*

### 3.2.3  Stationenkonzept

Das Netzwerk des obigen Beispiels ist nicht sehr groß und daher leicht handhabbar. Was passiert aber, wenn sich die Anzahl der Bearbeitungsstationen von sechs auf einhundert erhöht? Eine explizite Modellierung jeder einzelnen Station ist nicht sehr sinnvoll. Die Vorgänge Belegen, Verzögern und Freigeben wiederholen sich ständig. Eine Schleifenlösung in Kombination mit einem Stationenindex würde das Modell erheblich verkürzen. Die Bearbeitungsstationen müssen hierzu durchnumeriert (1-FORMEN UND TRENNEN, 2-SAEGEN, ...) werden. Der Stationenindex bzw. der Arbeitsgangzähler wählt die Bearbeitungsstation aus, die von der Einheit belegt werden soll. Da die Bearbeitungszeiten für alle Stationen unterschiedlich sind, können sie nicht explizit im Netzwerk vermerkt werden. Sie müssen vielmehr in globalen Variablen gespeichert werden. Der Index kann wiederum zur Auswahl der aktuellen Bearbeitungszeit dienen. Weil der Stationenindex einheitenspezifisch ist, muß jede Einheit ein zusätzliches Attribut für den Arbeitsgangzähler erhalten. Abbildung 3.10 zeigt einen möglichen Ablaufplan für das Stationenkonzept.

Zunächst wird der Zähler der Arbeitsgänge auf eins gesetzt. Die nachfolgende Schleife wird solange durchlaufen, bis alle Arbeitsgänge durchgeführt worden sind. Für jeden

Arbeitsgang muß die Maschine und die Warteschlange bestimmt werden. Alle Bearbeitungszeiten der Vorgänge sind normalverteilt. Lediglich die Mittelwerte und die Standardabweichungen variieren. Beide Parameter müssen für jeden Arbeitsgang bestimmt werden. Die Belegung der Maschinen erfolgt wie im Modell der einfachen Bedienstation. Die Warteschlangendatei, die Ressourcennummer sowie die Verteilungsparameter sind jedoch variabel. Nach Abschluß eines Bearbeitungsvorgangs wird der Arbeitsgangzähler um eins erhöht und die Schleife von neuem durchlaufen.

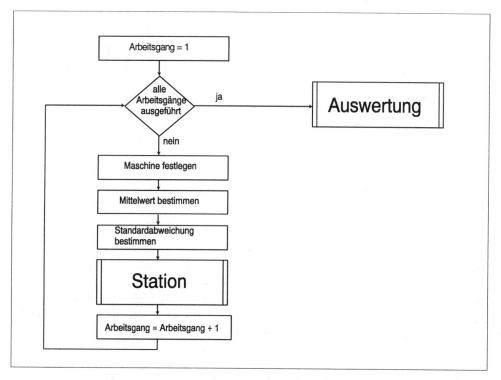

*Abbildung 3.10: Stationenkonzept*

Die Variablen des Modells sind einheitenspezifisch und müssen daher in Attributen festgehalten werden. Insgesamt werden fünf Attribute benötigt, deren Bedeutung in der Tabelle 3.5 beschrieben ist. Vorausgesetzt wird eine Identität zwischen der Warteschlangen- und der Ressourcennummer.

Die Maschinenreihen-, die Mittelwert- und die Standardabweichungsfolge haben globalen Charakter und können in Feldern der Dimension sechs abgelegt werden. Die Auswahl der aktuellen Größen kann über die Feldposition erfolgen. Die Kontrolldatei muß um die entsprechenden Felder erweitert werden.

| Attribut | Bedeutung |
|----------|-----------|
| 1 | Ankunftszeit |
| 2 | Arbeitsgangzähler |
| 3 | aktuelle Maschine bzw. Warteschlangendatei |
| 4 | aktueller Mittelwert |
| 5 | aktuelle Standardabweichung |

*Tabelle 3.5: Attributbeschreibung*

Der ARRAY-Befehl definiert Felder, wobei der erste Parameter die Feldnummer und der zweite die Dimension festlegt. Die Daten werden dem ARRAY-Befehl getrennt duch ein Schrägstrich angehängt. Im Netzwerk kann über die Funktion ARRAY(Feldnummer, Feldposition) auf die Daten zugegriffen werden.

```
GEN,CLAUS HELLING,24"_ALU,05/01/1993;
LIMITS,6,5,50;
ARRAY(1,6)/1,2,3,4,5,6;              Maschinenreihenfolge
ARRAY(2,6)/120,60,200,240,40,40;     Mittelwerte
ARRAY(3,6)/10,10,20,40,10,10;        Standardabweichungen
NETWORK;
INITIALIZE,,18300,Y;
FIN;
```

Es sei an dieser Stelle angemerkt, daß in einem Simulationsprogramm die Daten von dem eigentlichen Modell getrennt werden sollten. Wenn verschiedene Szenarien durchgespielt werden, bleibt oft das sehr komplizierte Netzwerk unverändert. Der Übersetzungsvorgang kann mit Hilfe des NETWORK-Befehls vereinfacht werden. Zunächst wird das übersetzte Netzwerk in einer Datei abgespeichert. Der NETWORK-Befehl muß dazu um den Parameter SAVE und eine Dateinummer, eine ganzzahlige Zahl zwischen 1 und 100, erweitert werden. Für weitere Simulationsläufe kann über die Dateinummer in Ergänzung mit dem Parameter LOAD auf das bereits übersetzte Netzwerk zurückgegriffen werden. Unter Umständen läßt sich also sehr viel Zeit sparen.

Die Abbildungen 3.11 und 3.12 zeigen das Netzwerk für das Stationenkonzept der 24"-Alufelgenproduktion. Zugrunde gelegt wurde das Ressourcen- (vgl. Abbildung 3.8) und das allgemeine Stationenkonzept (vgl. Abbildung 3.10). Das SERVICE-Aktivitätenkonzept könnte ebenfalls mit dem Stationenkonzept verbunden werden. Die Definition der Ressourcen, die Kreation der Einheiten und der Auswertungsbereich sind gegenüber dem einfachen Modell unverändert geblieben. Dem numerischen Schlüssel der Ressourcen, d.h. der Ziffer vor der Ressourcenbezeichnung, kommt jetzt eine große Bedeutung zu. Der Ressourcenzugriff erfolgt nicht über die Bezeichnung, sondern über den Schlüssel.

*Abbildung 3.11: Stationenmodell der 24"-Alufelgenproduktion*

Der erste ASSIGN-Knoten initialisiert den Stationenindex mit eins. Die Belegung der Maschinen ist um eine Steuerung ergänzt worden, die die Stationsparameter bestimmt. Nach dem ASSIGN-Knoten erreichen die Einheiten einen GOON-Knoten, der den Nachfolgerknoten anhand der an den Aktivitäten vermerkten Bedingungen auswählt. Das dritte Attribut bzw. das Maschinenattribut ist in diesem Beispiel das Entscheidungskriterium am GOON-Knoten. Das dritte Attribut bezeichnet die Maschine, an der die Einheit zuletzt bearbeitet worden ist. Wenn das Maschinenattribut den Wert sechs enthält, hat die Einheit die Polierstation (numerischer Schlüssel sechs) bereits durchlaufen und ist fertiggestellt. In diesem Fall verläßt die Einheit das System, d.h. der GOON-Knoten wählt den oberen Knotenzweig aus. Sonst wird die Einheit zur nächsten Station geschickt. Das Abbruchkriterium ist also nicht die Anzahl der durchgeführten Arbeitsgänge, sondern die Polierstation. Während die Anzahl der Arbeitsgänge schwanken kann, stellt die Poliermaschine immer die letzte Station dar. Die Fertigung von Stahlfelgen erfordert z.B. nur fünf Arbeitsgänge.

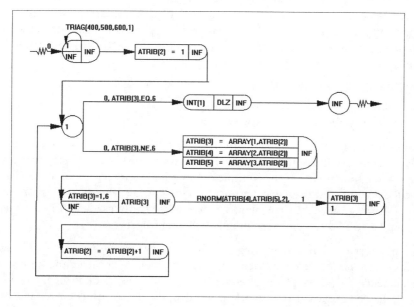

*Abbildung 3.12: Stationenmodell der 24"-Alufelgenproduktion (Materialfluß)*

Der AWAIT- bzw. der FREE-Knoten wählt anhand der Ressourcennummer (ATRIB(3)) die Maschine aus. Die Auswahl der Warteschlange erfolgt ebenfalls über das dritte Attribut, wobei im AWAIT-Knoten zusätzlich der Bereich eingegrenzt werden muß, in dem sich die Warteschlangennummer bewegen kann. In dem vorangestellten ASSIGN-Knoten werden die Stationsparameter Maschinennummer, Mittelwert und Standardabweichung besetzt.

Alle Bearbeitungszeiten hängen vom zweiten Zufallszahlentrom ab. Die Unabhängigkeit könnte sichergestellt werden, wenn der dritte Verteilungsparameter variabel ist. In großen Modellen lassen sich Abhängigkeiten nicht vermeiden, da SLAM nur zehn Zufallszahlenströme zur Verfügung stellt. Es sollten geeignete Vorüberlegungen angestellt werden, welche Verteilungen von gleichen Zufallszahlenströmen beeinflußt werden.

## 3.2.4 Reihenfolgeplanung

Das diskutierte Simulationsmodell umfaßt bisher lediglich die Fertigung der 24"-Alufelgen. Die Abbildung der kompletten Produktion, d.h. aller vier Felgentypen, wirft ein Planungsproblem auf. Mehrere Felgentypen können um die Belegung einer Maschine konkurrieren. Da die Felgentypen unterschiedliche Maschinenreihenfolgen und Bearbeitungszeiten haben, hängt die Durchlaufzeit der Lose von der Bearbeitungsreihenfolge der Felgen an den Maschinen ab. Die Festlegung von Bearbeitungsreihenfolgen ist Gegenstand der Reihenfolgeplanung, die ein Teilgebiet der Ablaufplanung ist (Ellinger 1989, Seelbach 1993). Die Ziele der Reihenfolgeplanung lassen sich grob in zwei Gruppen aufteilen. Auf der einen Seite werden auftragsbezogene, auf der anderen Seite kapazitätsbezogene Ziele verfolgt. Zu den wesentlichen Vertretern der ersten Gruppe zählen:

▶ die Minimierung der Durchlaufzeit,
▶ die Einhaltung von Lieferterminen sowie
▶ die Vermeidung von Lieferverzögerungen.

Die kapazitätsbezogene Gruppe umfaßt in erster Linie die Minimierung ablaufbedingter Maschinenstillstandszeiten und die Reduzierung von Zwischenlägern. Das Planungsproblem besitzt eine große Komplexität, da bei n Aufträgen bereits n! (Fakultät) Möglichkeiten zur Auftragseinsteuerung für eine einzige Maschine existieren. Wenn z.B. zehn Aufträge gleichzeitig geplant werden müssen, gibt es allein für eine Maschine insgesamt 3.628.800 verschiedene mögliche Reihenfolgen.

Zur Lösung werden daher in der Regel Heuristiken herangezogen, die ein hinreichend gutes Ergebnis liefern. Den einzelnen Aufträgen werden Prioritätskennziffern zugeordnet, nach denen die Auswahl getroffen wird. Für die Vergabe von Prioritätskennziffern ist eine Fülle von Heuristiken entwickelt worden, die die verschiedenen Ziele der Reihenfolgeplanung unterschiedlich gewichten. Der Werkstattplaner steht vor dem Problem, die für seinen Bereich sinnvollste Heuristik auszuwählen. Die Simulation kann hier als Planungsinstrument eingesetzt werden, da eine Bewertung der einzelnen Heuristiken möglich ist (Witte 1986a). Im folgenden werden vier gebräuchliche Heuristiken diskutiert.

### FIFO (First In First Out)

Der Auftrag, der am längsten wartet, erhält die dringlichste Prioritätsstufe. Eine Umsortierung der Aufträge findet nicht statt. Die Auftragsreihenfolge bleibt unverändert.

### KOZ (kürzeste Operationszeitregel)

Der Auftrag mit der kürzesten Operationszeit (Bearbeitungs- und Umrüstzeit) der aktuellen Maschine wird vorrangig behandelt. Diese Heuristik minimiert erfahrungsgemäß die Gesamtdurchlaufzeit. Liefertermine bleiben aber unberücksichtigt. Aufträge mit langer Operationszeit können vor einer Maschine »verhungern«, wenn ständig Aufträge mit höherer Priorität die Station erreichen.

### LT (Lieferterminregel)

Die Lieferterminregel verteilt Prioritätskennziffern gemäß der Liefertermine. Die Einhaltung von Lieferterminen steht im Vordergrund, wobei die Gesamtdurchlaufzeit vernachlässigt wird.

### Schlupfzeitregel

Die Schlupfzeitregel versucht die Vorteile der KOZ- und der Lieferterminregel zu verknüpfen. Die Prioritätskennziffer berechnet sich aus der Differenz zwischen Liefertermin und der Summe der noch zur Fertigstellung notwendigen Operationszeiten.

Die Felgenproduktion von OSNARAD fertigt vier Typen, für die bei einer Reihenfolgeplanung Prioritätskennziffern vergeben werden müssen. In einem ersten Schritt muß das Simulationsmodell um die komplette Felgenfertigung erweitert werden. Da sich die Typen in ihrer Maschinenreihenfolge und den Bearbeitungszeiten unterscheiden, müssen für jeden Felgentyp Felder in der Kontrolldatei bezüglich der Maschinenreihen-, Mittelwert- und Standardabweichungsfolge reserviert werden. Der Schweißrobotor erhält die sieben und die zusätzliche Speichenbohrmaschine für die 28"-Laufräder die acht als Ressourcennummer:

```
;Typ 1 : 24"-Alufelgen
ARRAY(1,6)/1,2,3,4,5,6;            Maschinenreihenfolge
ARRAY(2,6)/120,60,200,240,40,40;   Mittelwertfolge
ARRAY(3,6)/10,10,20,40,10,10;      Standarabweichungsfolge
;Typ 2 : 28"-Alufelgen
ARRAY(4,6)/1,2,3,8,5,6;            Maschinenreihenfolge
ARRAY(5,6)/130,60,200,320,40,40;   Mittelwertfolge
```

```
ARRAY(6,6)/10,10,20,50,10,10;              Standardabweichungsfolge
;Typ 3: 24"-Stahlfelgen
ARRAY(7,5)/1,7,4,5,6;                       Maschinenreihenfolge
ARRAY(8,5)/140,160,240,40,40;               Mittelwertfolge
ARRAY(9,5)/10,20,40,10,10;                  Standardabweichungsfolge
;Typ 4 : 28"-Stahlfelgen
ARRAY(10,5)/1,7,8,5,6;                       Maschinenreihenfolge
ARRAY(11,5)/150,160,320,40,40;              Mittelwertfolge
ARRAY(12,5)/10,20,50,10,10;                 Standardabweichungsfolge
```

Die Daten der Problemstellung sind nun fast vollständig in das Simulationsprogramm eingearbeitet worden. Da die erwarteten Gesamtbearbeitungszeiten im gleichen Verhältnis zueinander stehen wie die Lieferfristen, können sie als Basis für die Lieferterminregel dienen. Für die Ausführung der Lieferterminregel müssen die erwarteten Gesamtbearbeitungszeiten in globalen Variablen abgespeichert werden. Globale Variablen werden grundsätzlich mit XX(Variablennummer) bezeichnet, wobei die Variablennummer der Identifizierung gilt. Im Netzwerk erfolgt der Zugriff auf eine globale Variable mit XX(Variablennummer). Der INTLC-Befehl ordnet in der Kontrolldatei den globalen Variablen die Werte zu.

```
INTLC,XX(1)=700,XX(2)=790,XX(3)=620,XX(4)=710;
```

Der LIMITS-Befehl muß neben acht Warteschlangen für die Ressourcen zwei weitere Attribute bereitstellen, d.h. die Einheiten besitzen insgesamt sieben Eigenschaften. Das sechste Attribut enthält den Felgentyp und das siebte Attribut die Lieferfrist bzw. die erwartete Gesamtbearbeitungszeit. Die ersten beiden Felgentypen bezeichnen Alustangen. Der erste und dritte Typ weisen auf 12 Meter lange Profilstangen hin.

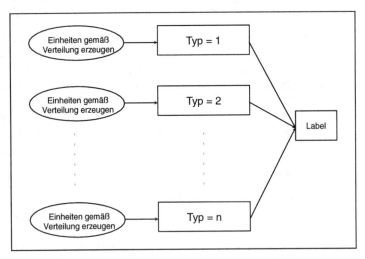

*Abbildung 3.13: Generierung von Einheiten unterschiedlichen Typs*

Das Modul der Felgenankünfte muß vier Typen in Abhängigkeit von den Ankunftszeiten (vgl. Tabelle 3.1) erzeugen. Abbildung 3.13 zeigt, wie grundsätzlich die Generierung von Einheiten unterschiedlichen Typs modelliert werden kann. Die Einheiten werden zunächst gemäß der Verteilungsannahmen erzeugt. Anschließend werden alle Einheiten durch eine Typenkennung identifiziert. SLAM bildet die Ellipsen mit CREATE-Knoten und die Kästchen mit ASSIGN-Knoten ab.

Die Abbildungen 3.14, 3.15 und 3.16 enthalten das erweiterte Netzwerk. Zwischen dem Initialisierungs- und dem Stationenteil ist ein Label STAT eingefügt worden, um das Netzwerk in zwei Grafiken darstellen zu können. Für die Fertigung der Stahlfelgen ist die Definition eines Schweißrobotors und für die 28"-Felgen die Definition einer 28"-Speichenbohrmaschine notwendig.

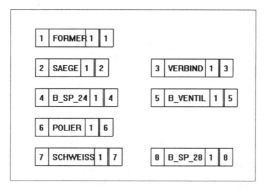

*Abbildung 3.14: Modell der kompletten Felgenproduktion (Ressourcendefinition)*

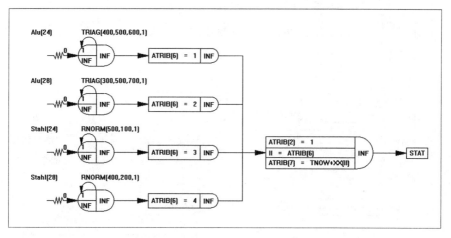

*Abbildung 3.15: Modell der kompletten Felgenproduktion (Initialisierung)*

Vier CREATE-Knoten erzeugen die unterschiedlichen Profilstangen. Der folgende ASSIGN-Knoten weist den Einheiten, d.h. dem sechsten Attribut, den entsprechenden Felgentyp zu. Anschließend durchlaufen die Einheiten unterschiedlichen Typs das gleiche Netzwerk, da die Auswahl von Maschinen und Bearbeitungszeiten variabel modelliert werden kann. Im Initialisierungsteil erhält der Arbeitsgangzähler den Wert eins und der Liefertermin die Summe aus der aktuellen Simulationszeit (TNOW) und der erwarteten Gesamtbearbeitungszeit.

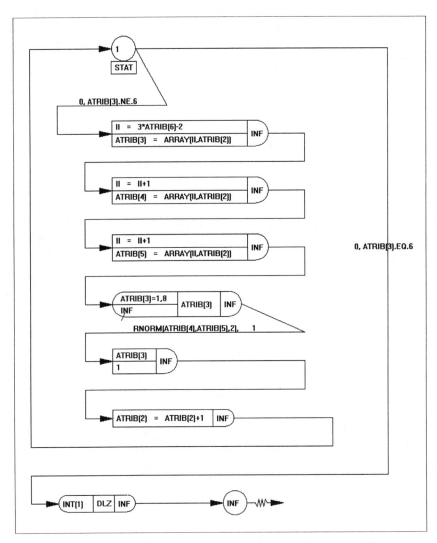

*Abbildung 3.16: Modell der kompletten Felgenproduktion (Stationen)*

Das Stationenmodell ist geringfügig verändert worden. Die Besetzung der Stationsparameter wurde auf drei ASSIGN-Knoten aufgeteilt. Zur Bestimmung der Maschinennummer, des Mittelwerts und der Standardabweichung muß das richtige Feld angesprochen werden. Die ganzzahlige Variable II wählt das entsprechende Feld und der Arbeitsgangzähler (ATRIB(2)) die Feldposition aus. Die Felder 3, 6, 9 und 12 enthalten die Standardabweichungsfolgen, d.h. der dreifache Wert des Felgentyps (ATRIB(6)) legt die Feldnummer fest. Die zugehörigen Maschinenreihenfolgen und Mittelwertfolgen können aus dem Produkt abzüglich zwei bzw. eins berechnet werden.

```
S L A M   I I   S U M M A R Y   R E P O R T

<FIFO>

**STATISTICS FOR VARIABLES BASED ON OBSERVATION**
```

| | MEAN VALUE | STANDARD DEVIATION | COEFF. OF VARIATION | MINIMUM VALUE | MAXIMUM VALUE | NO.OF OBS |
|---|---|---|---|---|---|---|
| DLZ | .299E+04 | .143E+04 | .477E+00 | .706E+03 | .637E+04 | 116 |

```
**FILE STATISTICS**
```

| FILE NUMBER | TYPE | AVERAGE LENGTH | STANDARD DEVIATION | MAXIMUM LENGTH | CURRENT LENGTH | AVERAGE WAIT TIME |
|---|---|---|---|---|---|---|
| 1 | AWAIT | 12.711 | 5.864 | 25 | 23 | 1472.281 |
| 2 | AWAIT | .000 | .000 | 1 | 0 | .000 |
| 3 | AWAIT | .071 | .256 | 1 | 0 | 21.180 |
| 4 | AWAIT | .226 | .425 | 2 | 0 | 66.787 |
| 5 | AWAIT | .017 | .128 | 1 | 0 | 2.602 |
| 6 | AWAIT | .006 | .074 | 1 | 0 | .866 |
| 7 | AWAIT | .043 | .204 | 1 | 0 | 11.021 |
| 8 | AWAIT | 7.187 | 3.697 | 14 | 14 | 1852.505 |

```
**RESOURCE STATISTICS**
```

| RESOURCE NUMBER | RESOURCE LABEL | CURRENT CAPACITY | AVERAGE UTIL | STANDARD DEVIATION | MAX UTIL | CURRENT UTIL |
|---|---|---|---|---|---|---|
| 1 | FORMER | 1 | 1.00 | .000 | 1 | 1 |
| 2 | SAEGE | 1 | .20 | .401 | 1 | 1 |
| 3 | VERBIND | 1 | .67 | .470 | 1 | 0 |
| 4 | B_SP_24 | 1 | .80 | .397 | 1 | 1 |
| 5 | B_VENTIL | 1 | .26 | .438 | 1 | 0 |
| 6 | POLIER | 1 | .26 | .436 | 1 | 1 |
| 7 | SCHWEISS | 1 | .65 | .478 | 1 | 0 |
| 8 | B_SP_28 | 1 | .97 | .175 | 1 | 1 |

*Abbildung 3.17: Summary-Report der Felgenproduktion nach der FIFO-Regel*

Die Warteschlangen werden ohne nähere Angaben grundsätzlich nach der FIFO-Regel abgearbeitet. Abbildung 3.17 listet den Summary-Report auf. Da der grundsätzliche Aufbau eines Reports bereits diskutiert worden ist, beschränkt sich die Interpretation auf die wesentlichen Ergebnisse. Im Simulationszeitraum wurden 116 Felgenlose fertiggestellt. Während der Mittelwert bei 2.990 Minuten liegt, wurde ein minimaler Wert von 706 und ein maximaler von 6.370 beobachtet, d.h. die Streuung ist relativ hoch. Eine Standardabweichung von 1.430 bestätigt diesen Eindruck.

Die meisten Einheiten stauen sich vor der ersten Station. Die Vermutung liegt nahe, diese Station als Engpaß auszuweisen. Abbildung 3.18 veranschaulicht eine Engpaßsituation anhand eines Wassermodells. Es sind mehrere Wassertrichter übereinander angeordnet, durch die Wasser geleitet wird. Die unterschiedlichen Öffnungsbreiten entsprechen den Bearbeitungszeiten. Das gepunktete Fallrohr richtet sich an dem kleinsten Trichter aus. Im dritten und vierten Trichter staut sich kein Wasser, da der zweite Trichter die schmalste Öffnung besitzt. Nach einem Engpaß kann sich also kein Wasser mehr stauen, d.h. bei einer einfachen linearen Stationsfolge dürfen nach einer Engpaßsituation keine Warteschlangen auftreten. Das Wassermodell stellt übrigens den Ablauf einer physikalischen Simulation dar.

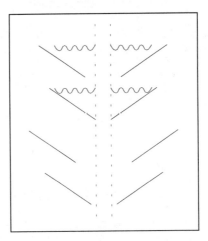

*Abbildung 3.18: Wassermodell*

Bei vernetzten Maschinenstrukturen, wie sie im Beispiel vorliegen, können in der Regel nur lokale Engpässe entdeckt werden. Die Bestimmung des Engpasses ist nicht immer offensichtlich. Wartezeiten treten bei vernetzten Strukturen immer genau dann auf, wenn an einer nachgelagerten Station eine größere Gesamtbearbeitungszeit aller Aufträge vorliegt.

Vor der ersten Station warten in diesem Beispiel mehrere Lose, weil das System generell zu klein für das Auftragsvolumen ausgelegt ist. Die Säge (Station zwei) stellt auf keinen

Fall einen Engpaß dar, da zu keinem Zeitpunkt eine Warteschlange entsteht. Vor dem Ventilbohrer (Station fünf) stauen sich Einheiten, obwohl die Bearbeitungszeit im Vergleich zu den vorgelagerten Bohrmaschinen bedeutend geringer ist. Eine Warteschlange entsteht nur dann, wenn die Speichenbohrmaschinen kurz hintereinander Lose fertigstellen. Bei Zugrundelegung der Bearbeitungszeiten zeichnet sich die 28"-Bohrmaschine (Station acht) als Engpaß aus.

Die letzte Rubrik spiegelt das Auslastungsprofil der Ressourcen wieder. Die Station FORMER und die 28"-Bohrmaschine weisen die höchste Belastung aus. Die Interpretation ist eng mit der Analyse der Warteschlangendateien verknüpft. Die Abarbeitungsreihenfolge der Warteschlangen kann mit Hilfe des PRIORITY-Befehls in der Kontrolldatei geändert werden. Folgende Anweisung ordnet den Einheiten mit der geringsten durchschnittlichen Bearbeitungszeit die höchste Priorität in allen Warteschlangen zu, d.h. die Prioritätskennziffern werden gemäß der KOZ-Regel vergeben.

```
PRIORITY   /1,LVF(4)/2,LVF(4)/3,LVF(4)/4,LVF(4)/5,LVF(4);
PRIORITY   /6,LVF(4)/7,LVF(4)/8,LVF(4);
```

Die Zahl nach dem Schrägstrich gibt jeweils die Datei an, für die die nachfolgende Regel gelten soll. Das Kürzel LVF(*Index*) [low value first] verteilt die Kennziffern entsprechend dem Attribut *Index*. Kleine Werte im vierten Attribut werden bevorzugt. Das siebte Attribut (angestrebter Liefertermin) kann zur Realisierung der Lieferterminregel verwendet werden. Die PRIORITY-Befehlszeile muß dazu wie folgt geändert werden:

```
PRIORITY   /1,LVF(7)/2,LVF(7)/3,LVF(7)/4,LVF(7)/5,LVF(7);
PRIORITY   /6,LVF(7)/7,LVF(7)/8,LVF(7);
```

Die Tabelle 3.6 faßt die Ergebnisse der drei Simulationsläufe zusammen. Da die Heuristiken keinen Einfluß auf das Belastungsprofil haben, werden nur die Statistiken über die Durchlaufzeiten aufgeführt.

| Regel | Mittelwert | minimaler Wert | maximaler Wert | Anzahl der Beobachtungen |
|-------|-----------|----------------|----------------|--------------------------|
| FIFO | 2.990 | 706 | 6.370 | 116 |
| KOZ | 2.160 | 589 | 10.100 | 122 |
| LT | 3.060 | 689 | 6.840 | 115 |

*Tabelle 3.6: Heuristiken im Vergleich*

Die KOZ-Regel minimiert den Mittelwert, obwohl der maximale Wert sehr hoch ist. Der Unterschied zwischen der FIFO- und LT-Regel ist sehr gering. Falls das Unternehmen eine kleine Gesamtdurchlaufzeit anstrebt, sollte die KOZ-Regel implementiert werden. Wenn der Einhaltung von Lieferterminen eine größere Bedeutung zugemessen wird (Minimierung des maximalen Werts), schlägt das Simulationsmodell die LT- bzw. die FIFO-Regel vor.

Die sequentielle Abarbeitung des Ereigniskalenders verfälscht die Ergebnisse etwas. Parallele Vorgänge werden sequentiell im Rechner verarbeitet (vgl. Abschnitt 1.2.3). Falls zwei Aufträge gleichzeitig vor einer freien Maschine eintreffen, kann der Rechner diese beiden Vorgänge nur nacheinander abarbeiten, d.h. der zuerst betrachtete Auftrag kann die Maschine auf jeden Fall belegen. Wenn nun der andere Auftrag eine höhere Priorität hat, wurde der falsche Auftrag ausgewählt. Trotz dieser kleinen Ungenauigkeit kann die Simulation zur Bewertung von Heuristiken herangezogen werden. Die charakteristischen Merkmale der Heuristiken treten deutlich zu Tage.

## 3.2.5 Aufgaben

### I. Grundlagen

a) Was ist ein Netzwerk? Beschreiben Sie die Aufgabe der Knoten und Kanten.

b) Welche Beziehungen bestehen zwischen dem Netzwerk und der Kontrolldatei?

c) Welche Aufgaben übernehmen Blöcke in SLAM?

d) Welche Befehle muß eine Kontrolldatei enthalten?

e) Erläutern Sie die Funktion des LIMITS-Befehls.

f) Beschreiben Sie die grundsätzlichen Schritte, die bei jeder Ressourcenbelegung durchgeführt werden. Welche Elemente stellt SLAM zur Abbildung dieser Schritte zur Verfügung?

g) Verdeutlichen Sie den Unterschied zwischen dem Ressourcen- und dem SERVICE-Aktivitätenkonzept. Stellen Sie insbesondere Vor- und Nachteile heraus. Erarbeiten Sie Einsatzgebiete der einzelnen Konzepte.

h) Finden Sie in einer Möbelfabrik Beispiele für Einheiten, Aktivitäten und Ressourcen.

### II. Einfache Bedienstationen

a) Welche SLAM-Elemente werden zur Abbildung einer einfachen Bedienstation benötigt. Existieren mehrere Möglichkeiten?

b) Beschreiben Sie die Funktion des COLCT-Knotens. Nennen Sie Beispiele aus dem Fertigungsbereich für mögliche Parameter, die mit Hilfe dieses Knotens ausgewertet werden können.

c) Entwickeln Sie ein Simulationsprogramm für die Produktion von 24"-Stahlfelgen. Interpretieren Sie den Summary-Report. Vergleichen Sie die Ergebnisse mit dem Report der 24"-Alufelgenproduktion.

### III. Stationenkonzept

a) Erläutern Sie das Stationenkonzept. Versuchen Sie, grundsätzliche Merkmale herauszuarbeiten. Welche Attribute werden benötigt? Definieren Sie für dieses Konzept mögliche Anwendungsfälle.

b) Entwickeln Sie ein Simulationsprogramm zur Abbildung der 24"-Alufelgenfertigung, das das Stationen- und das SERVICE-Aktivitätenkonzept verbindet.

## IV. Reihenfolgeplanung

a) Erweitern Sie das Modell zur Reihenfolgeplanung um die Produktion von 26"-Felgen. Treffen Sie für die Transport-, Bearbeitungs- und Durchlaufzeiten geeignete Annahmen.

b) Das Fahrradunternehmen setzt eine neue Stahlsorte ein. Der Poliervorgang kann nun bei allen Stahlfelgen entfallen. Passen Sie das Simulationsprogramm an.

c) Ergänzen Sie das Simulationsmodell um die Aufarbeitung weiterer Zielgrößen. Versehen Sie die Einheiten mit Lieferterminen. Wie könnten Lieferverzögerungen gemessen werden?

d) Kann die Modellsituation durch Anwendung der Schlupfzeitregel verbessert werden?

e) Welche weiteren Heuristiken zur Reihenfolgeplanung existieren in der Literatur? Diskutieren Sie die einzelnen Heuristiken anhand Ihres Simulationsmodells.

f) Begrenzen Sie den Lagerplatz innerhalb der Felgenproduktion. Vor keiner Station darf mehr als ein Los warten. Verändern Sie ggf. die Einsteuerung von Aufträgen.

g) Erweitern Sie Ihr Modell um Rüstzeiten. In einem ersten Schritt unterstellen Sie konstante Rüstzeiten, d.h. falls ein Typwechsel an einer Maschine erfolgt, muß eine Umrüstzeit von 100 Minuten berücksichtigt werden. Erstellen Sie eine Statistik über alle während der Simulation durchgeführten Umrüstungen. Wie könnten die Rüstzeiten minimiert werden?

h) Lassen Sie die Annahme von konstanten Rüstzeiten aus Aufgabenteil g) fallen. Folgende Tabelle enthält die Umrüstzeiten in Abhängigkeit vom Vorgänger.

| Vorgänger | Nachfolger 24"-Alu | 28"-Alu | 24"-Stahl | 28"-Stahl |
|-----------|------|---------|-----------|-----------|
| 24"-Alu | 0 | 50 | 100 | 150 |
| 28"-Alu | 50 | 0 | 150 | 100 |
| 24"-Stahl | 100 | 150 | 0 | 50 |
| 28"-Stahl | 150 | 100 | 50 | 0 |

*Tabelle 3.7: Umrüstzeiten in Minuten*

Passen Sie Ihr Simulationsprogramm an und interpretieren Sie die Ergebnisse.

## V. Simulation einer Bank

In einer Bank ist der Schalterraum mit zwei Bediensteten besetzt, die parallel die Kunden bedienen. Die Bedienungszeit ist gleichverteilt zwischen sechs und zwölf Zeiteinheiten. Nach der Bedienung verläßt der Kunde den Schalter. Kunden, die beide Bediensteten beschäftigt vorfinden, müssen sich vor dem Schalterraum in eine Warteschlange einreihen. Befinden sich bereits zehn Personen in dieser Warteschlange, geht der Kunde wieder. Der erste Kunde betritt zum Zeitpunkt fünf den Schalterrraum, ansonsten ist das Auftreten eines Kunden mit einem Mittelwert von zehn Zeiteinheiten exponentialverteilt. Zwei Personen befinden sich zu Simulationsbeginn schon im Schalterraum, d.h. beide Bediensteten sind beschäftigt.

Entwickeln Sie ein Simulationsprogramm zur Abbildung der Bank. Die Simulation soll bis zur Abarbeitung von 100 Kunden durchgeführt werden.

## VI. Herstellung von Maschinenteilen

Ein Produktionsbereich zur Herstellung von Maschinenteilen besteht aus zwei gleichartigen Bohrmaschinen, einer Fräse und einem Arbeitsplatz für die Endbearbeitung. Die Bearbeitungszeit für das Bohren ist normalverteilt mit einem Mittelwert von zehn Minuten und einer Standardabweichung von einer Minute. Der Fräsvorgang ist mit einem Mittelwert von fünfzehn Minuten exponentialverteilt. Die Endbearbeitung der Teile dauert pro Teil fünf Minuten.

Es werden zwei Typen von Maschinenteilen produziert. Die Zwischenankunftszeit beträgt für Teile des ersten Typs 30 Minuten und für Teile des zweiten Typs 20 Minuten. Während Teile vom ersten Typ die Arbeitsgänge Bohren, Fräsen und Endbearbeitung durchlaufen müssen, fallen für den anderen Typ nur die Arbeitsgänge Bohren und Endbearbeitung an. Zwischen den Bearbeitungsvorgängen können die Teile gelagert werden. Umrüst- und Transportzeiten können vernachlässigt werden.

a) Entwickeln Sie ein Simulationsprogramm zur Darstellung der angegebenen Situation. Ziel ist es, Informationen über die Durchlaufzeit der Teile und die Auslastung der Maschinen zu gewinnen.

b) Führen Sie die Simulation für 2.400 Minuten durch. Interpretieren Sie die Ergebnisse.

c) Erweitern Sie die Anzahl der Bohrmaschinen auf 20, die Anzahl der Fräsen auf 10 und die Anzahl der Endbearbeitungsplätzen auf 15. Analysieren Sie die Veränderungen.

d) Erweitern Sie Ihr ursprüngliches Modell um die Möglichkeit, daß die Endbearbeitung in 10% der Fälle wiederholt werden muß. Wie verändern sich dadurch die Zeitschätzungen?

e) Würden Sie eine Änderung der Maschinenausstattung des Produktionsbereichs empfehlen? Welche zusätzlichen Informationen werden für eine Beurteilung unter ökonomischen Gesichtspunkten benötigt?

## VII. Simulation einer Reparaturwerkstatt

Eine Tankstelle führt von Montag bis Freitag zwischen 7.00 und 18.00 Uhr eine Inspektion von Autos durch und repariert sie bei Bedarf. Kann eine Reparatur nicht bis

18.00 Uhr abgeschlossen werden, wird sie am nächsten Arbeitstag fortgesetzt. Es stehen ein Prüfstand, ein Reparaturstand mit Hebebühne, ein Reparaturstand ohne Hebebühne und eine Kontrollstation zur Verfügung.

Zunächst werden die Wagen auf dem Prüfstand durchgetestet. Werden Fehler festgestellt, wird das Fahrzeug entsprechend des zu behebenden Fehlers einem Reparaturstand zugewiesen. In 20% der Fälle ist keine Reparatur notwendig, und der Wagen wird von dem Kunden abgeholt. Von den fehlerhaften Autos muß die Hälfte auf der Hebebühne bearbeitet werden. Anschließend wird in der Kontrollstation überprüft, ob alle Mängel beseitigt worden sind. Mit einer Wahrscheinlichkeit von 90% verläßt das Auto den Hof. Sonst ist eine Nachbesserung des Wagens auf dem Reparaturstand ohne Hebebühne notwendig. Der Zyklus (Reparaturstation, Kontrollstation) wird solange durchlaufen, bis kein Fehler mehr auftritt. Zwischen 7.00 und 18.00 Uhr kommt alle fünfzehn Minuten ein Kunde an. Wenn zehn Autos auf dem Tankstellenhof stehen (gezählt werden alle Fahrzeuge in den Warteschlangen und in den Stationen), werden ankommende Kunden abgewiesen. Eine Datenerhebung hat zu folgenden Informationen geführt:

*Prüfstand*
Minimale Bearbeitungszeit 10 Minuten, maximale Bearbeitungszeit 25 Minuten und häufigste Bearbeitungszeit 20 Minuten.

*Reparaturstand mit Hebebühne*
Der Mittelwert der Bearbeitungszeit beträgt 40 Minuten. Die bedingte Verteilung der weiteren Bearbeitungszeit ist unabhängig von der bereits erreichten Bearbeitungszeit (Verteilung ohne Gedächtnis).

*Reparaturstand ohne Hebebühne*
Beim ersten Durchlauf ist eine Bearbeitungszeit zwischen 30 und 50 Minuten gleichwahrscheinlich, bei Nachbesserung ist eine Bearbeitungszeit zwischen 10 und 20 Minuten gleichwahrscheinlich.

*Kontrollstation*
Die Bearbeitungszeit beträgt 3 Minuten.

a) Fertigen Sie ein Grobdiagramm an, das den Fluß der Einheiten durch die Tankstelle widerspiegelt.
b) Der Tankwart möchte wissen, wieviele Inspektionen in vier Wochen durchgeführt werden können. Beantworten Sie mit Hilfe eines SLAM-Programms diese Frage.
c) Im Laufe der Jahre hat sich ein fester Kundenstamm gebildet. Der Tankwart möchte seine Stammkundschaft bevorzugen und räumt ihnen an allen Stationen höchste Priorität ein. Erfahrungsgemäß gehört jeder sechste Kunde zum ausgewählten Kreis. Erweitern Sie Ihr Simulationsprogramm um die Analyse der Wartezeiten von Stammkunden.

## 3.3   Die Simulation von Montagevorgängen: Rahmenbau

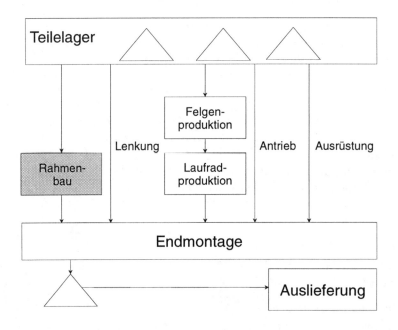

Knoten          ACCUMULATE, BATCH, MATCH, SELECT, UNBATCH

### 3.3.1   Problemstellung

Das Unternehmen **OSNARAD** fertigt Rahmen für Herren-Tourenräder. Die benötigten Teile werden in einer Stückliste erfaßt. Ein Rahmen besteht aus den zwei Hauptgruppen Vorderrahmen und Hinterrahmen. Diese setzen sich, wie aus der Stückliste ersichtlich, aus weiteren Baugruppen zusammen. Die Konstruktionszeichnung der Abbildung 3.19 zeigt den Aufbau des Rahmens (Winkler/Rauch S. 55).

Alle Baugruppen des Vorderrahmens bis auf das Tretlagergehäuse werden in Eigenfertigung erstellt. Die Baugruppen werden in getrennten Werkstätten (Lenkkopfrohr, oberes Rahmenrohr, unteres Rahmenrohr, Sitzrohr) mit unterschiedlichen Kapazitäten gefertigt. Das Tretlagergehäuse und der komplette Hinterrahmen (Ausfallenden, Hintergabelstreben, -rohre und die hintere Radachse) werden von einer Spezialfirma maßgenau bezogen. Die benötigten Muffen werden in großen Losen bezogen und daher im folgenden nicht berücksichtigt.

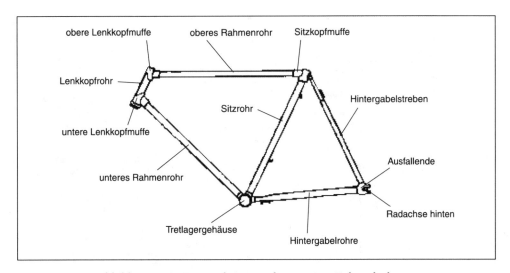

*Abbildung 3.19: Konstruktionszeichnung eines Fahrradrahmens*

Die Teilefertigung, die Beschaffungsvorgänge und die Lagerhaltung werden in dieser Fallstudie nicht detailliert abgebildet. Vereinfachend werden für die einzelnen Baugruppen die in Tabelle 3.8 aufgeführten normalverteilten Ankunftszeiten angenommen:

| Hauptgruppe | Baugruppe | 1. Ankunft | Zwischenankunftszeit |
|---|---|---|---|
| Vorderrahmen (komplett) | | | |
| | Lenkkopfrohr (komplett) | 0 | normalverteilt (1.9, 0.2) |
| | oberes Rahmenrohr (komplett) | 0 | normalverteilt (1.9, 0.2) |
| | Sitzrohr (komplett) | 0.5 | normalverteilt (2, 0.2) |
| | unteres Rahmenrohr (komplett) | 0.5 | normalverteilt (2, 0.2) |
| | Tretlagergehäuse (komplett) | 1 | normalverteilt (2, 0.4) |
| Hinterrahmen (komplett) | | 2 | normalverteilt (2, 0.4) |

*Tabelle 3.8: Stückliste eines Fahrradrahmens (Zeitangaben in Minuten)*

Eine Analyse des Fertigungsprozesses liefert die Daten zur Beschreibung der Rahmenmontage, die in Abbildung 3.20 dargestellt wird. Die Baugruppen werden mittels Fixiereinrichtungen vor dem Lötvorgang auf einem Spannrahmen verbunden. Bei diesem Montagevorgang müssen alle Baugruppen verfügbar sein. Fehlt eine Baugruppe, kann der Rahmen nicht komplett montiert werden.

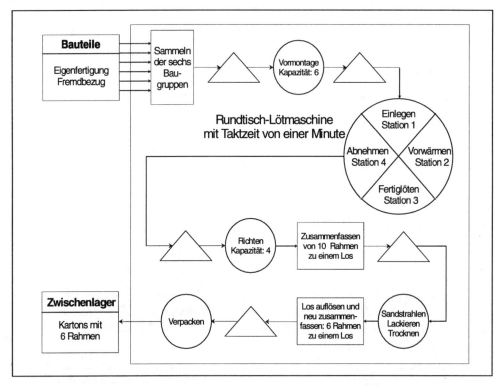

*Abbildung 3.20: Grobdiagramm der Rahmenmontage*

Erst wenn die fehlende Baugruppe produziert bzw. geliefert wird, kann die Vormontage beginnen. Die Vormontage dauert pro Rahmen mindestens fünf, meistens sechs und höchstens sieben Minuten, es stehen sechs Spannplätze zur Verfügung. Der eigentliche Lötvorgang erfolgt auf einer automatischen Rundtisch-Lötmaschine. Diese arbeitet in vier Arbeitstakten und hat eine Kapazität von 60 Rahmen pro Stunde. Innerhalb der Taktzeit von einer Minute wird ein Spannrahmen an Station eins eingelegt, an Station zwei wird der Rahmen vorgewärmt, in Station drei fertiggelötet und an Station vier mit atmosphärischer Luft gekühlt und abgenommen.

Die folgende Bearbeitungsstation dient dazu, die gelöteten Rahmen nachzurichten. In einer selbständig spannenden Vorrichtung wird der Rahmen gerichtet und anschließend vom Spannrahmen abmontiert. Die Richtzeit ist exponentialverteilt mit einem Mittelwert von vier Minuten. Das bedeutet, daß die weitere Bearbeitungszeit unabhängig von der bereits erreichten Bearbeitungszeit ist. Es stehen vier Richtplätze zur Verfügung.

Die gerichteten Rahmen werden zur Nachbehandlung zur Sandstrahlanlage weitergeleitet. Dort werden die Flußmittelreste entfernt. Das Sandstrahlen erfolgt unmittelbar vor der Lackierung, weil die blanken Rahmen korrosionsempfindlich sind. Die Kapazitäten der Sandstrahl- und der Lackieranlage sind aufeinander abgestimmt. Zunächst werden zehn Rahmen zu einem Los zusammengefaßt. Für die Bearbeitungszeiten eines Loses wird in der Sandstrahlanlage eine Dreiecksverteilung (9, 10, 12) und im Lackierbereich eine Normalverteilung (10, 2) unterstellt (Zeitangaben in Minuten).

Bevor die Rahmen in Kartons zu je sechs Stück verpackt werden, müssen sie zehn Minuten trocknen. Der Verpackungsvorgang hat im Modell eine normalverteilte Dauer von normal (6, 2) Minuten. Mit Hilfe eines Simulationsprogramms soll ermittelt werden, wie lange es dauert, 600 Rahmen zu produzieren, wenn die Fertigung durchgängig 24 Stunden/Tag läuft. Die Simulationsstudie dient dazu, die Systemauslegung zu analysieren. Besonderes Augenmerk wird auf die Abstimmung der Kapazitäten der Ressourcen und auf die Entwicklung der Läger im Eingangsbereich gelegt.

## 3.3.2   Modellierung

Das Modell zur Abbildung der Rahmenmontage gliedert sich in drei Module. Das erste Modul bildet die Bereitstellung der Teile für den Montageprozeß ab. Im zweiten Schritt wird ein Modellierungsvorschlag für die Rundtisch-Lötmaschine entwickelt. Abschließend wird der verbleibende Teil des Rahmenbaus modelliert. Modellierungstechnisch interessant sind hier die verschiedenen Möglichkeiten zur Zusammenfassung von Einheiten zu Fertigungslosen.

Das Modul der Teilebereitstellung (vgl. Abbildung 3.21) beginnt mit der Ankunft der sechs Baugruppen, die durch je einen CREATE-Knoten abgebildet wird. Das Sammeln der Baugruppen wird mit Hilfe eines SELECT-Knotens realisiert. Die Warteschlangenregel ASM (Assembly) ist zur Abbildung von Montageprozessen gut geeignet. Alle für einen Montageschritt benötigten Komponenten oder Teile werden in getrennten Warteschlangen verwaltet. Die ASM-Regel sorgt dafür, daß erst dann eine Einheit weitergeleitet wird, wenn von jeder Baugruppe ein Teil in der entsprechenden Warteschlange steht. Die Attribute dieser Einheit können mit dem SAVE-Kriterium festgelegt werden. Die Bedienerregel POR ist hier ohne Bedeutung, da dem SELECT-Knoten nur eine Aktivität folgt, die die Einheit über das Label RTLM zur Rundtisch-Lötmaschine weiterleitet.

Die Schwierigkeit bei der Modellierung der Rundtisch-Lötmaschine besteht darin, die Taktzeit korrekt abzubilden. Ankommende Rahmen können nur zu jeder vollen Zeiteinheit in die Einlegestation eintreten. Der Taktzeitgeber stellt die realitätsgerechte Abbildung des Löttisches sicher. Die Taktzeitregelung erfolgt durch eine Steuereinheit, die die Einlegestation LOET1 belegt, falls zu einer vollen Zeiteinheit kein Rahmen vor dieser Station wartet. Die Belegung der Einlegestation mit der Steuereinheit erfolgt genau dann, wenn die Warteschlange vor der Station die Länge null hat (NNQ(8).EQ.0), sonst wird die Steuereinheit zerstört.

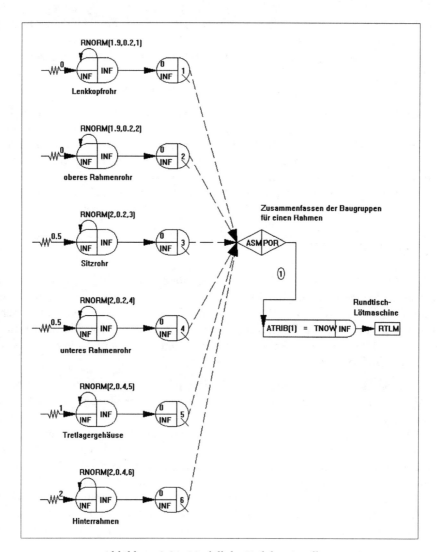

*Abbildung 3.21: Modell der Teilebereitstellung*

In der Realität würde sich der Löttisch einfach ohne Rahmen weiterdrehen. Nach der Einlegestation wird abgefragt, ob die Station von einem Rahmen oder einer Steuerein-heit belegt war. Steuereinheiten sind durch den Wert »999« im dritten Attribut ge-kennzeichnet. Sie werden nach der Station eins zerstört. Die Einheiten, die Rahmen re-präsentieren, werden durch die folgenden Stationen der Rundtisch-Lötmaschine geleitet (vgl. Abbildung 3.22).

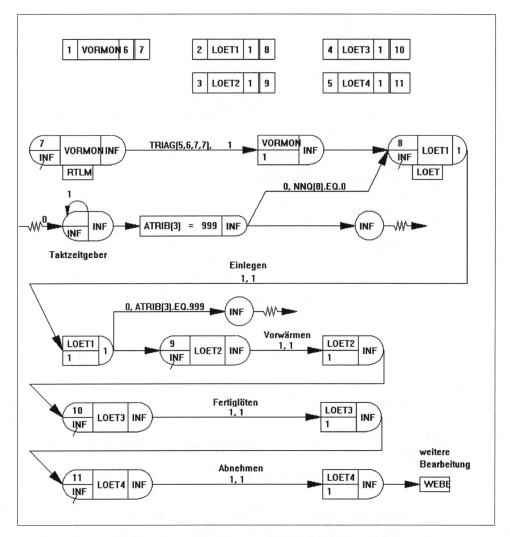

*Abbildung 3.22: Modellierung der Rundtisch-Lötmaschine*

Über das Label WEBE werden die Einheiten zu den weiteren Bearbeitungsstationen des Rahmenbaus weitergeleitet (vgl. Abbildung 3.23). Die Rahmen durchlaufen die Richtstation und werden vor dem Sandstrahlen mittels eines BATCH-Knotens zu einem Los von zehn Stück zusammengefaßt. Die Losgröße wird durch die Wertzuweisung ATRIB(2) = 10 des ASSIGN-Knotens festgelegt. Nach Durchlaufen des Sandstrahlens, Lackierens und Trocknens wird das Los durch einen UNBATCH-Knoten wieder aufgelöst.

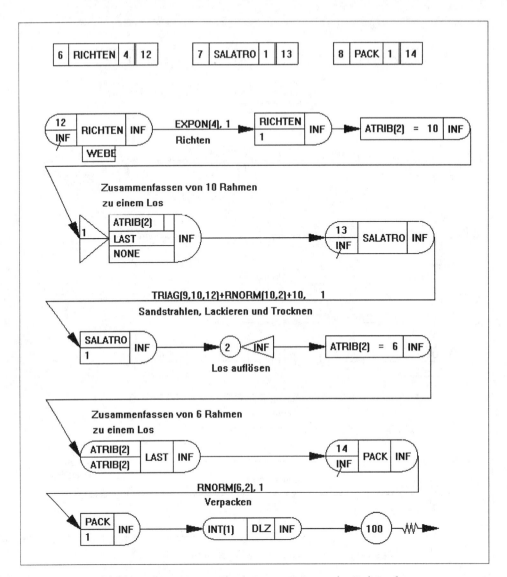

*Abbildung 3.23: Weitere Bearbeitungsstationen des Rahmenbaus*

Sandstrahlen, Lackieren und Trocknen werden in einer Ressource zusammengefaßt. Dadurch wird auf sehr einfache Weise sichergestellt, daß gesandstrahlte Rahmen nicht vor dem Lackiervorgang warten müssen. Allerdings impliziert diese Modellierung auch, daß die Sandstrahlanlage erst dann mit einem neuen Los belegt werden kann, wenn das vorhergehende Los getrocknet ist. Die Kapazität der drei Stationen wird daher nicht optimal genutzt. Eine geänderte Modellierung könnte diesem Problem dadurch begegnen, daß drei getrennte Ressourcen für die Arbeitsgänge Sandstrahlen, Lackieren und Trocknen definiert werden, und die Kapazität der Warteschlange vor dem Lackieren auf eins begrenzt wird.

Die Losbildung vor der Verpackung kann mit einem ACCUMULATE-Knoten modelliert werden, weil die einzelnen Rahmen im weiteren Ablauf nicht mehr betrachtet werden. Im Gegensatz zum BATCH-Knoten, der Einheiten temporär zusammenfaßt und die Möglichkeit bietet, sie mit dem UNBATCH-Knoten wieder zu trennen, faßt der ACCUMULATE-Knoten Einheiten dauerhaft zusammen. Der TERMINATE-Knoten beendet die Simulation, wenn 100 Kartons mit je 6 Rahmen das Montagesystem verlassen haben.

### 3.3.3 Simulationsergebnisse

Die Dauer des Simulationslaufs von 1.862 Zeiteinheiten entspricht der Zeit, die zur Fertigung von 600 Rahmen benötigt wird. Abbildung 3.24 zeigt den Summary-Report.

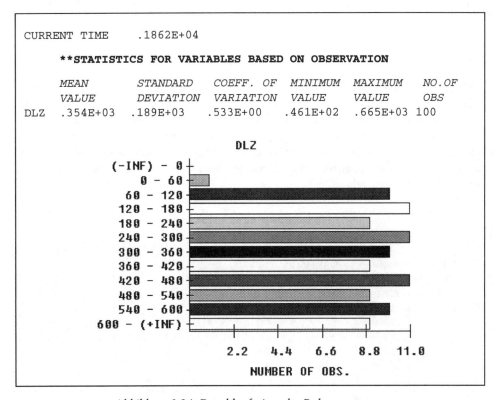

*Abbildung 3.24: Durchlaufzeiten der Rahmenmontage*

Die Durchlaufzeitstatistik enthält aufgrund der gewählten Modellierung genau 100 Beobachtungen, die für die in Losen zu 6 Stück verpackten Rahmen gelten. Der Summary-Report weist lediglich den Durchschnittswert, das Minimum und das Maximum der Beobachtungen aus. Die Erstellung eines Histogramms ermöglicht auch einen Blick auf die Verteilung der Durchlaufzeiten. Die Abbildung 3.24 zeigt ein Histogramm, das aus 10 Klassen mit einer Klassenbreite von 60 Zeiteinheiten besteht. An der Länge des Balkens läßt sich ablesen, wieviele Durchlaufzeiten in eine Klasse fallen.

```
                            **FILE STATISTICS**

FILE                AVERAGE  STANDARD   MAXIMUM  CURRENT  AVERAGE
NUMBER LABEL        LENGTH   DEVIATION  LENGTH   LENGTH   WAIT TIME
1 Lenkkopfrohr      27,532   14,548     56       55       52,269
2 ob. Rahmenrohr    27,636   13,867     52       52       52,628
3 Sitzrohr           3,945    1,465      7        6        7,883
4 unt. Rahmenrohr    0,017    0,129      1        0        0,034
5 Tretlagergehäuse   7,263    5,597     17       13       14,406
6 Hinterrahmen       4,812    2,174     10        7        9,606
..
13 Salatro          14,919    8,963     31       30      305,325
```

*Abbildung 3.25: Teilelagerstatistik der Rahmenmontage*

Aufgrund der unterschiedlichen Verteilungsannahmen für die Ankunftszeiten der Baugruppen ergeben sich im Eingangslagerbereich relativ hohe Bestände. Die Warteschlangenstatistiken eins bis sechs der Abbildung 3.25 enthalten Informationen über die Bestandsentwicklung im Teilelager. Nur die Baugruppe »Unteres Rahmenrohr« weist sehr geringe Lagerbestände auf, so daß festgestellt werden kann, daß von dieser Baugruppe zu wenig angeliefert wird. Eine bessere Abstimmung der Anlieferung der Baugruppen ist anzustreben.

```
                          **RESOURCE STATISTICS**

RESOURCE   RESOURCE   CURRENT    AVERAGE   STANDARD    MAXIMUM   CURRENT
NUMBER     LABEL      CAPACITY   UTIL      DEVIATION   UTIL      UTIL
1          VORMON     6          2,99      0,482       4         3
2          LOET1      1          1,00      0,000       1         1
3          LOET2      1          0,49      0,500       1         1
4          LOET3      1          0,49      0,500       1         0
5          LOET4      1          0,49      0,500       1         0
6          RICHTEN    4          2,00      1,029       4         3
7          SALATRO    1          0,98      0,135       1         1
8          PACK       1          0,31      0,463       1         0
```

*Abbildung 3.26: Ressourcenstatistik der Rahmenmontage*

Zur Güteanalyse der Auslegung des Montagesystems wird auch die Auslastung der einzelnen Bearbeitungsstationen betrachtet. Die Ressourcenstatistik der Abbildung 3.26 zeigt, daß die Kapazität der Vormontage für die derzeitige Situation nicht angemessen ist. Es stehen sechs Vormontageplätze zur Verfügung, von denen maximal vier benötigt werden, d.h. derzeit könnten zwei Plätze eingespart werden, ohne die Produktion zu beeinflussen.

Die Rundtisch-Lötmaschine ist ebenso wie die Richtplätze nur zur Hälfte ausgelastet. Die Auslastungswerte der ersten Lötstation zeigen an, daß die Einlegestation voll ausgelastet ist. Dieser Wert entsteht nicht nur durch die Belegung mit Rahmen, sondern auch durch die Steuereinheiten, die die Einlegestation immer dann belegen, wenn bei freier Kapazität kein Rahmen in der Warteschlange vor dieser Maschine ist.

Die kombinierte Sandstrahl-, Lackier- und Trockenstation ist mit einer Auslastung von 98% der Engpaß des Produktionssystems (vgl. Abb. 3.25). Durchschnittlich stehen 150 Rahmen in der Warteschlange vor dieser Station (eine Einheit im Summary-Report repräsentiert zehn Rahmen). Die Länge der Warteschlange nimmt im Zeitablauf zu, bei Simulationsende warten hier 300 Rahmen.

Im Sinne einer engpaßorientierten Kapazitätsplanung ergeben sich in Abhängigkeit von der gewünschten Leistung der Rahmenmontage zwei Handlungsalternativen. Die Leistung ergibt sich als Quotient von Produktionsmenge und -zeit (600 Rahmen / 1.862 Zeiteinheiten). Wenn die Leistung des Systems von 0,32 Rahmen pro Zeiteinheit ausreicht, sollten die Kapazitäten aller Bearbeitungsstationen und die Anlieferungsintervalle der Baugruppen am Engpaß ausgerichtet werden. Soll die Outputleistung des Systems erhöht werden, muß am Engpaß angesetzt werden. Eine Erhöhung der Kapazität der kombinierten Sandstrahl-, Lackier- und Trockenstation hat aber auch Auswirkungen auf die Auslastung der anderen Stationen und die erforderlichen Anlieferungszeiten der Baugruppen, die beachtet werden müssen.

### 3.3.4 Montage im Mehrproduktfall

Bei dem Übergang vom Einprodukt- zum Mehrproduktfall stellt sich die Frage, welche Änderungen an dem Programm vorgenommen werden müssen, um die Montage unterschiedlicher Rahmengrößen abzubilden. Die Zusammenführung der Baugruppen kann in diesem Fall nicht mehr mit Hilfe des SELECT-Knotens abgebildet werden. Sie muß in Abhängigkeit des Rahmentyps realisiert werden. Diese attributabhängige Verbindung von Einheiten leistet der MATCH-Knoten. Ein Attribut gibt den Rahmentyp an. Die Weiterleitung einer Einheit dieses Rahmentyps erfolgt nur, wenn in allen Baugruppenwarteschlangen jeweils eine Einheit des Typs angekommen ist. Der erste Teil des Netzwerks ist unter der Annahme modifiziert worden, daß die Ankunftsrate der Bauteile unverändert bleibt, aber jeweils zu 50% Bauteile für 26"- und für 28"-Rahmen angeliefert werden.

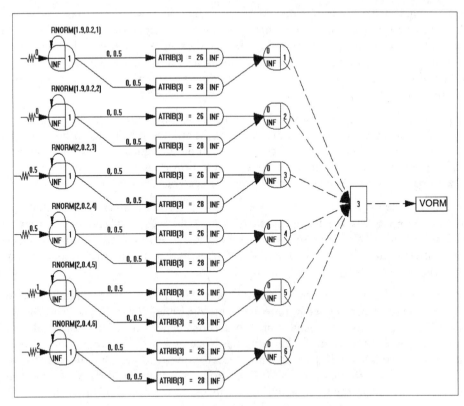

*Abbildung 3.27: Produktabhängige Zusammenfassung von Teilen*

Neben den in Abbildung 3.27 dargestellten Änderungen bei der Gruppierung der Teile
ist im weiteren Verlauf der Modellierung darauf zu achten, daß nur Einheiten des gleichen Typs zu Fertigungslosen zusammengefaßt werden. Daher darf zur Losbildung nur
noch der BATCH-Knoten verwendet werden, weil dieser im Gegensatz zum ACCU-
MULATE-Knoten die attributabhängige Zusammenfassung von Einheiten ermöglicht.
Außerdem ist zu beachten, daß die Bearbeitungszeiten auf den Stationen für unterschiedliche Rahmentypen verschiedene Werte annehmen können.

## 3.3.5  Aufgaben

### I. Grundlagen

a) Erarbeiten Sie die wichtigsten Unterschiede der folgenden Knotenpaare:

MATCH – SELECT,
BATCH – ACCUMULATE.

b) Überlegen Sie sich sinnvolle Beispiele für den Einsatz der verschiedenen Warte-schlangenregeln des SELECT-Knotens, die bei Auswahl von Warteschlangen einge-setzt werden können.

c) Welche Aufgabe hat das SAVE-Kriterium des BATCH-Knotens bei der Zusammen-fassung von Einheiten? In welchen Situationen sollte von der Voreinstellung FIRST abgewichen werden?

d) Überlegen Sie sich sinnvolle Beispiele für den Einsatz der verschiedenen Bedienre-geln des SELECT-Knotens, die bei Auswahl von Ressourcen eingesetzt werden kön-nen.

## II. Rahmenmontage

a) Analysieren Sie die Auswirkungen einer Variation der Taktzeit auf das Systemver-halten des Rahmenbaus. Überprüfen Sie zwei Varianten: Erhöhung auf 1,5 Zeitein-heiten, Senkung auf 0,7 Zeiteinheiten.

b) Erweitern Sie das Modell zur Rahmenmontage durch die Definition von drei ge-trennten Ressourcen für die Arbeitsgänge Sandstrahlen, Lackieren und Trocknen. Bei der Modellierung sollten Sie sicherstellen, daß Rahmen, die die Sandstrahlanla-ge durchlaufen haben, anschließend ohne Wartezeit direkt von der Lackieranlage aufgenommen werden können. Vergleichen Sie die Ergebnisse Ihres Modells mit den Ergebnissen des Grundmodells.

c) Als Erweiterung des Grundmodells wurde in Abschnitt 3.3.4 die Montage unter-schiedlicher Rahmentypen diskutiert. Treffen Sie sinnvolle Annahmen und realisie-ren Sie die vorgestellte Variante.

## III. Modellierung einer Plätzchenbäckerei

Die Bäckerei OSNABACK fertigt Weihnachtsplätzchen. Sobald alle Zutaten für **ein Rezept** am Lager sind, beginnt die Produktion der Plätzchen.

Zutaten für ein Rezept:

- ▶ 500 Gramm Mehl,
- ▶ 250 Gramm Butter,
- ▶ 200 Gramm Zucker,
- ▶ 2 Eier,
- ▶ eine Messerspitze Backpulver.

Arbeitsschritte und -zeiten für ein Rezept:

- ▶ Mischen und Kneten aller Zutaten in der Rührmaschine (Dauer: 10 Minuten),
- ▶ Teig ausrollen (Dauer: 5 Minuten),
- ▶ Sterne ausstechen: Die Anzahl der Sterne variiert, sie ist gleichverteilt zwischen 150 und 200 Stück (Dauer des Ausstechens: 15 Minuten),

▶ je 30 Sterne auf ein Backblech legen (Dauer: 2 Minuten pro Blech, die Anzahl der Bleche ist nicht begrenzt),

▶ Backen: (Dauer: 10 Minuten pro Blech, die Kapazität des Backofens ist auf 10 Bleche begrenzt),

▶ Verpacken in Tüten zu 30 Stück (Verpackungszeit ist zu vernachlässigen).

Die benötigten Zutaten werden in einem Lager bereitgehalten. Hinweis: Die Ankunfts- und Zwischenankunftszeiten sind in Minuten angegeben. Die Menge ist in Rezepteinheiten (RE) angegeben (z. B. eine RE Mehl entspricht 500 gr., eine RE Butter entspricht 250 gr. etc.).

Das Lager wird nach folgendem Muster aufgefüllt:

| Zutat | Erste Ankunft | Zwischenankunftszeit | Menge (in RE) |
|-------|---------------|----------------------|---------------|
| Mehl | 0 | 120 | 8 |
| Butter | 0 | 180 | 12 |
| Zucker | 10 | 150 | 10 |
| Eier | 0 | 480 | 32 |
| Backpulver | 0 | 2400 | 160 |

*Tabelle 3.9: Bereitstellung der Zutaten*

a) Zeichnen Sie ein Grobdiagramm, das den Fertigungsablauf in der Bäckerei verdeutlicht.

b) Entwickeln Sie ein SLAM-Programm, das die obige Fertigungssituation abbildet. Eine Statistik soll die Anzahl der gefertigten Tüten erfassen.

# 3.4 Die Simulation von Problemen der Qualitätssicherung: Laufradfertigung

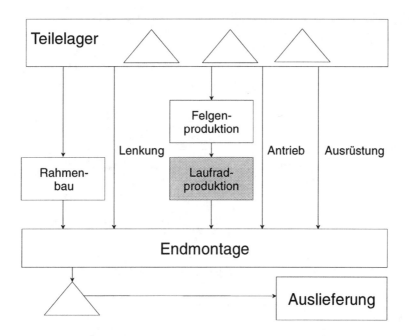

Knoten        ALTER, PREEMPT

## 3.4.1 Problemstellung

In dieser Fallstudie werden Grundlagen der Qualitätssicherung (Masing 1980) anhand der Laufradproduktion des Unternehmens OSNARAD behandelt. Untersucht wird das Auftreten von fehlerhaften Teilen, die Nachbearbeitung der Fehlteile, Pausenzeiten der Werker und der Ausfall sowie die Wartung von Maschinen. Ein Laufrad besteht aus einer Felge und einem Speichensatz, die in mehreren Arbeitsgängen verbunden und justiert werden müssen. Die Montage der Bereifung stellt den letzten Arbeitsgang dar. Der Aufbau der Laufradproduktion ist der Abbildung 3.28 zu entnehmen.

Die Tabelle 3.10 gibt an, welche Bearbeitungszeiten auf den einzelnen Stationen notwendig sind, und welche Kapazität die Stationen haben. Die Zeitangaben beziehen sich auf ein Laufrad und sind in Minuten angegeben.

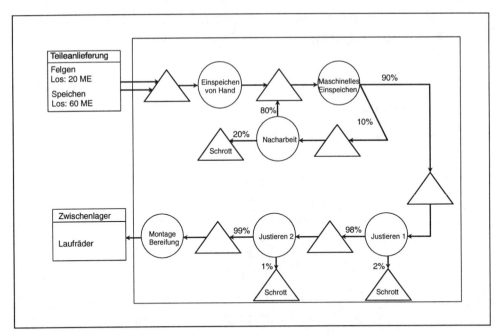

*Abbildung 3.28: Grobdiagramm der Laufradfertigung*

| Bezeichnung | Kapazität | Bearbeitungszeit |
|---|---|---|
| Einspeichen von Hand | 2 Arbeitsplätze | normalverteilt (2,1) |
| Maschinelles Einspeichen | 1 Arbeitsplatz | 1 |
| Nacharbeit | 1 Arbeitsplatz | exponentialverteilt (8) |
| Justieren 1 | 1 Maschine | dreiecksverteilt (0.5,1,2) |
| Justieren 2 | 1 Maschine | dreiecksverteilt (0.5,1,2) |
| Montage der Bereifung | 2 Arbeitsplätze | dreiecksverteilt (2.5,3,3.5) |

*Tabelle 3.10: Grunddaten der Laufradfertigung*

Die Qualität der Laufräder wird nach dem »Maschinellen Einspeichen« und nach den beiden Justiervorgängen geprüft. Im Durchschnitt weisen 10% der Laufräder nach dem »Maschinellen Einspeichen« Fehler auf, die eine Nacharbeit erfordern. Bei der Nachbearbeitung werden Speichen, die von der Maschine nicht korrekt eingezogen wurden, gelöst und, wenn möglich, von Hand neu positioniert.

Diese Nacharbeit führt in ca. 80% der Fälle zum Erfolg, d.h. die Laufräder werden erneut zur Bearbeitung an die Station »Maschinelles Einspeichen« geleitet. Sonst sind die

Fehler so gravierend, daß das Laufrad verschrottet werden muß. Die automatischen Justierstationen werfen mangelhafte Laufräder seitlich aus. Die durchschnittlichen Ausschußquoten sind jeweils aus der Abbildung 3.28 ersichtlich.

Um die hohe Qualität der Laufräder sicherstellen zu können, müssen die Einstellparameter der Justierstationen nach dem Durchlauf von je 100 Laufrädern überprüft werden. Dieser Einstellvorgang dauert drei Minuten. Die Einspeichmaschine befindet sich noch in der Anlaufphase, so daß es zu unvorhergesehenen Ausfällen kommen kann. Nach den Herstellerangaben beträgt die Laufzeit der Maschine in der Anlaufphase im Mittel 1.400 Minuten. Die Dauer des Ausfalls wird mit durchschnittlich einer Stunde angegeben. Die Informationen des Herstellers werden als Mittelwerte von Exponentialverteilungen zur Abbildung des Ausfallverhaltens der Einspeichmaschine verwendet.

Die Arbeitszeit an der Fertigungslinie ist wie folgt geregelt. Die Mitarbeiter sind täglich acht Stunden anwesend und haben eine feste Pausenzeit. Nach vier Stunden Arbeit folgt eine halbstündige Mittagspause, danach bleiben noch 3,5 Stunden bis zum Arbeitsende. Die beiden Justiermaschinen können in der Pause weiterarbeiten, sofern genügend Laufräder vor den Maschinen bereitstehen, alle anderen Maschinen stehen in den Pausen still.

Der Leiter der Fertigungslinie möchte unter den gegebenen Bedingungen eine möglichst hohe Produktionsrate realisieren. Aufgrund begrenzter räumlicher Kapazitäten dürfen im Fertigungsbereich nicht mehr als 500 Vorprodukte und Halbfabrikate gleichzeitig vorhanden sein. Die Vorprodukte können von den vorgelagerten Stellen nur losweise bezogen werden. Als Ausgangssituation der Modellierung ist die derzeitige Einsteuerungspolitik zu wählen (vgl. Tabelle 3.11):

| | Losgröße | 1. Ankunft | Ankunftsrate |
|---|---|---|---|
| Felgen | 20 | 0 | 50 ZE |
| Speichensätze | 60 | 0 | 150 ZE |

*Tabelle 3.11: Zugang der Vorprodukte*

Mit Hilfe einer Simulationsstudie soll ermittelt werden, wie lange es in der Ausgangssituation dauert, 2.000 gute Laufräder zu produzieren. Weiterhin ist zu analysieren, welche Auswirkungen die erwarteten Ausfälle der Einspeichmaschine auf den Fertigungsablauf haben, und mit welcher Ausschußquote zu rechnen ist.

## 3.4.2 Modellierung

Zur Abbildung der Laufradfertigung werden drei Teilmodelle gebildet. Das erste Teilmodell beschreibt den eigentlichen Fertigungsvorgang. Dabei wird eine zusätzliche inhaltliche Strukturierung vorgenommen. Zunächst wird die Einsteuerung der Fertigungslose abgebildet. Das nächste Modul beschreibt den kompletten Einspeichvorgang. Die Modellierung der beiden Justierstationen mit den zugehörigen Wartungsvorgängen und der Montage der Bereifung komplettieren das erste Teilmodell.

Gegenstand des zweiten Teilmodells ist die Abbildung der zufallsabhängigen Ausfälle der Einspeichstation. Die regelmäßigen Pausen der Werker werden im dritten Teilmodell erfaßt. Um die Restriktion, daß sich nur 500 Teile gleichzeitig im Fertigungsbereich befinden dürfen, zu erfüllen, wird der LIMITS-Befehl in der Kontrolldatei verwendet.

Zur Abbildung der Einsteuerungspolitik (vgl. Abbildung 3.29) werden in vorgegebenen Abständen Lose der Felgen und der Speichensätze kreiert. Die jeweilige Losgröße wird in den folgenden ASSIGN-Knoten dem Attribut eins zugewiesen. Das Attribut sorgt in den UNBATCH-Knoten dafür, daß die Anzahl der Vervielfältigungen der Losgröße entspricht. Der SELECT-Knoten kombiniert aufgrund der ASM-Regel jeweils eine Felge mit einem Speichensatz und leitet eine Einheit zum Label EISP der ersten Bearbeitungsstation »Einspeichen von Hand« weiter.

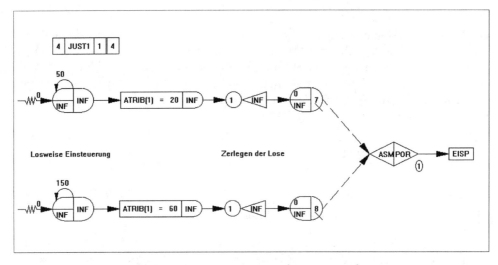

*Abbildung 3.29: Einsteuerung der Fertigungslose*

Das Modul zur Modellierung der Einspeichstationen und der Nachbearbeitung ist in Abbildung 3.30 dargestellt. Die Station »Maschinelles Einspeichen« ist die erste Station, an der fehlerhafte Teile gefertigt werden können. Danach werden nur die Gutteile (ca. 90%) zur Justierstation eins weitergeleitet. Im Schnitt sind 10% der Einheiten defekt und gelangen zur Station »Nacharbeit«. Im Anschluß an die Nacharbeit werden etwa 80% der Einheiten wieder in die Warteschlange vor der Station »Maschinelles Einspeichen« eingestellt, die restlichen 20% werden als Schrott in einem COLCT-Knoten erfaßt und anschließend zerstört. Auf die Darstellung des TERMINATE-Knotens im Netzwerk kann an dieser Stelle verzichtet werden, weil SLAMSYSTEM vor der Ausführung des Simulationsprogramms automatisch jeden offenen Ast des Netzwerks um einen TERMINATE-Knoten ergänzt.

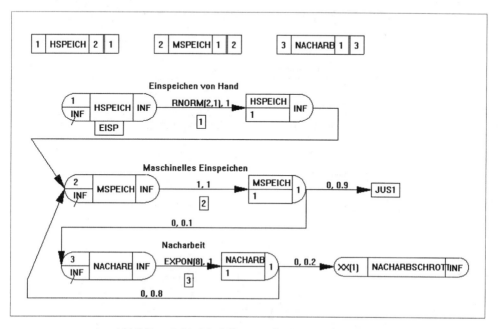

*Abbildung 3.30: Modellierung des Einspeichvorgangs*

Über das Label JUS1 erreichen die Justierstation eins ausschließlich Gutteile. Dargestellt ist in Abbildung 3.31 beispielhaft das Netzwerk für die zweite Justierstation und die Montagestation, die vorgelagerte erste Justiermaschine ist analog abzubilden. Die Einheiten durchlaufen die beiden Justierstationen auf gleiche Weise. Nach der Belegung der Justierstation erfolgt die Verzögerung um die Bearbeitungszeit. Von dem FREE-Knoten werden zwei Einheiten weitergeleitet. Die erste Einheit repräsentiert ein Laufrad. Ist der Justiervorgang erfolgreich, wird die Einheit von der ersten zur zweiten Justierstation bzw. von der zweiten Justierstation zur Montagestation weitergeleitet. Gelingt die Justierung nicht, wird die erste Einheit entsprechend des im Grobdiagramm ausgewiesenen Schrottanteils zu einem COLCT-Knoten geleitet und anschließend zerstört. Zur Abbildung der Einstellparameterprüfung der Justiermaschinen werden die globalen Variablen XX(1) und XX(2) eingeführt. Die zweite Einheit, die vom FREE-Knoten weitergeleitet wird, gelangt zu einem ASSIGN-Knoten und erhöht die entsprechende globale Variable um eins. Erreicht eine globale Variable den Wert 100, haben 100 Laufräder die zugehörige Justierstation passiert. Die Kapazität der Ressource wird daraufhin mittels eines ALTER-Knotens herabgesetzt. Nach drei Minuten ist der Einstellvorgang abgeschlossen, die Kapazität wird wieder erhöht. Außerdem muß der Wert der globalen Variablen auf null gesetzt werden. Einheiten, die intakte Laufräder repräsentieren, werden nach der Montage der Bereifung in einem COLCT-Knoten gezählt. Wenn 2.000 gute Einheiten das Netzwerk durchlaufen haben, beendet der TERMINATE-Knoten die Simulation.

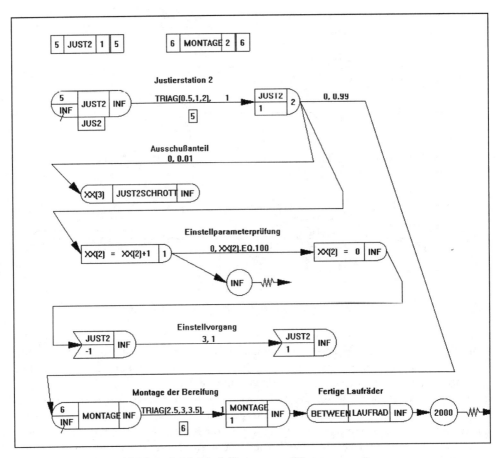

*Abbildung 3.31: Modellierung von Wartungsvorgängen*

Das Teilmodell zur Modellierung der Maschinenausfälle (vgl. Abbildung 3.32) beginnt mit der Kreation einer Einheit zum Zeitpunkt null, die durch die folgende Aktivität bis zur ersten Störung verzögert wird. Zur Abbildung der Zeit bis zur ersten Störung, der Zeiten zwischen zwei Ausfällen und der Ausfalldauern werden jeweils Exponentialverteilungen verwendet. Zur Simulation des Ausfalls der Station »Maschinelles Einspeichen« wird ein PREEMPT-Knoten benutzt, da dieser im Gegensatz zum ALTER-Knoten eine sofortige Reduzierung der Kapazität einer Ressource bewirkt, wie es einem Maschinenausfall in der Realität entspricht. Die Einspeichmaschine wird für die Dauer der Störung vom PREEMPT-Knoten durch eine Einheit belegt und anschließend durch den FREE-Knoten wieder freigegeben. Die Einheit wird anschließend um die Zeit zwischen zwei Störungen verzögert und dann wieder zum PREEMPT-Knoten geleitet.

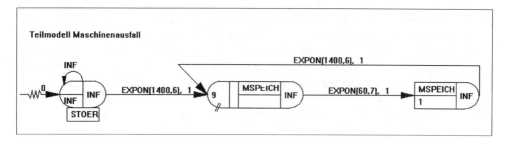

*Abbildung 3.32: Teilmodell zur Abbildung von Maschinenausfällen*

Ähnlich ist das Teilmodell zur Darstellung der Pausenregelung aufgebaut (vgl. Abbildung 3.33). Hier wird zum Zeitpunkt der ersten Pause nach 240 Zeiteinheiten eine Einheit erzeugt, die in den nachfolgenden ALTER-Knoten die Kapazitäten der betroffenen Ressourcen herabsetzt, sobald die einzelnen Ressourcen frei sind.

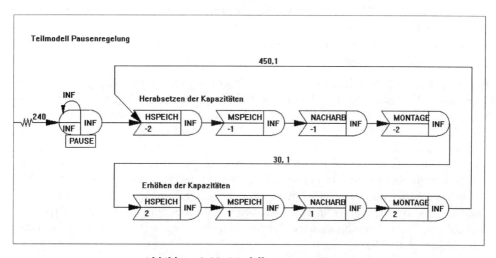

*Abbildung 3.33: Modellierung von Pausen*

Diese Modellierung impliziert die Annahme, daß das an einer Station in Bearbeitung befindliche Laufrad fertig bearbeitet wird, bevor die Pause beginnt. Die Pause wird dann um die Restbearbeitungszeit dieses Laufrades verkürzt. Die Kapazitäten der Ressourcen werden nach 30 Zeiteinheiten wieder hochgesetzt. Die nächste Aktivität verzögert um 450 Zeiteinheiten (3,5 Stunden des laufenden Arbeitstages und 4 Stunden des folgenden Tages) und leitet die Einheit anschließend wieder zu den kapazitätsreduzierenden ALTER-Knoten. Eine Alternative zu dieser Modellierung stellt die Kreation von Pauseneinheiten dar, die zu den Pausenzeiten mit hoher Priorität in die Warteschlangen vor den Stationen eingestellt werden und diese dann für die Dauer der Pausen belegen. Nachteil dieser Variante sind falsche Auslastungswerte der Stationen.

Der Restriktion, daß sich nicht mehr als 500 Vorprodukte und Halbfabrikate gleichzeitig im System befinden dürfen, wird dadurch Rechnung getragen, daß im LIMITS-Befehl der Kontrolldatei die Anzahl der gleichzeitig im System befindlichen Einheiten auf 502 begrenzt wird. Im System dürfen sich damit maximal 500 Einheiten, die Teile repräsentieren und je eine Einheit aus den Teilmodellen »Maschinenausfall« und »Pausenregelung« befinden. Eine Überschreitung dieser Zahl führt zum Abbruch der Simulation und macht die Restriktionsverletzung deutlich.

### 3.4.3  Simulationsergebnisse

Die Fragestellung, wie lange es dauert, 2.000 Laufräder zu fertigen, läßt sich nun beantworten. Der Wert CURRENT TIME im Summary-Report beträgt 5.272 Zeiteinheiten, d.h. zur Fertigung der 2.000 Laufräder werden ca. elf Werktage benötigt. Auch die Ausschußteile werden im Summary-Report ausgewiesen. An der Station »Maschinelles Einspeichen« fallen 250 Teile zur Nachbearbeitung an, von denen 53 auch nach der Nacharbeit nur noch Schrottwert haben. An den Justierstationen fallen 31 (Justierstation 1) bzw. 21 (Justierstation 2) Ausschußteile an. Bezogen auf die 2.000 Gutteile ergibt sich eine Ausschußquote von 5,25%.

Interessante Analysen erlaubt auch eine Beobachtung der Warteschlangen im Zeitablauf. In der Warteschlange mit dem numerischen Schlüssel neun befindet sich maximal eine Einheit. Dieses Resultat ist leicht zu erklären, da nur die Einheit des Teilmodells der Maschinenausfälle in die Warteschlange des Typs PREEMPT gelangt. Während der Simulationsdauer treten fünf Störungen der Station »Maschinelles Einspeichen« auf. Wenn die Station ausfällt, ist ein steiler Anstieg der Warteschlange vor dieser Maschine festzustellen. Eine Trajektorie (Plot) der Warteschlange vor der Station »Maschinelles Einspeichen« zeigt die Entwicklung bei einer Störung (vgl. Abbildung 3.34). Die Pausen sorgen ebenfalls für einen Anstieg der Warteschlangen vor den betroffenen Maschinen. Nach Beendigung der Arbeitsunterbrechungen wird die Warteschlange schnell wieder abgebaut.

Die Auslastung der einzelnen Stationen ist gering, wie der in Abbildung 3.35 dargestellte Ausschnitt aus dem Summary-Report verdeutlicht. Die Montagestation hat die höchste Auslastung. Von den beiden Montageplätzen sind im Durchschnitt 1,14 belegt. Die Kapazität des Systems wird bei der vorliegenden Einsteuerungspolitik nicht genutzt. Bis auf die Montagestation sind alle Stationen weniger als zur Hälfte ausgelastet.

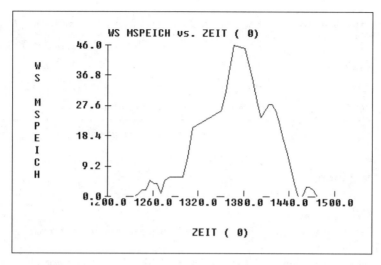

*Abbildung 3.34: Entwicklung der Warteschlange bei einer Störung*

```
                    **RESOURCE STATISTICS**

RESOURCE   RESOURCE    CURRENT     AVERAGE    STANDARD    MAXIMUM  CURRENT
NUMBER     LABEL       CAPACITY    UTIL       DEVIATION   UTIL     UTIL

1          HSPEICH     2           0,80       0,966       2        2
2          MSPEICH     1           0,48       0,500       1        1
3          NACHARB     1           0,35       0,477       1        0
4          JUST1       1           0,46       0,498       1        0
5          JUST2       1           0,45       0,497       1        1
6          MONTAGE     2           1,14       0,939       2        2
```

*Abbildung 3.35: Ressourcenauslastung der Laufradproduktion*

Mit Hilfe der Ergebnisse der Ausgangssituation kann man versuchen, schrittweise die Fertigungszeit für 2.000 Laufräder durch eine Änderung der Einsteuerungspolitik zu verringern. Sinnvolle Ankunftsraten der Vorprodukte sind unter Beachtung von Durchlaufzeit, Kapazitätsauslastung der Montagestation und der Kapazitätsrestriktion (500 Vorprodukte und Halbfabrikate) zu bestimmen. Das Verhältnis von Felgen und Speichensätzen darf nicht geändert werden, da sonst hohe Bestände im Eingangslager entstehen können. Die Tabelle 3.12 zeigt, daß die Ankunftsrate der Felgen von 50 auf 30 und die der Speichensätze von 150 auf 90 verringert werden sollte. Eine weitere Reduktion führt zur Verletzung der Kapazitätsrestriktion, denn die Lagerbestände im Eingangslager werden zu groß.

| Felgen | Speichensätze | Gesamtzeit für 2.000 Laufräder | Auslastung Montage |
|--------|---------------|-------------------------------|--------------------|
| 50     | 150           | 5.272                         | 1,14 von 2         |
| 40     | 120           | 4.209                         | 1,43 von 2         |
| 30     | 90            | 3.306                         | 1,82 von 2         |
| 20     | 60            | Verletzung der Kapazitätsrestriktion |             |

*Tabelle 3.12: Variation der Einsteuerungspolitik*

## 3.4.4 Aufgaben

### I. Grundlagen

a) Erarbeiten Sie die wichtigsten Unterschiede des folgenden Knotenpaars:
   ALTER – PREEMPT.
b) Was passiert mit Einheiten, die durch einen PREEMPT-Knoten von einer Ressource verdrängt werden?
c) Entwickeln Sie ein Simulationsmodell, das die folgende Situation abbildet. Die Güte der Auslegung des Fertigungssystems ist zu analysieren.

Eine Maschine wird zur Bearbeitung von zwei verschiedenen Teilen genutzt. Die Bearbeitungszeit für Teil A sei exponentialverteilt mit einem Mittelwert von 5 Minuten, für Teil B wird eine exponentialverteilte Bearbeitungszeit von 10 Minuten angenommen. Die Ankunftszeiten der Teile entsprechen den jeweiligen Bearbeitungszeiten. Die Bearbeitungszeit beinhaltet eine Qualitätskontrolle der Teile. Als Fehleranteil werden jeweils 10% Schlechtteile erwartet. Fehlerhafte Teile müssen erneut von der Maschine bearbeitet werden, wobei sich die Bearbeitungszeit jedoch um 25% reduziert. Erreicht ein Teil trotz Nachbearbeitung die Qualitätsanforderungen nicht, wird es endgültig verschrottet.

### II. Laufradfertigung

Der Fertigungsleiter überlegt, ob er die Leistung der Fertigungslinie (vgl. Kapitel 3.4.4) erhöhen kann, wenn er die Pausenregelung verändert. Er hält es für sinnvoll, zu überprüfen, ob die vier Mitarbeiter an den Stationen »Einspeichen von Hand« und »Montage Bereifung« abwechselnd pausieren sollten. An beiden Stationen soll der erste Mitarbeiter wie bisher Pause machen, der zweite arbeitet weiter. Der zweite darf dann seine Pause eine halbe Stunde später nehmen, so daß die Stationen zwar für eine Stunde mit halber Kapazität arbeiten, aber nie unbesetzt sind.

a) Variieren Sie das Teilmodell »Pausenregelung« entsprechend der Überlegung des Fertigungsleiters. Welche Auswirkungen hat die Änderung auf die Leistung der Laufradproduktion?

b) Welche zusätzlichen Faktoren sind bei der Interpretation der Auswirkungen der geänderten Pausenregelung zu beachten?

### III. Kontrollsysteme der Produktion

In einem Unternehmen der Elektroindustrie werden Leiterplatten in Losen zu jeweils 500 Stück hergestellt. Bei der Produktion treten bei 2% der Lose Störungen auf, die dazu führen, daß eine Leiterplatte mit einer Wahrscheinlichkeit von 90% defekt ist. Läuft die Produktion jedoch fehlerfrei, so liegt diese Wahrscheinlichkeit bei 10%.

In einer Prüfstelle werden immer 30 Leiterplatten eines Loses getestet. Sind von diesen Einheiten mehr als vier defekt, so wird das Los abgelehnt und vernichtet, sonst wird das Los angenommen.

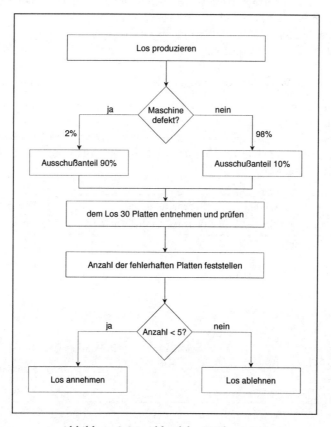

*Abbildung 3.36: Ablauf des Prüfvorgangs*

Für die Produktion der Leiterplatten steht eine Maschine zur Verfügung, die für die Bearbeitung eines Loses 700 ZE benötigt. Die Prüfung wird von einem Werker übernommen. Der Zeitbedarf für die Entnahme einer Platte aus dem Los ist mit dem Mittelwert 0,2 ZE und der Varianz 0,1 ZE normalverteilt. Der Prüfvorgang dauert 7 ZE pro Platte. Die Ankunftszeit der Lose ist mit den Parametern 600 ZE, 700 ZE und 800 ZE dreiecksverteilt.

Das Flußdiagramm in Abbildung 3.36 spiegelt den groben Ablauf des Prüfvorgangs wider.

a) Welche Werte kennzeichnen den dargestellten Stichprobenplan?
b) Welche Fehlerarten können grundsätzlich bei Gut-Schlecht-Prüfungen auftreten? Welche Fehlerarten sind in obiger Situation möglich?
c) Mit Hilfe der Simulation soll die Auslastung der Maschine und des Werkers sowie die Anzahl der angenommenen bzw. abgelehnten Lose festgestellt werden. Der Simulationszeitraum beträgt 10.000 ZE. Beachten Sie bei der Modellierung, daß jede Platte einer Stichprobe gesondert betrachtet werden muß.
c1) Beschreiben Sie den Modellierungsansatz verbal.
c2) Erstellen Sie ein Simulationsprogramm.

## IV. Simulation einer Werkstattfertigung

Eine Werkstatt besteht aus mehreren Bearbeitungsstationen, die mit einer unterschiedlichen Anzahl Maschinen ausgestattet sind. Zu untersuchen ist die Fertigung eines Drehteiles, dessen Bearbeitungszeiten auf den einzelnen Maschinen der folgenden Tabelle zu entnehmen sind. Die Bearbeitungsreihenfolge entspricht der Reihenfolge der Stationen in der Tabelle.

| Bearbeitungs-station | Maschinen-anzahl | Bearbeitungszeit pro Stück in Minuten | Transportzeit pro Stück in Minuten |
|---|---|---|---|
| Sägen | 1 | 2 | 2 |
| Drehen | 4 | 10 | 1 |
| Entgraten | 1 | 3 | 1 |
| Bohren | 1 | 9 | 2 |
| Schleifen | 3 | 5 | 0,5 |
| Galvanisieren | 1 | dreiecksverteilt (20,25,30) | 3 |
| Kontrollieren | 1 | 2 | 3 zum Versand |
|  |  |  | 10 zum Schrott |

*Tabelle 3.13: Bearbeitungszeiten eines Drehteils*

Eine Besonderheit stellt die Galvanik dar. Hier werden die Teile zunächst in einem Korb gesammelt, der 10 Einheiten aufnimmt. Erst vollständig gefüllte Körbe werden durch das Galvanisierbad geführt. Die Bearbeitungszeit in der Galvanik ist dreiecksverteilt mit einem Minimum von 20, einem Modalwert von 25 und einem maximalen Wert von 30 Minuten pro Korb. In der Kontrollstation werden die Teile anschließend einer Einzelprüfung unterzogen. Die Wahrscheinlichkeit für das Auftreten eines unbrauchbaren Stücks beträgt 15%. Gute Stücke kommen in das Versandlager, defekte Teile werden in einer Schrottkiste gesammelt. Die Zeiten für den Transport einer Einheit von einer Station zur folgenden sind ebenfalls der Tabelle zu entnehmen.

a) Entwickeln Sie ein Grobdiagramm, das alle Informationen zur Beschreibung der Fertigung des Drehteils enthält.

b) Es liegt ein Großauftrag über 400 Drehteile vor. Der Vertrieb möchte wissen, wie lange es dauert, bis der Auftrag fertiggestellt ist, wenn alle Werkstattkapazitäten zur Erfüllung des Großauftrages eingeplant werden. Der Produktionsleiter splittet den Kundenauftrag in 10 Werkstattaufträge, damit die bestehenden Lagerraumrestriktionen eingehalten werden können. Insgesamt können im Bereich der Werkstatt höchstens 80 Einheiten gelagert werden.

   b1) Überlegen Sie, welche Losgröße zur Erfüllung der Forderung des Produktionsleiters gewählt werden muß. Die Planung der Losauflagefrequenz erfolgt engpaßorientiert. Welche Station ist der Engpaß, und in welchem Abstand sind die Lose aufzulegen?

   b2) Erstellen Sie ein SLAM-Programm, das die obige Produktionssituation abbildet. Erstes Ziel der Modellierung ist die Ermittlung der Durchlaufzeit für den Großauftrag.

   b3) Integrieren Sie Statistiken in Ihr Modell, die Aussagen über die Auslastung der einzelnen Stationen ermöglichen und Aufschluß über die bestehenden Engpässe des Systems geben. Wie können die Engpässe beseitigt werden?

   b4) Welche zusätzlichen Informationen müssen erhoben werden, um die Werkstattsituation betriebswirtschaftlich zu bewerten?

## 3.5 Die Simulation von Beschaffungs- und Lagerhaltungspolitiken: Teilelager

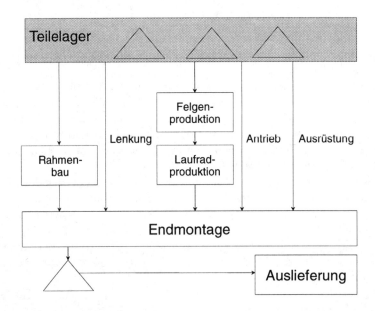

Kontrollbefehle    RECORD, TIMST, VAR

### 3.5.1 Grundsystem der Lagerhaltung

Ein Lager dient grundsätzlich der Abstimmung unterschiedlich dimensionierter Güterströme, den Lagerzugängen von Lieferanten und den Lagerabgängen an Nachfrager (Kupsch 1979). Der Zustand eines Lagers läßt sich zu jedem Zeitpunkt durch den Bestand kennzeichnen. Ausgehend von einem gegebenen Lagerbestand bestimmen die Zu- und Abgänge bis zu einem Betrachtungszeitpunkt den neuen Bestand (Lagerbestandsfunktion). Durch eine Lagerhaltungspolitik wird festgelegt, wann wieviel bestellt werden soll (Reichmann 1979).

Für einstufige Lagerhaltungsmodelle lassen sich durch die Variation der Aktionsparameter Meldemenge (s), Bestellzeitpunkt (t) und Bestellmenge (q) sowie die Berücksichtigung der Wiederauffüllmenge (S) verschiedene Arten von Lagerhaltungspolitiken unterscheiden. Lagerhaltungsmodelle dienen der Ermittlung kostengünstiger Lagerhaltungspolitiken für unterschiedliche Lagerhaltungssysteme.

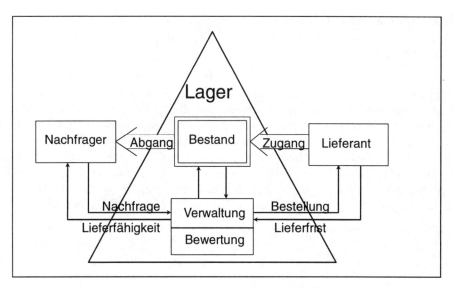

*Abbildung 3.37: Grundsystem der Lagerhaltung*

Das Ziel der Lagerhaltungspolitik besteht darin, einen möglichst guten Ausgleich zwischen den Vorteilen der Bestandshaltung und den damit verbundenen Kosten herbeizuführen. Die wesentlichen Kostenkategorien bei der Analyse von Lagerhaltungsproblemen sind Bestellkosten, Kapitalbindungskosten und Fehlmengenkosten (Witte 1984).

Für deterministische Verläufe von Zu- und Abgängen sind Lagerhaltungsmodelle entwickelt worden, die unter bestimmten Restriktionen optimale Lagerhaltungspolitiken ermitteln. Geht man jedoch von der realistischen Annahme aus, daß der Bestandsverlauf von zufallsabhängigen Zu- und Abgängen bestimmt wird, werden die Lagerhaltungsmodelle sehr komplex (Witte 1985). Die Bildung von Simulationsmodellen kann auf einfache Weise die Festlegung von guten Lagerhaltungspolitiken auch im stochastischen Fall unterstützen (Witte 1986b).

## 3.5.2 Problemstellung

Das Unternehmen OSNARAD will versuchen, die Kosten der Lagerhaltung durch den Einsatz einer geeigneten Lagerhaltungspolitik zu reduzieren. Als Pilotprojekt wird das Lager für die komplett fremdbezogenen Hinterrahmen gewählt. Während die Lieferzeit konstant zwei Wochen beträgt, läßt sich der wöchentliche Bedarf an Hinterrahmen nicht exakt prognostizieren. Die Absatzplanung hat der Beschaffungsabteilung eine Nachfragefunktion vorgelegt, nach der die wöchentliche Nachfrage die Werte 800, 820, 840, 860, 880, 900, 920, 940, 960 und 980 mit gleicher Wahrscheinlichkeit annimmt. Andere wöchentliche Nachfragemengen werden ausgeschlossen. Reicht der Lagerbestand zu einem Zeitpunkt nicht aus, eine Nachfrage in voller Höhe zu erfüllen, wird diese Nachfrage überhaupt nicht befriedigt. Fehlmengenkosten fallen dann für die gesamte Menge an.

Derzeit ist ein Meldemengensystem ((s,S)-Politik) realisiert, bei dem nach jedem Lagerabgang der Lagerbestand kontrolliert wird. Eine Bestellung wird immer dann ausgelöst, wenn die Summe des Lagerbestandes und aller noch ausstehenden Bestellungen (Schwimmende Ware) eine vorher festgelegte Meldemenge unterschreitet. Die Meldemenge beträgt 1.600 Hinterrahmen. Die Bestellmenge wird als Differenz zwischen der Wiederauffüllmenge und der Summe aus Lagerbestand und noch ausstehenden Bestellungen berechnet. Als Wiederauffüllmenge wird die Kapazität des Lagers von 5.000 Stück eingesetzt. Abbildung 3.38 zeigt den Lagerbestandsverlauf für das dargestellte Lagerhaltungssystem bei Auftreten der in Tabelle 3.14 aufgeführten Nachfragen:

| Woche | 1 | 2 | 3 | 4 | 5 | 6 | 7 | 8 | 9 | 10 | 11 | 12 |
|-------|---|---|---|---|---|---|---|---|---|----|----|----|
| Nachfrage | 800 | 820 | 900 | 820 | 860 | 900 | 960 | 920 | 940 | 980 | 800 | 980 |

*Tabelle 3.14: Nachfragestruktur*

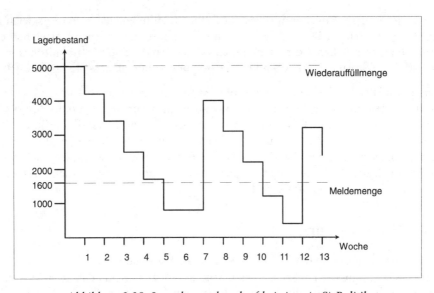

*Abbildung 3.38: Lagerbestandsverlauf bei einer (s, S)-Politik*

In der fünften Woche wird erstmals eine Bestellung ausgelöst, weil der Lagerbestand mit 800 Stück die Meldemenge von 1.600 unterschreitet. Bestellt werden 4.200 Stück, die in der siebten Periode geliefert werden. Eine Fehlmenge in Höhe von 900 Stück entsteht in der sechsten Woche, weil die Nachfrage den Lagerbestand übersteigt. Diese Bestellung wird in der siebten Periode ausgeliefert. Gleichzeitig wird die Nachfrage der siebten Periode befriedigt, so daß sich ein Periodenendbestand von 4.040 Stück nach der siebten Woche ergibt.

Die Lagerhaltungskosten werden hier durch die beiden Parameter Meldemenge (s) und Wiederauffüllmenge (S) bestimmt. Die Lagerhaltungskosten bestehen aus Kapitalbindungs-, Bestell- und Fehlmengenkosten. Im Beispiel fallen pro Bestellung 100 DM Kosten an, Fehlmengenkosten werden mit 10 DM pro Stück angesetzt. Die Kapitalbindungskosten betragen pro Woche und Stück 0,10 DM.

Zu modellieren ist das Lagerhaltungssystem mit den derzeitigen Werten der Parameter für die Meldemenge und die Wiederauffüllmenge. Die Simulation beginnt mit einem vollständig gefüllten Lager. Als Simulationszeitraum werden zwei Jahre (104 Wochen) gewählt. Es soll überprüft werden, ob durch eine Variation der Meldemenge eine Reduktion der Lagerhaltungskosten realisiert werden kann.

## 3.5.3 Modellierung

Bei der Modellierung soll in zwei Schritten vorgegangen werden. Im ersten Schritt erfolgt die Modellierung des Mengengerüsts, anschließend werden die Kostengrößen einbezogen. Die Simulation liefert im ersten Schritt das Mengen- und Zeitgerüst des Lagerhaltungssystems. Die Bewertung mit Kostengrößen kann, wie hier, in die Simulation integriert oder im Anschluß an einen Simulationslauf vorgenommen werden. Die Simulationsergebnisse werden dann über eine Schnittstelle an ein anderes EDV-Programm übergeben, in dem die Kostenbewertung stattfindet. Insbesondere sind Tabellenkalkulationsprogramme und Statistikpakete geeignet, komplexe Auswertungen auf Basis der Resultate von Simulationsläufen, die im wesentlichen aus Zeitreihen bestehen, durchzuführen.

| Modellparameter | Globale Variable | Modellvariable | Globale Variable |
|---|---|---|---|
| Meldemenge | XX(1) | Fehlmenge Gesamt | XX(6) |
| Wiederauffüllmenge | XX(2) | Schwimmende Ware | XX(7) |
| Kapitalbindungskostensatz | XX(3) | Bestellmenge | XX(8) |
| Fehlmengenkostensatz | XX(4) | Anzahl Bestellungen | XX(9) |
| Bestellkostensatz | XX(5) | Kapitalbindungskosten einer Periode | XX(10) |
| | | Kapitalbindungskosten Gesamt | XX(11) |
| | | Gesamtkosten | XX(12) |

*Tabelle 3.15: Parameter und Variablen des Lagerhaltungsmodells*

Die Modellparameter bilden die Eingabegrößen des Simulationsmodells. Zum einen handelt es sich um die Steuerungsparameter Meldemenge (s) und Wiederauffüllmenge (S), zum anderen gehen die Kostensätze für Bestellung, Fehlmengen und Kapitalbindung in das Modell ein. Modellvariablen dienen dazu, die Mengen- und Kostengrößen der Lagerhaltungspolitik im Verlauf der Simulation zu erfassen und geben letztlich die Simulationsergebnisse an. Modellparameter und Modellvariablen werden als globale Variablen geführt (vgl. Tabelle 3.15).

Die Einheiten des Simulationsmodells der Lagerhaltung repräsentieren nicht die Hinterrahmen, die auf Lager gelegt werden, sondern die wöchentlichen Nachfragemengen. Als Nachfragegenerator (vgl. Abbildung 3.39) ist die Kombination eines CREATE- und eines ASSIGN-Knotens vorgesehen. Die wöchentliche Nachfrage wird durch den CREATE-Knoten generiert, die Nachfragemenge wird im ASSIGN-Knoten dem ersten Attribut zugewiesen. Dabei wird eine diskrete Wahrscheinlichkeitsverteilung (DPROBN) benutzt, die durch die ARRAYS eins und zwei der Kontrolldatei entsprechend der Problemstellung mit Werten versehen wird. Eine COLCT-Statistik erfaßt die auftretenden Nachfragen.

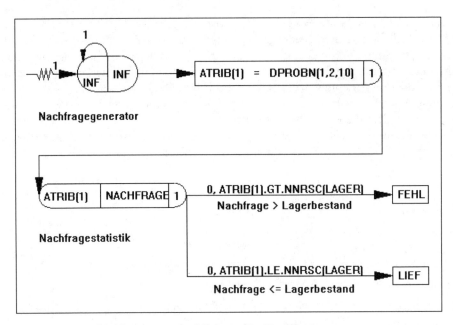

*Abbildung 3.39: Modellierung des Nachfragegenerators*

Die Nachfrage wird mit dem Lagerbestand verglichen. Reicht der Lagerbestand nicht aus, die Nachfrage vollständig zu erfüllen, wird sie in voller Höhe zur Fehlmenge. Im Netzwerk wird zum Label FEHL gesprungen (vgl. Abbildung 3.40).

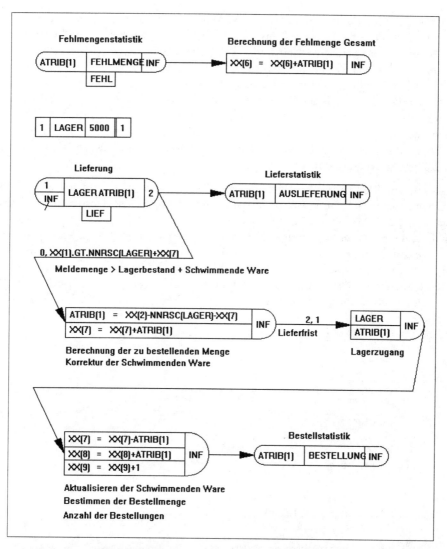

*Abbildung 3.40: Modellierung der Lagerbewegungen*

Dort dient ein COLCT-Knoten zur Erfassung der Fehlmengen, deren gesamte Menge in der globalen Variablen XX(6) aufsummiert wird. Ist der Lagerbestand größer als die Nachfrage, wird beliefert, d.h. die Einheit wird zum Label LIEF geleitetet (vgl. Abbildung 3.40). Modelliert wird der Lagerbestand als konsumierbare Ressource. Die Verfügbarkeit der Ressource NNRSC(Lager) gibt den aktuellen Lagerbestand an. Die Ressource Lager hat die Kapazität 5.000 und ist zu Beginn der Simulation nicht belegt, d.h. der Lageranfangsbestand ist gleich 5.000.

Dieser Lagerbestand wird durch den AWAIT-Knoten um die Nachfrage abgebaut. Über die Auslieferung wird eine Statistik geführt. Anschließend ist zu überprüfen, ob eine Bestellung ausgelöst werden muß. Wenn die Meldemenge XX(1) größer als die Summe des aktuellen Lagerbestands und der schwimmenden Ware XX(7) ist, muß bestellt werden. Die Bestellmenge errechnet sich durch Subtraktion des aktuellen Lagerbestands und der schwimmenden Ware von der Wiederauffüllmenge XX(2). Die Lieferzeit wird durch eine Aktivität mit der Dauer von zwei Zeiteinheiten (Wochen) abgebildet, der Lagerzugang durch einen FREE-Knoten. Anschließend wird die Anzahl der Bestellungen in der globalen Variablen XX(9) festgehalten, deren Wert sich nach jedem Lagerzugang um eins erhöht.

Die Ermittlung der Kapitalbindungskosten muß periodenweise erfolgen. Bei der Modellierung wird das Zeitfortschreibungskonzept der ereignisorientierten Simulation ausgenutzt. Die Bestimmung der Kapitalbindungskosten erfolgt immer zwischen der Generierung von Nachfrageereignissen. Nachfragen treten nur an ganzzahligen Simulationszeitpunkten (1, 2, 3 ...) auf. Die Berechnungseinheit wird an den Zeitpunkten (1.5, 2.5, 3.5 ...) kreiert. Somit wird nach Ablauf jeder Periode eine Einheit erzeugt, die ausschließlich der Berechnung der Kapitalbindungskosten dieser Periode, XX(10), dient. Der Lagerendbestand einer Periode NNRSC(Lager) wird mit dem Kapitalbindungskostensatz XX(3) multipliziert. Die gesamten Kapitalbindungskosten werden in der Variablen XX(11) über alle Perioden aufsummiert.

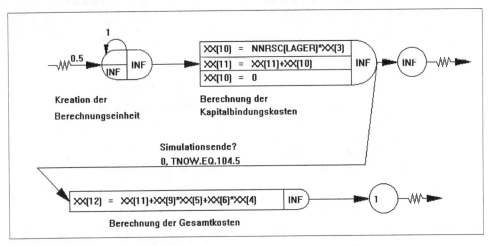

*Abbildung 3.41: Ermittlung der Lagerhaltungskosten*

Die Gesamtkosten XX(12) ergeben sich durch Addition der Bestellkosten, der Fehlmengenkosten und der Kapitalbindungskosten am Ende des Untersuchungszeitraums von 104 Wochen. Zur Bestimmung der Bestellkosten muß die Anzahl der Bestellungen XX(9) mit dem Bestellkostensatz XX(5) multipliziert werden. Die Fehlmengenkosten sind ebenfalls einfach zu ermitteln. Die gesamte Fehlmenge XX(6) wird mit dem Fehlmengenkostensatz XX(4) multipliziert. Abbildung 3.41 stellt das Teilmodell zur Berechnung der Lagerhaltungskosten dar.

In der Kontrolldatei werden die Modellparameter XX(1) bis XX(5) initialisiert und die Modellvariablen XX(6) bis XX(12) auf null gesetzt. Die Befehle RECORD und VAR dienen der Aufzeichnung des Lagerbestands und der Fehlmenge im Zeitablauf. Der TIMST-Befehl ermöglicht die statistische Auswertung von Statusvariablen im Summary-Report. Mit Hilfe des TIMST-Befehls wird der Zustand der globalen Variablen XX(6), XX(8), XX(9), XX(11) und XX(12) überwacht.

Das Programmlisting zeigt die Kontrolldatei des Lagerhaltungsmodells:

```
GEN,CLAUS HELLING,LAGERHALTUNG,11/11/1992,1,Y,Y,Y/Y,Y,Y/1,132;
LIMITS,1,2,100;
NETWORK;
ARRAY(1,10)/0.1,0.2,0.3,0.4,0.5,0.6,0.7,0.8,0.9,1;
ARRAY(2,10)/800,820,840,860,880,900,920,940,960,980;
INITIALIZE,,104.5,Y;
INTLC,XX(1)=1600,XX(2)=5000,XX(3)=0.1,XX(4)=10,XX(5)=100
     ,XX(6)=0,XX(7)=0,XX(8)=0,XX(9)=0,XX(10)=0,XX(11)=0,XX(12)=0;
NETWORK;
RECORD,TNOW,ZEIT,50,,1;
VAR,NNRSC(1),L,LAGER;
VAR,XX(6),F,FEHLMENGE;
TIMST,XX(6),FEHLMENGE GESAMT;
TIMST,XX(8),BESTELLMENGE;
TIMST,XX(9),ANZAHL BEST.;
TIMST,XX(11),KAPBIN. GESAMT;
TIMST,XX(12),GESAMTKOSTEN;
FIN;
```

## 3.5.4 Simulationsergebnisse

Die Interpretation des Summary-Reports (vgl. Abbildung 3.42) zeigt, daß von 104 Nachfragen 101 beliefert werden können, in drei Fällen treten Fehlmengen auf. Die gesamte Fehlmenge beläuft sich auf 2.640 Stück, wodurch Fehlmengenkosten in Höhe von 26.400 DM entstehen. 24 Bestellungen führen zu Bestellkosten von 2.400 DM. Die Kapitalbindungskosten betragen 20.612 DM, so daß sich Gesamtkosten für die vorliegende Lagerhaltungspolitik in Höhe von 49.412 DM ergeben.

Weiterhin läßt sich erkennen, daß durchschnittlich 1.957 Stück auf Lager liegen. Der mittlere Lagerbestand ergibt sich aus der Ressourcen-Statistik als durchschnittliche Verfügbarkeit des Lagers. Der in Abbildung 3.43 dargestellte Lagerbestandsverlauf zeigt die für ein Meldemengensystem typische »Sägezahnkurve«.

```
              S L A M I I   S U M M A R Y   R E P O R T

          SIMULATION PROJECT LAGERHALTUNG BY CLAUS HELLING

          **STATISTICS FOR VARIABLES BASED ON OBSERVATION**

                    MEAN      STANDARD   COEFF. OF MINIMUM     MAXIMUM  NO.OF
                    VALUE     DEVIATION  VARIATION VALUE       VALUE    OBS
   NACHFRAGE        894       60,2       0,0673    800         980      104
   FEHLMENGE        880       69,3       0,0787    800         920      3
   AUSLIEFERUNG     894       60,2       0,0673    800         980      101
   BESTELLUNG       3690      237,0      0,0643    3480        4340     24

            **STATISTICS FOR TIME-PERSISTENT VARIABLES**

                        MEAN      STANDARD   MIN.     MAX.       TIME       CURRENT
                        VALUE     DEVIATION  VALUE    VALUE      INTERVAL   VALUE
   FEHLMENGE GESAMT     1709,8    932,6      0,00     2640,00    104,5      2640,00
   BESTELLMENGE         41474,9   25869,5    0,00     88500,00   104,5      88500,00
   ANZAHL BEST          11,1      7,0        0,00     24,00      104,5      24,00
   KAPBIN GESAMT        10606,7   5803,2     0,00     20612,00   104,5      20612,00
   GESAMTKOSTEN         0,0       0,0        0,00     49412,00   104,5      49412,00

                    **RESOURCE STATISTICS**

   RESOURCE   RESOURCE   CURRENT     AVERAGE     MINIMUM     MAXIMUM
   NUMBER     LABEL      AVAILABLE   AVAILABLE   AVAILABLE   AVAILABLE
   1          LAGER      3160        1957,3210   240         5000
```

*Abbildung 3.42: Summary-Report des Lagerhaltungsmodells*

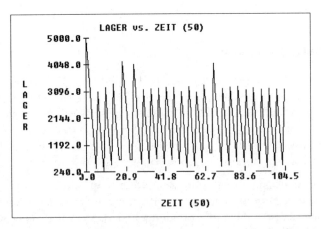

*Abbildung 3.43: Simulierter Lagerbestandsverlauf*

Zur graphischen Aufbereitung des Lagerbestandsverlaufs und der Fehlmengenentwicklung können durch die PLOT-Option im Menüpunkt GRAPH>OUTPUT automatisch Trajektorien erzeugt werden.

Das Simulationsmodell kann genutzt werden, um eine bessere Lagerhaltungspolitik zu finden. In einem ersten Schritt soll davon ausgegangen werden, daß die Wiederauffüllmenge unverändert bleibt. Durch Variation der Meldemenge wird versucht, eine bessere Lösung zu erreichen. Ein Vergleich der einzelnen Lagerkostenkomponenten in der Ausgangssituation zeigt, daß die Fehlmengenkosten einen großen Anteil an den Gesamtkosten ausmachen.

Daher sollte bei der Änderung der Meldemenge das Ziel verfolgt werden, Fehlmengen zu reduzieren. Die Tabelle 3.16 zeigt die Auswirkungen einer Meldemengenvariation auf die Gesamtkosten und auf die einzelnen Kostenkomponenten. Außerdem wird jeweils der durchschnittliche Lagerbestand angegeben. Technisch sind Simulationsexperimente durchzuführen, die im Ausgangsmodell nur eine Änderung des Wertes der globalen Variablen XX(1) in der Kontrolldatei erfordern.

Die Simulationsergebnisse verdeutlichen den großen Einfluß der Fehlmengenkosten auf die Höhe der Gesamtkosten. Im Beispiel gelingt es ab einer Meldemenge von 1.800, das Entstehen von Fehlmengen zu vermeiden.

| Melde-menge | Gesamt-kosten | Bestell-kosten | Kapitalbin-dungskosten | Fehlmengen-kosten | mittlerer Lagerbestand |
|---|---|---|---|---|---|
| 1.600 | 49.412 | 2.400 | 20.612 | 26.400 | 1.957,32 |
| 1.700 | 32.090 | 2.500 | 20.390 | 920 | 1.936,08 |
| 1.800 | 22.770 | 2.500 | 20.270 | 0 | 1.933,11 |
| 2.000 | 22.770 | 2.500 | 20.270 | 0 | 1.933,11 |
| 2.200 | 23.426 | 2.600 | 20.826 | 0 | 1.982,30 |

*Tabelle 3.16: Auswirkungen einer Meldemengenvariation auf die Gesamtkosten*

Die Erhöhung der Gesamtkosten bei größeren Werten für die Meldemenge ist einfach zu erklären. Es werden Bestellungen bei einem höheren Lagerbestand und somit häufiger ausgelöst, Bestell- und Kapitalbindungskosten steigen.

Wenn neben der Meldemenge (s) auch die Wiederauffüllmenge (S) variiert wird, können die Ergebnisse mittels eines Kostengebirges dargestellt werden. Die Kosten werden in Abhängigkeit von den unterschiedlichen Kombinationen von s und S abgetragen (Witte 1986b). Die einschränkende Annahme einer konstanten Lieferzeit kann natürlich auch durch eine Änderung der Dauer der Aktivität problemlos aufgehoben werden. Simulationsmodelle können die Behandlung von Fehlmengen auf unterschiedliche Weise abbilden. Sowohl Nachlieferungen als auch teilweise Belieferungen sind durch entsprechende Änderungen des Netzwerks modellierbar. Bezüglich des Kontrollverhaltens besteht die Möglichkeit, anstelle der periodischen Kontrolle eine kontinuierliche Kontrolle zu realisieren. Die Betrachtung mehrerer Artikel oder eines mehrstufigen Lagerhaltungssystems ist mit den vorgestellten Grundelementen ebenfalls möglich. Weitere Variationsmöglichkeiten bestehen bei der Modellierung der Nachfrage. Pritsker zeigt weitere Beispiele auf (Pritsker 1989, S. 260ff):

▶ terminierte Nachfrage,
▶ saisonale Nachfrageschwankungen,
▶ Kombination unterschiedlicher Nachfragemodelle (Fourieranalyse) und
▶ losweise Kreation von Nachfragen.

## 3.5.5 Aufgaben

### I. Variation des Grundmodells

a) Versuchen Sie durch die Veränderung der Meldemenge und der Wiederauffüllmenge die Gesamtkosten für das in Kapitel 3.5.2 vorgestellte Lagerhaltungssystem zu reduzieren.

b) Bei Auftreten von Fehlmengen soll die Unternehmensstrategie wie folgt geändert werden. Reicht der Lagerbestand zu einem Zeitpunkt nicht aus, eine Nachfrage in voller Höhe zu erfüllen, erfolgt eine Teillieferung in Höhe des Lagerbestands. Fehlmengenkosten fallen nur für den nicht erfüllten Teil der Nachfrage an. Bilden Sie im Simulationsmodell die neue Fehlmengenstrategie ab, und analysieren Sie die Auswirkungen auf das Lagerhaltungsmodell.

c) Eine Analyse der Controlling-Abteilung hat ergeben, daß die Fehlmengenkosten mit 10 DM pro Stück deutlich zu hoch angesetzt werden. Der neue Fehlmengenkostensatz beträgt 6 DM pro Stück. Ermitteln Sie mit Hilfe der Simulation neue Empfehlungen zur Festlegung der Meldemenge und der Wiederauffüllmenge.

d) Veränderte Rahmendaten haben ein neues Nachfragemodell zur Folge. Getrennt nach Sommer- und Wintersaison werden folgende Nachfragen angenommen:

▶ Sommer: Gleichverteilung zwischen 800 und 980 Stück pro Woche.
▶ Winter: Gleichverteilung zwischen 600 und 780 Stück pro Woche.

Welchen Einfluß hat die geänderte Nachfragestruktur auf die Gesamtkosten und die Ausgestaltung der Lagerhaltungspolitik?

e) Entwickeln Sie auf der Basis der in Kapitel 3.5.2 dargestellten Situation Simulationsmodelle für andere Lagerhaltungspolitiken:

▶ (s,q)-Politik,
▶ (t,q)-Politik,
▶ (t, S)-Politik.

## II. Lagerhaltungsmodell eines Großhändlers

Ein Computergroßhändler möchte für ein bestimmtes Druckermodell eine neue Lagerhaltungspolitik einführen. Die Zeit zwischen zwei Kundennachfragen sei exponentialverteilt mit einem Mittelwert von 0,2 Wochen. Kann die Nachfrage eines Kunden nicht befriedigt werden, bezieht dieser in 80% aller Fälle einen Drucker bei der Konkurrenz. 20% der Kunden erklären sich mit einer Nachlieferung einverstanden.

Alle vier Wochen wird der Lagerbestand kontrolliert. Eine Bestellung wird ausgelöst, wenn die Meldemenge von 18 Druckern erreicht ist. Die zu bestellende Menge ergibt sich aus der Wiederauffüllmenge, dem Bestand zum Kontrollzeitpunkt und den dann zu erfüllenden Nachlieferungen. Die Wiederauffüllmenge beträgt im Beispiel 72 Drucker. Die Lieferzeit sei exponentialverteilt mit einem Mittelwert von drei Wochen.

a) Entwickeln Sie ein Simulationsmodell für das Lager. Die Simulation soll einen Zeitraum von sechs Jahren abbilden. Die Statistiken sind nach einem Jahr zu bereinigen, weil als Ausgangspunkt ein vollständig gefülltes Lager (72 Drucker) gewählt wird.
b) Ergänzen Sie das Simulationsmodell um Statistiken über die Lagerbestandsentwicklung, Nachlieferungen und Fehlmengen. Wie ist die geplante Lagerhaltungspolitik aufgrund der Simulationsergebnisse zu beurteilen?

## 3.6 Die Simulation als Hilfsmittel der Programmplanung: Endmontage

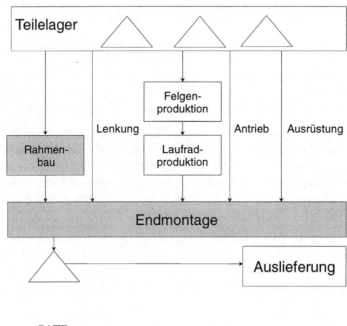

Blöcke            GATE

### 3.6.1 Problemstellung

Das Sortiment von OSNARAD besteht aus Fahrrädern der Größen 22", 24", 26" und 28". Die Baugruppen (Antrieb, Schaltung, Bremse, ...) werden von den drei Zulieferern OSMANO, OSNOLE und OSMANN bezogen. Es können 12 Varianten gefertigt werden. Der Verkauf hat die Absatzmengen nach den einzelnen Modellvarianten aufgeschlüsselt und in der Tabelle 3.17 zusammengestellt. Eine Periode besteht aus 20 Arbeitstagen à 8 Stunden, d.h. 9.600 Minuten. Insgesamt sind in der letzten Periode 9.400 Fahrräder abgesetzt worden. Von den verkauften Rädern hatten 36,7% einen OSMANO-, 14,9% einen OSNOLE- und 48,4% einen OSMANN-Antrieb.

Die Abstimmung des Versands mit der Endmontage und dem Rahmenbau bereitet der Geschäftsleitung von OSNARAD große Probleme. Jede Abteilung ist bemüht, ihre Rüstkosten zu minimieren.

| Rahmen-größe | Antrieb OSMANO | OSNOLE | OSMANN | Summe |
|---|---|---|---|---|
| 22" | 350 | 150 | 800 | 1.300 (13,8%) |
| 24" | 300 | 50 | 900 | 1.250 (13,3%) |
| 26" | 1.000 | 700 | 1.250 | 2.950 (31,4%) |
| 28" | 1.800 | 500 | 1.600 | 3.900 (41,5%) |
| Summe | 3.450 (36,7%) | 1.400 (14,9%) | 4.550 (48,4%) | 9.400 |

*Tabelle 3.17: Absatzmengen bzw. Prozentsätze an den Gesamtabsatzmengen der letzten Periode*

Während der Rahmenbau möglichst große Lose einer Rahmengröße fertigen möchte, ist der Leiter der Endmontage bestrebt, große Lose bestimmter Baugruppen eines Herstellers zu montieren. Die Kunden nehmen weder auf die Interessen des Rahmenbaus noch auf die der Endmontage Rücksicht. Ein Kundenauftrag besteht in der Regel aus mehreren Positionen, die verschiedene Varianten mit geringen Stückzahlen enthalten.

Um die Interessen der einzelnen Geschäftsbereiche zu koordinieren, hat sich die Geschäftsleitung entschlossen, ein EDV-System anzuschaffen, das ein Produktionsprogramm erstellt (Streitferdt 1993). Der Algorithmus zur Produktionsprogrammplanung ermittelt einen Modellmix auf Basis von Vergangenheitswerten. Das EDV-System minimiert die Lieferverzögerungen der Kundenaufträge unter Nebenbedingungen, die von den Abteilungen aufgestellt werden. Nach einer heißen Diskussion erklären sich die Bereichsleiter bereit, den von dem EDV-System erstellten Arbeitsanweisungen Folge zu leisten, wenn die Vorteilhaftigkeit des Systems mit Hilfe der Simulation bestätigt worden ist. Als Untersuchungszeitraum soll die nächste Periode (9.600 Minuten) dienen.

Die Abbildung 3.44 zeigt den Fertigungsprozeß der Endmontage. Die bereits lackierten Rahmen werden aus einem Zwischenlager entnommen und durch die Montagelinie geschoben. An jedem Bearbeitungsplatz befinden sich Container mit den zu montierenden Teilen. Wenn sich abzeichnet, daß ein Container bald leer ist, wird sofort neues Material aus dem Teilelager an das Montageband geholt. Die Sicherstellung der Materialversorgung ist Aufgabe des Teilelagers und braucht in diesem Zusammenhang nicht weiter problematisiert zu werden (vgl. Abschnitt 4.2).

Die nötigen Daten werden vom EDV-System verwaltet. Insbesondere steuert das EDV-System die Einsteuerung der Rahmentypen und die Montage des Antriebstyps. Nach Auskunft der Abteilung können die Umrüstzeiten vernachlässigt werden, wenn der Zeitraum zwischen zwei Typenwechseln ein Vielfaches von 160 Minuten ist. Die Rüstvorgänge können dann durchgeführt werden, wenn die Monteure pausieren.

An der ersten Station montieren Werker die Lenkeinrichtung (Vordergabel und Lenker) an den bereits lackierten Rahmen. Bevor der Antrieb an der dritten Station befestig wird, müssen die Laufräder an der zweiten Station eingesetzt werden. An den folgenden Stationen werden die Ausrüstungsteile montiert. Für die Montage der Lichtanlage, des Gepäckträgers und des Ständers existieren eigene Arbeitsplätze. Die fertig montierten Räder werden nach einer Zubehörausrüstung in ein Auslieferungslager eingestellt. Die Lagerarbeiter führen die Kommissionierung durch und bereiten den Versand vor.

Um den Materialfluß in der Endmontage zu optimieren, dürfen in der Montagelinie keine Engpässe auftreten. In einer Vorstudie zur Fließbandabstimmung sind die Kapazitäten der Montagestationen aufeinander abgestimmt worden (Kwak/Schniederjans 1984). Der Quotient aus Bearbeitungszeit und Kapazität liegt für jede Station ungefähr bei eins.

Die sieben Montagestationen werden in der Abbildung 3.44 durch Kästchen dargestellt. Die Boxen enthalten die Kapazitäten (links) und die Bearbeitungszeiten (rechts). Es können z.B. drei Fahrräder parallel mit Laufrädern versehen werden, wobei die Montage jeweils 2,5 Minuten beansprucht.

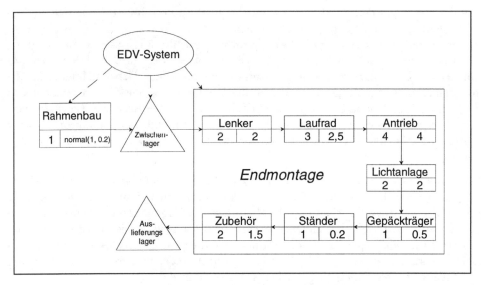

*Abbildung 3.44: Endmontage von OSNARAD*

Das Systemverhalten der Abteilung Rahmenbau wurde bereits in einer anderen Fallstudie (vgl. Abschnitt 3.3) näher analysiert. Daher wird eine hinreichend gute Organisation dieses Bereichs vorausgesetzt. Die Leistung des Rahmenbaus kann in Form einer Verteilung abgebildet werden. Das EDV-System gibt dem Rahmenbau lediglich den zu produzierenden Rahmentyp vor. Der Zeitraum zwischen zwei Typenwechseln soll wiederum ein Vielfaches von 160 Minuten betragen. Zur Vereinfachung wird angenommen, daß der Rahmenbau das Zwischenlager mit jeweils einen Rahmen in einem normalverteilten Abstand (Mittelwert: 1 Minute, Standardabweichung: 0.2 Minuten) beliefert.

## 3.6.2 Modellierung

### Vorüberlegungen

Aus der Darstellung des Fertigungsprozesses lassen sich drei Aufgaben des EDV-Systems ableiten:

▶ Festlegung der Modellfolge im Rahmenbau,
▶ Einsteuerung der Rahmentypen sowie
▶ Festlegung der zu montierenden Antriebstypen.

Die Unternehmensleitung möchte aus den Nachfragedaten der vergangenen Periode eine sinnvolle Strategie entwickeln. Die Modellfolge kann aus den Prozentsätzen der Absatzmengenverteilung (vgl. Tabelle 3.17) abgeleitet werden. Das Verhältnis der Prozentzahlen zueinander muß sich in der Modellfolge widerspiegeln. Da in allen Abteilungen mindestens 160 Minuten lang ein Typ gefertigt werden soll, wird der am geringsten nachgefragte Typ genau 160 Minuten produziert, bevor ein Typwechsel durchgeführt wird. Für die übrigen Typen müssen entsprechende Zeiten gefunden werden. Tabelle 3.18 gibt eine mögliche Lösung vor.

| | Anteil an der Gesamtnachfrage | |
|---|---|---|
| Untergrenze [%] | Obergrenze [%] | Länge des Produktionszyklus |
| 0 | 20 | 160 |
| 20 | 40 | 320 |
| 40 | 60 | 480 |
| 60 | 80 | 640 |
| 80 | 100 | 800 |

*Tabelle 3.18: Bestimmung der Produktionszyklen*

Wenn z.B. ein Prozentsatz in dem Intervall [0;20] enthalten ist, wird der entsprechende Typ 160 Minuten gefertigt. Die 28"-Räder nehmen einen Anteil von 41,5 % an der Gesamtproduktion ein. Dementsprechend werden 28"-Rahmen 480 Minuten ununterbrochen gefertigt. Diese Überlegungen führen zu folgender Fertigungssteuerung:

*Modellfolge im Rahmenbau*

1) 320 Minuten 26"-Rahmen,
2) 160 Minuten 24"-Rahmen,

3) 160 Minuten 22"-Rahmen,
4) 480 Minuten 28"-Rahmen.

*Modellfolge in der Endmontage*

1) 320 Minuten OSMANO,
2) 160 Minuten OSNOLE,
3) 480 Minuten OSMANN.

*Kombination von Rahmen und Antriebsgruppen*

In einem Abstand von 101 Minuten wird der komplette Rahmenlagerbestand eines
Typs in die Endmontage eingesteuert. Die Modellfolge ist: 22" – 24" – 26" – 28".
Wenn ein bestimmter Rahmentyp zum Einsteuerungszeitpunkt nicht auf Lager liegt,
wird sofort die nächste Rahmengröße der Modellfolge mit einer Verzögerung von 5
Minuten ausgewählt.

Der Abstand von 101 Minuten ist willkürlich gewählt worden. Die Güte muß anhand
von Simulationsstudien ermittelt werden. Die hier angestellten Überlegungen fließen in
den Algorithmus zur Produktionsprogrammplanung ein.

Der Materialfluß und die Aufgaben des EDV-Systems sind nun hinreichend genau beschrieben worden, so daß ein Programm zur Simulation der Endmontage entwickelt
werden kann. Neben der Kontrolldatei besteht die Abbildung der Fertigungssituation
aus sieben Modulen:

▶ Rahmenbau,
▶ Zwischenlager,
▶ Endmontage,
▶ Auswertung,
▶ Festlegung der zu fertigenden Rahmengröße,
▶ Festlegung der zu montierenden Antriebsgruppe sowie
▶ Kombination der Rahmen mit den Antriebsgruppen.

Während die ersten vier Module den Fluß von Rahmen durch die Fertigung beschreiben, stellen die übrigen Module die Steuerung des Systems dar, d.h. die Aufgaben der
Programmplanung.

### Rahmenbau

Die Abbildung des Rahmenbaus kann laut Annahme stark abstrahiert werden. Der
Abteilungsoutput wird durch eine Normalverteilung (Mittelwert: eine Minute, Standardabweichung: 0,2 Minuten) hinreichend gut beschrieben. Die globale Variable
$XX(1)$ gibt an, welche Rahmengröße gefertigt wird. Das erste Attribut dient zur entsprechenden Kennzeichnung der Einheiten. Das Netzwerk des Rahmenbaus (vgl.

Abbildung 3.45) besteht demnach nur aus einem CREATE- und einem ASSIGN-Knoten. Die Rahmen werden erzeugt, gekennzeichnet und ins Zwischenlager (Label ZLAG) weitergeleitet.

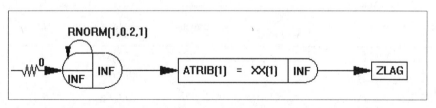

*Abbildung 3.45: Netzwerk zur Programmplanung (Rahmenbau)*

## Zwischenlager

Das Zwischenlager fungiert als Puffer zwischen dem Rahmenbau und der Endmontage. Für jeden Typ wird ein eigener Pufferbereich reserviert. Die Aufnahmekapazität des Puffers ist nicht beschränkt. Alle Rahmen einer Größe werden gleichzeitig aus dem Puffer in den Montagebereich eingesteuert. Die Auftragseinsteuerung ist mit der Steuerung einer Verkehrsampel vergleichbar. Für jeden Rahmentyp wird eine Ampel installiert. Die Einheiten müssen während der Rotphase im Puffer warten. Innerhalb der Grünphase werden die Rahmen in die Endmontage eingesteuert. Die Steuerung übernimmt das EDV-System.

Ampeln stellen einen Spezialfall von logischen Sperren dar. Sperren können die Zustände offen oder geschlossen annehmen. Einheiten vor einer Sperre werden in Abhängigkeit vom Sperrenzustand verzögert. Die Steuerung der Sperren erfolgt in der Regel von außen, d.h. unabhängig von den verzögerten Einheiten. Verkehrsampeln regeln den Verkehr statisch, ohne auf die tatsächliche Situation Rücksicht zu nehmen. Eine Ausnahme stellen Verkehrsleitsysteme mit Induktionsschleifen dar. Wenn eine Sperre offen ist, werden alle verzögerten Einheiten gleichzeitig weitergeleitet. Ressourcen leiten dagegen nur entsprechend ihrer Kapazität Einheiten weiter.

SLAM stellt zur Definition von Sperren den GATE-Block bereit. AWAIT-Knoten halten Einheiten entsprechend des Sperrenzustands auf. OPEN- bzw. CLOSE-Knoten verändern den Status der Sperren. Die Beschreibung von GATE-Blöcken umfaßt neben einem Label, einem numerischen Schlüssel, einem Anfangsstatus auch eine Warteschlange, in die die verzögerten Einheiten eingestellt werden, wenn die Sperre geschlossen ist.

| 1 | G_22 | CLOSE | 8 | | 2 | G_24 | CLOSE | 9 | | 3 | G_26 | CLOSE | 10 | | 4 | G_28 | CLOSE | 11 |

*Abbildung 3.46: Netzwerk zur Programmplanung (Definition der logischen Sperren)*

Abbildung 3.46 illustriert die Blockdefinition. Tabelle 3.19 erklärt die Blockparameter. Zunächst zeigen alle Ampeln den Status geschlossen, da nur das EDV-System Sperren öffnen kann.

| Befehlsformat | Numerischer Schlüssel | Label | Anfangsstatus | Datei |
|---|---|---|---|---|
| GATE/1,G_22,CLOSE,8; | 1 | G_22 | CLOSE | 8 |
| GATE/2,G_24,CLOSE,9; | 2 | G_24 | CLOSE | 9 |
| GATE/3,G_26,CLOSE,10; | 3 | G_26 | CLOSE | 10 |
| GATE/4,G_28,CLOSE,11; | 4 | G_28 | CLOSE | 11 |

*Tabelle 3.19: Initialisierung der logischen Sperren*

Im Zwischenlager werden die Rahmen entsprechend ihrer Größe in unterschiedliche Pufferbereiche eingestellt (vgl. Abbildung 3.47). Die Puffer können mit AWAIT-Knoten abgebildet werden, die mit den entsprechenden Sperren assoziiert sind. Die Zuordnung erfolgt über einen GOON-Knoten in Kombination mit Aktivitäten, die den Wert des ersten Attributs (Rahmengröße) abfragen. Wenn eine Sperre von dem EDV-System geöffnet wird, lenkt der AWAIT-Knoten die Einheiten in die Endmontage (Label MONT).

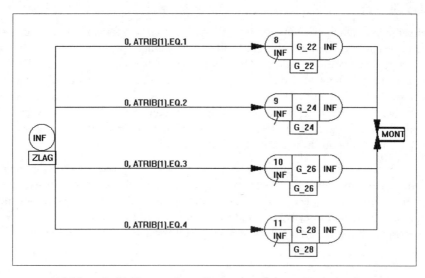

*Abbildung 3.47: Netzwerk zur Programmplanung (Zwischenlager)*

## Endmontage

Zur Modellierung der Endmontage wird das Stationenkonzept verwendet (vgl. Abschnitt 3.2). Zunächst definieren sieben RESOURCE-Blöcke die Montagestationen. Die Beschreibung umfaßt die Ressourcennummer, einen alphanumerischen Bezeichner, die Kapazität und eine Warteschlangendatei (vgl. Abbildung 3.48).

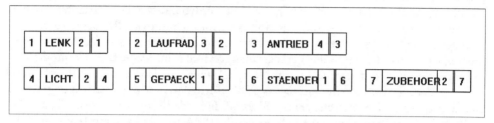

*Abbildung 3.48: Netzwerk zur Programmplanung (Ressourcen)*

Die Endmontage erfordert eine zusätzliche globale Variable und zwei weitere Attribute. Die Variable XX(2) bezeichnet die Antriebsgruppe, die aktuell in der Endmontage montiert wird. Das zweite Attribut kennzeichnet dementsprechend die Einheiten. Das Stationenkonzept erfordert einen Arbeitsgangzähler (hier Attribut 4).

Der Materialfluß kann durch eine einfache Schleife über eine AWAIT-FREE-Kombination abgebildet werden (vgl. Abbildung 3.49). Jede Einheit durchläuft die sieben Stationen der Endmontage. Die einzelnen Bearbeitungsstationen sind von eins bis sieben durchnumeriert. Der Index (Attribut 4) gibt die aktuelle Station an. Zunächst wird der Index auf eins gesetzt und die Einheiten mit der Antriebsgruppe gekennzeichnet. Nach Verlassen einer Station wird der Index erhöht und die nächste Station angesteuert. Wenn ein Indexwert von acht erreicht wird, sind alle Stationen durchlaufen worden; das Abbruchkriterium ist erfüllt.

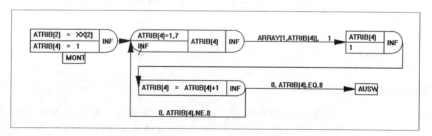

*Abbildung 3.49: Netzwerk zur Programmplanung (Endmontage)*

Die Einheiten erreichen das Netzwerk zur Auswertung (Label AUSW). Innerhalb der Schleife fordert ein AWAIT-Knoten die Ressource an. Eine anschließende Aktivität verzögert die Einheiten um die Montagezeit. Die Zeiten werden in einem Array gespeichert (vgl. Kontrolldatei). Der FREE-Knoten gibt die belegte Ressource wieder frei. Das vierte Attribut wählt die Ressource, Warteschlange und Montagezeit aus.

**Auswertung**

Die Simulation soll Aufschluß über die in einer Periode produzierten Modellvarianten geben. Die Auswertung mittels COLCT-Knoten erfordert für jeden Modelltyp einen Knoten, da COLCT-Knoten eindeutig definiert werden müssen. Die Varianten können auch durch numerierte Aktivitäten gezählt werden. Im Summary-Report wird die Anzahl der Einheiten ausgewiesen, die eine Aktivität durchlaufen haben. Da die Einheiten nur registriert werden, muß die Verzögerungszeit null sein. Ein Attribut kann die Aktivitätsnummer identifizieren, d.h. im Netzwerk muß nur eine einzige Aktivität definiert werden, deren Statistik variabel ist. Das dritte Attribut bezeichnet die Statistik. Der Wertebereich liegt zwischen eins und zwölf. Für jede Modellvariante muß eine Statistik angelegt werden. Der aktuelle Wert des dritten Attributs kann mit Hilfe des Rahmentyps (Attribut 1) und der Antriebsgruppe (Attribut 2) über die Beziehung:

```
ATRIB(3) = ( ATRIB(2) - 1 ) * 4 + ATRIB(1)
```

berechnet werden. Das Netzwerk der Auswertung (vgl. Abbildung 3.50) verbindet einen ASSIGN- mit einem TERMINATE-Knoten über die Statistikaktivität, deren Nummer das dritte Attribut festlegt. Die Berechnung des dritten Attributs muß auf zwei Zeilen verteilt werden, da im ASSIGN-Knoten nur Klammerausdrücke zur Indizierung auftreten dürfen. Die Modellierung des Materialflusses vom Rahmen über das Zwischenlager und die Endmontage zur Auswertung ist abgeschlossen. Die nächsten drei Netzwerke bilden die Steuerungsaufgaben des EDV-Systems ab.

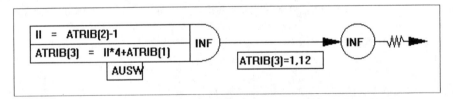

*Abbildung 3.50: Netzwerk zur Programmplanung (Auswertung)*

**Festlegung des Rahmentyps**

Die globale Variable XX(1) gibt den aktuellen Typ des Rahmenbaus an. Gemäß der vom EDV-System vorgegebenen Reihenfolge muß sich der Wert dieser Variable ändern. Falls die Modellfolge durchlaufen worden ist, beginnt die Abarbeitung wieder von vorne. Der ganze Prozeß kann durch einen CREATE-Knoten angestoßen werden, der genau eine Einheit erzeugt. Die Änderung der Variablenwerte analog zur Modellfolge führt der ASSIGN-Knoten aus. Aktivitäten definieren den Zeitraum, in dem keine Umrüstung stattfindet (vgl. Abbildung 3.51).

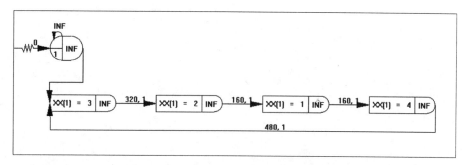

*Abbildung 3.51: Netzwerk zur Programmplanung (Modellfolge im Rahmenbau)*

## Festlegung der Antriebsgruppe

Die Steuerung der zu montierenden Antriebsgruppen erfolgt analog zum Rahmentyp. Der Parameter XX(2) ändert seinen Wert gemäß der Reihenfolge, die das EDV-System vorgibt (vgl. Abbildung 3.52).

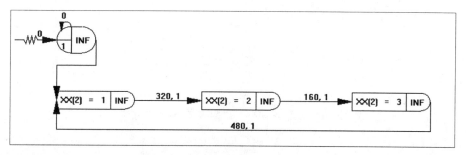

*Abbildung 3.52: Netzwerk zur Programmplanung (Festlegung der Antriebsgruppe)*

## Kombination der Rahmen mit den Antriebsgruppen

Die Kombination von Rahmengrößen mit den Antriebsgruppen erfolgt über die Auftragseinsteuerung der Rahmen in die Endmontage. Die Sperren im Zwischenlager müssen dazu entsprechend der aufgestellten Regeln geöffnet und geschlossen werden.

Abbildung 3.53 zeigt eine mögliche Steuerung der Sperren in Form eines Programmablaufplans. Ein Index durchläuft ständig eine Schleife und nimmt nacheinander die Werte 1, 2, 3, 4 und 5 an. Wenn der Wert fünf erreicht ist, wird der Index auf eins zurückgesetzt. Aufgrund der Indexwerte wird das entsprechende Lager ausgewählt. Falls der Lagerbestand null ist, wird der Index nach einer Verzögerung von 5 Minuten um eins erhöht. Sonst wird die Sperre für fünf Minuten geöffnet und der Indexwert nach 100 Minuten verändert.

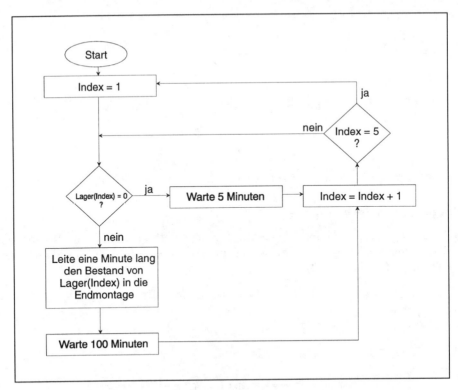

*Abbildung 3.53: Steuerung des Zwischenlagers*

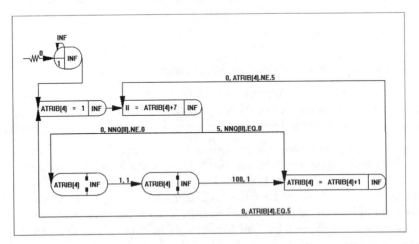

*Abbildung 3.54: Netzwerk zur Programmplanung (Kombination von Rahmen und Antriebsgruppen)*

Abbildung 3.54 illustriert die zugehörige Netzwerklösung. Das vierte Attribut übernimmt die Aufgaben des Index. Ein CREATE-Knoten stößt den Prozeß an. Während
die Sperren von eins bis vier durchnumeriert worden sind, berechnen sich die zugehörigen Warteschlangendateien aus der Summe der Sperrennummer und dem Wert sieben
(vgl. GATE-Blöcke). Zur Abfrage der Lagerbestände erhält eine temporäre Variable
die Nummer der Warteschlange. Die Kombination aus einem OPEN- und einem
CLOSE-Knoten öffnet die Sperren jeweils für eine Minute.

## Kontrolldatei

Die Kontrolldatei faßt die Definition der Attribute, globalen Variablen, Felder und
Warteschlangen zusammen.

```
GEN,CLAUS HELLING,ENDMONTAGE,05/01/1993;
; Attribute:     - 1 :      Rahmengröße
;                - 2 :      Baugruppe
;                - 3 :      eindeutige Kennung für die Auswertung
;                           1 : 22" und OSMANO
;                           2 : 24" und OSMANO
;                           3 : 26" und OSMANO
;                           4 : 28" und OSMANO
;                           5 : 22" und OSNOLE
;                           usw.
;                - 4 :      aktuelle Maschine in der Endmontage
;                           oder
;                           Index für die Steuerung der Sperren
; Dateien:       - 1-7 : Bearbeitungsstationen in der Endmontage
;                - 8-11 : logische Sperren im Zwischenlager
LIMITS,11,4,400;
; Variable:      - 1 :      gefertigte Rahmengröße
;                           1 : 22"
;                           2 : 24"
;                           3 : 26"
;                           4 : 28"
;                - 2 :      montierte Baugruppe
;                           1 : OSMANO
;                           2 : OSNOLE
;                           3 : OSMANN
INTLC,XX(1)=1,XX(2)=1;
; Bearbeitungszeiten in der Endmontage
ARRAY(1,7)/2,2.5,4,2,0.5,0.2,1.5;
NETWORK;
;Simulationszeitraum 1 Periode = 9.600 Minuten
INITIALIZE,,9600,Y;
FIN;
```

### 3.6.3  Simulationsergebnisse

Der Summary-Report enthält eine Vielzahl von Informationen, insbesondere über die
Auslastung der Ressourcen und die Entwicklung der Warteschlangen. Ein Engpaß tritt
in der Endmontage nicht auf, da die Kapazitäten der einzelnen Montagestationen und
des Rahmenbaus bereits aufeinander abgestimmt worden sind. Lediglich vor der ersten
Station stauen sich temporär Rahmen, weil der Zwischenlagerbestand immer komplett
in die Endmontage geschleust wird. Eine Simulation über einen längeren Zeitraum als
9.600 Minuten läßt keine anderen Ergebnisse erwarten.

Das Augenmerk soll auf die Anzahl der gefertigten Modellvarianten geworfen werden.
Tabelle 3.20 stellt die Ergebnisse in einer komprimierten Form dar. Der Vergleich mit
den Absatzmengen der Vorperiode (vgl. Tabelle 3.17) weist keine großen Abweichungen auf. Die Forderungen der einzelnen Abteilungen können also mit der vorgeschlagenen Strategie des EDV-Systems erfüllt werden. In der Fertigung wird nur in Zeitabständen von 160 Minuten umgerüstet. Das Produktionsprogramm ist in der Lage, die
Nachfrage der Vorperiode zu befriedigen. Wie die Güte bei verändertem Nachfrageverhalten zu beurteilen ist, bleibt offen.

| Rahmen-größe | Antrieb OSMANO | OSNOLE | OSMANN | Summe |
|---|---|---|---|---|
| 22" | 345 | 153 | 830 | 1.328 (14,3%) |
| 24" | 316 | 37 | 932 | 1.285 (13,8%) |
| 26" | 957 | 679 | 1.241 | 2.877 (30,8%) |
| 28" | 1.776 | 498 | 1.563 | 3.837 (41,1%) |
| Summe | 3.394 (36,4%) | 1.367 (14,6%) | 4.566 (49,0%) | 9.327 |

*Tabelle 3.20: Simulationsergebnisse zur Programmplanung*

Die Simulation stellt nur fest, daß innerhalb einer Periode von 20 Arbeitstagen die
Nachfrage befriedigt werden kann. Falls der Verkauf dem Kunden Lieferfristen nennt,
die kleiner als die Periodenlänge ist, können Lieferverzögerungen eintreten. Außerdem
unterstellt das EDV-System eine konstante Nachfrage, die bei der Fertigung von Fahrrädern nicht zu erwarten ist. Die Simulation der Fertigungssteuerung kann demzufolge
an dieser Stelle noch nicht abgeschlossen sein. Der Simulationszeitraum müßte auf ein
Jahr ausgedehnt werden, da der Absatzmarkt für Fahrräder saisonalen Schwankungen
unterliegt. Das Nachfrageverhalten muß dann für ein ganzes Jahr geschätzt werden.
Außerdem könnte das Produktionsprogramm anhand realer Daten validiert werden.
Die Kapazität des Zwischenlagers sollte beschränkt werden, um die Lagerhaltungskosten zu senken.

## 3.6.4 Aufgaben

### I. Endmontage

Analysieren Sie die Schnittstellen zwischen dem Rahmenbau und der Endmontage, verändern Sie ggf. die Regeln des EDV-Systems.

a) Variieren Sie den Abstand zwischen zwei Auftragseinsteuerungen in die Endmontage.
b) Versuchen Sie, die Lagerbestände im Pufferbereich zu senken.
c) Minimieren Sie die Anzahl der Umrüstungen. Erhöhen Sie die Produktionszyklen. Eine Variante soll mindestens 480 Zeiteinheiten lang gefertigt werden.

### II. Simulation eines S-Bahnnetzes

Die Verkehrsbetriebe einer Großstadt möchten das Schienennetz der S-Bahn erweitern. Die Planung der zusätzlichen Gleisanlagen ist bereits abgeschlossen. Abbildung 3.55 zeigt, welche Bahnhöfe bzw. Haltestellen miteinander verbunden werden. Die Züge fahren grundsätzlich von Süden nach Norden.

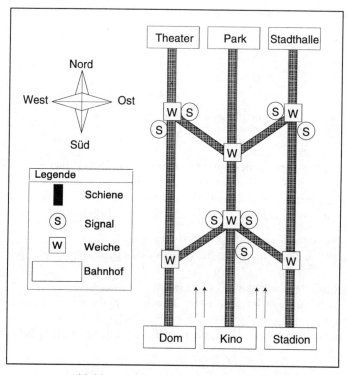

*Abbildung 3.55: Schienennetz der S-Bahn*

Mögliche Kollisionspunkte werden durch Signale gesichert. Die Lichtsignale geben immer nur eine Strecke frei. Die Durchfahrt eines Zuges an einem möglichen Kollisionspunkt dauert zehn Sekunden, d.h. zwischen einem Signalwechsel an einer Kreuzung müssen mindestens zehn Sekunden vergehen.

Weichen lenken die Züge zum richtigen Zielort. Die Züge benötigen 40 Sekunden, um einen Streckenabschnitt zu durchqueren. Abschnitte werden durch Bahnhöfe und Kreuzungen begrenzt. Die Fahrzeit für die Strecke Dom-Theater beträgt demzufolge bei freier Strecke zwei Minuten. Für die Strecke Dom-Park werden mindestens 160 Sekunden benötigt. Auf dem Netz sollen insgesamt neun S-Bahnlinien verkehren. Tabelle 3.21 zeigt den Fahrplan. Die Züge fahren zwischen 04:00 Uhr und 23:30 Uhr.

| Linie | Startbahnhof | Zielbahnhof | Uhrzeit der ersten Abfahrt | Taktzeit in Sekunden |
|-------|--------------|-------------|----------------------------|----------------------|
| 1 | Dom | Theater | 04:00:00 | 60 |
| 2 | Dom | Park | 04:00:20 | 60 |
| 3 | Dom | Stadthalle | 04:00:40 | 60 |
| 4 | Kino | Theater | 05:00:00 | 100 |
| 5 | Kino | Park | 05:00:40 | 100 |
| 6 | Kino | Stadthalle | 05:01:00 | 100 |
| 7 | Stadion | Theater | 04:30:00 | 360 |
| 8 | Stadion | Park | 04:32:00 | 360 |
| 9 | Stadion | Stadthalle | 04:34:00 | 360 |

*Tabelle 3.21: Fahrplan der S-Bahn*

Die Signalsteuerung bereitet den Verkehrsbetrieben große Probleme. Um die Attraktivität des öffentlichen Nahverkehrs zu steigern, sollen Wartezeiten der Züge vor den Signalen möglichst vermieden werden. Die Beamten, die für die Signale verantwortlich sind, fordern eine möglichst geringe Anzahl von Signalwechseln.

a) Schlagen Sie Regeln für die Signalsteuerung vor.
b) Bilden Sie die S-Bahn in einem SLAM-Modell ab. Bewerten Sie Ihre Signalsteuerung.
c) Versuchen Sie, den Fahrplan zu verbessern.
d) Der Bau von Tunneln ist sehr teuer. Die Verkehrsbetriebe überlegen daher, das Schienennetz zu verkleinern. Abbildung 3.56 zeigt drei Alternativen. Können die reduzierten Schienennetze den Linienverkehr (vgl. Tabelle 3.21) bewältigen?

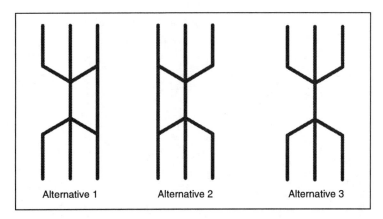

*Abbildung 3.56: Alternative Schienennetze*

# 4 Die Simulation von Logistiksystemen am Beispiel einer Fahrradfabrik

## 4.1 Überblick

Logistiksysteme verändern die räumliche und zeitliche Anordnung von Gütern (Bäune/Martin/Schulze 1992, S. 182f, Pfohl 1990, S. 7ff, Pfohl 1993). Neben dem Materialfluß werden der Informationsfluß sowie die dazugehörigen dispositiven und administrativen Aufgaben betrachtet. Im engeren Sinne zählen Transport-, Umschlags- und Lagervorgänge zu den Funktionen von Logistikeinrichtungen. Lagerprozesse verändern z.B. die zeitliche und Transportvorgänge die räumliche Anordnung von Gütern. Im weiteren Sinne werden auch Verpackungs- und Signierungsprozesse zu den Funktionen gezählt. Für die Durchführung der Logistikfunktionen sind u.a. Förderfahrzeuge, Hochregallager und Maschinen notwendig. Abbildung 4.1 strukturiert die Logistikeinrichtungen (Bäune/Martin/Schulze 1992, S. 40, Tempelmeier 1991, S. 140).

Bei diesen Logistikeinrichtungen handelt es sich um Fördermittel, die nach den Funktionen Transport und Lagerung gegliedert werden. Während Lagerfahrzeuge Güter innerhalb eines Lagers transportieren, übernehmen die Transporter die Beförderung von Gütern zwischen Bearbeitungsstationen und Lägern.

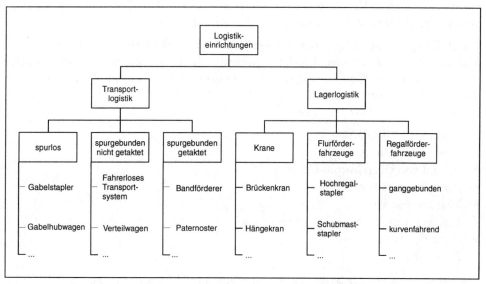

*Abbildung 4.1: Logistikeinrichtungen für Transport und Lagerung*

Zu den Transporteinrichtungen zählen spurlose und spurgebundene Systeme. Letzte Gruppe besteht aus getakteten und nicht getakteten Fahrzeugen. Gabelstapler sind spurlose Transporter, da sie sich frei in alle Richtungen bewegen. In der betrieblichen Praxis ist die Bewegungsfreiheit aber eingeschränkt, da nur bestimmte Trassen für sie freigehalten werden. Der Spielraum kann in der Regel vernachlässigt werden. In der Modellbildung besteht also kein großer Unterschied zwischen Gabelstaplern und fahrerlosen Transportsystemen (FTS-Fahrzeuge), die eine Schienenführung exakt einhalten müssen. Verteilwagen transportieren Güter zwischen Regalzeilen sowie den Ein- und Auslagerungspunkten. Sie können sich nur in einer Dimension, d.h. orthogonal zu den Regalzeilen, bewegen. Bandförderer und Paternoster zeichnen sich durch eine konstante, getaktete Transportzeit aus. Kollisionen zwischen den Fördermitteln sind ausgeschlossen. Die Fördermittel bestehen aus einer Menge von fest installierten Segmenten. Ein Segment kann genau eine Einheit aufnehmen. Die Taktzeit berechnet sich aus dem Zeitraum, der sich aus dem Transport einer Einheit zwischen zwei Segmenten ergibt.

Lagerfahrzeuge lagern Güter ein oder aus. Sie können sich in zwei Dimensionen bewegen. In der Horizontalen transportieren sie die Güter parallel zu den Regalzeilen. Zudem verfügen die Fahrzeuge über Hubeinrichtungen, um Regalfächer unterschiedlicher Höhe zu erreichen. Krane sowie Flur- und Regalförderfahrzeuge gehören zu den Lagerfahrzeugen. Regalförderfahrzeuge sind fest mit den Regalen verbunden. Deren Steuerung erfolgt in der Regel vollautomatisch. Flurförderfahrzeuge werden von Personen geführt. Sie können mit Gabelstaplern verglichen werden, die eine sehr große Hubhöhe erreichen. Krane bewegen sich im Gegensatz zu den Förderfahrzeugen auf einem an der Hallendecke montierten Schienenstrang.

Die Planungsaufgaben im Logistikbereich sind sehr vielschichtig. Bei Entwurf eines Materialflußsystems müssen die Systemelemente aufeinander abgestimmt werden. Das Zusammenspiel der Elemente ist nicht exakt vorhersagbar. Die Simulation bietet sich daher als Planungsinstrument an (Bäune/Martin/Schulze 1992, S. 199). Im einzelnen können folgende Fragestellungen behandelt werden:

- ▶ Anzahl von Regalzeilen,
- ▶ Anzahl der Fahrzeuge,
- ▶ Anzahl von Übergabepunkten,
- ▶ Auslegung des Wegenetzes,
- ▶ Transportzeiten,
- ▶ Einlagerungs- bzw. Auslagerungszeiten,
- ▶ Fehlteilsituation sowie
- ▶ Kostensituation.

Die Sprachelemente der Basisversion von SLAMSYSTEM reichen aus, um die Förderfahrzeuge in einem Simulationsmodell abzubilden. Förderbänder lassen sich z.B. durch

Ressourcen (vgl. RESOURCE-Block im Abschnitt 7.2) darstellen. Transportzeiten und Transportwege müssen als Aktivitäten aber explizit für jede Einheit vorgegeben werden. SLAMSYSTEM in Kombination mit der Material Handling Extension erlaubt dagegen eine implizite Definition von Transportzeiten und -wegen. Alle Systemelemente, wie Lagerplätze und Wegenetze, werden in ein Koordinatensystem eingetragen. Förderfahrzeuge erhalten Kennzahlen über Beschleunigungen und Geschwindigkeiten. Aus diesen Angaben berechnet SLAMSYSTEM den günstigsten Transportweg und die zugehörigen Transportzeiten. Darüber hinaus können komplexe Steuerungen der Fahrzeuge benutzerfreundlich programmiert werden.

Die Material Handling Extension stellt zwei zusätzliche Konzepte zur Darstellung von Fahrzeugen bereit. Zur Abbildung von Beförderungen mittels Lagerförderfahrzeugen und Verteilwagen dienen Lagerflächen (AREA-Blöcke), Lagerplätze (PILE-Blöcke) und Fahrzeuge (CRANE-Blöcke). GWAIT- und GFREE-Knoten kontrollieren die Bewegungsvorrichtungen. Verteilwagen sollten wegen ihrer begrenzten Bewegungsfreiheit mit dem CRANE-Konzept modelliert werden.

Die zweite Gruppe bilden Transporterelemente. Fahrerlose Transportsysteme und Gabelstapler werden durch TRANSPORTER-Blöcke (VFLEET) dargestellt. Das Wegenetz kann durch Kontrollpunkte (VCONTROL) und Spuren (VSEGMENT) beschrieben werden. Die Kontrolle übernehmen VWAIT- und VMOVE-Knoten.

Die folgenden zwei Abschnitte erläutern die beiden Fahrzeugkonzepte am Beispiel des Hochregallagers und des Auslieferungsbereichs von OSNARAD. Abschnitt 7.3 enthält zwei weitere Beispiele zum Verständnis des Material-Handling-Konzepts.

## 4.2    Die Simulation eines Hochregallagersystems

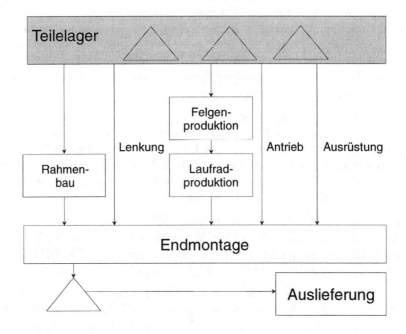

|        |                          |
|--------|--------------------------|
| Knoten | GFREE, GWAIT             |
| Blöcke | AREA, CRANE, PILE        |

### 4.2.1   Problemstellung

OSNARAD hat den Bereich Teilelager ausgegliedert, da nicht nur die eigene Produktion, sondern auch Fremdfirmen mit Artikeln rund um das Fahrrad beliefert werden. Das Hochregallager liegt in dem Verantwortungsbereich des Tochterunternehmens OSNARAD SERVICE. OSNARAD SERVICE ist großhandelstreu, d.h. zahlreiche Vertretungen werden in regelmäßigen Abständen mit der gewünschten Ware versorgt. Dabei werden oft größere Mengen eines Artikels bestellt.

OSNARAD SERVICE hat sich daher für eine Kommissionierung nach dem Prinzip »Ware zum Mann« entschieden. Abbildung 4.2 zeigt den Warenfluß zwischen Aufgabepunkt, Hochregallager und Kommissionierung.

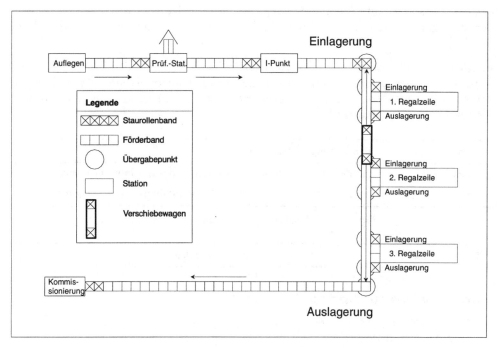

*Abbildung 4.2: Der Warenfluß von OSNARAD SERVICE*

Zunächst werden Paletten zur Einlagerung ins Hochregallager auf ein Rollenförderband gelegt. An der folgenden Station werden die Paletten auf Gewicht und Abmessungen überprüft. Wenn die Paletten nicht den Anforderungen entsprechen, werden sie aussortiert, sonst erfolgt eine Weiterleitung zum Identifikationspunkt. Am I-Punkt wird die Regalzeile bestimmt, die die Palette aufnehmen soll.

Auf der anschließenden Staustrecke warten die Paletten auf einen Verteil- bzw. Verschiebewagen, der die einzelnen Regalzeilen bedient. Ein Verteilwagen besteht aus zwei Ablageflächen, von denen jeweils eine für Einlagerungs- und Auslagerungspaletten zur Verfügung steht. Die Einlagerung und die Auslagerung von Paletten kann daher parallel an den Regalzeilen erfolgen. Wenn an einer bedienten Regalzeile eine Auslagerungsspalette wartet, wird diese zum Rollenförderband der Kommissionierung gebracht, sonst wird die nächste Einlagerungspalette abgeholt. Nach einer Auslagerung bewegt sich der Verteilwagen unmittelbar zur nächsten Einlagerungspalette. Die Auslagerungsaufträge werden von einem Zentralrechner direkt an die einzelnen Regalzeilen gesendet. Die Übergabepunkte stellen in der Regel die Engpässe dar. Daher soll im Rahmen einer Simulationsstudie der Palettenfluß von der Prüfstation über den Identifikationspunkt und die Regalzeilen bis zur Kommisionierung analysiert werden. Die Vorgänge innerhalb der Regalzeilen werden vernachlässigt. Bei der Kommissionierung werden die Paletten komplett geleert. Leere Paletten werden gesammelt und von einem Gabelstapler zum Auflagebereich gebracht. Da Paletten in ausreichender Menge zur Verfügung stehen, kann auf die Abbildung dieses Vorgangs ebenfalls verzichtet werden.

In einer Vorstudie sind, neben den Ankunfts-, Bearbeitungs-, Übergabe- und Transportzeiten, Entfernungen zwischen den einzelnen Übergabepunkten und Verteilungen der Aufträge auf die Regalzeilen erfaßt worden. Die Ergebnisse sind in den Tabellen 4.1 bis 4.6 zusammengefaßt.

| Station | Bearbeitungszeit in Sekunden |
|---|---|
| Prüfstation | mit dem Mittelwert 60 und der Standardabweichung 12 normalverteilt |
| Identifikationspunkt | mit dem Mittelwert 30 und der Standardabweichung 12 normalverteilt |

*Tabelle 4.1 : Bearbeitungszeiten an den Stationen*

| Übergabepunkt | Zeit in Sekunden |
|---|---|
| Staustrecke – Verteilwagen | 18 |
| Verteilwagen – Lager (Einlagerung) | 18 |
| Lager (Auslagerung) – Verteilwagen | 18 |
| Verteilwagen – Förderband | 18 |

*Tabelle 4.2: Übergabezeiten*

| Strecke | Zeit in Sekunden |
|---|---|
| Prüfstation – Identifikationspunkt | 60 |
| Identifikationspunkt – Übergabepunkt (Einlagerung) | 30 |
| Übergabepunkt (Auslagerung) – Kommissionierung | 150 |

*Tabelle 4.3: Transportzeiten*

| Strecke | Entfernung in Meter |
|---|---|
| Übergabepunkt (Einlagerung) – 1. Regalzeile | 100 |
| 1. Regalzeile – 2. Regalzeile | 100 |
| 2. Regalzeile – 3. Regalzeile | 100 |
| 3. Regalzeile – Übergabepunkt (Auslagerung) | 100 |

*Tabelle. 4.4: Entfernungen*

| Regalzeile | Wahrscheinlichkeit |
|------------|--------------------|
| 1          | 0.4                |
| 2          | 0.3                |
| 3          | 0.3                |

*Tabelle 4.5: Verteilung der Einlagerungspaletten auf die Regalzeilen*

| Regalzeile | Wahrscheinlichkeit |
|------------|--------------------|
| 1          | 0.4                |
| 2          | 0.3                |
| 3          | 0.3                |

*Tabelle 4.6: Verteilung der Auslagerungsaufträge auf die Regalzeilen*

Der Verteilwagen bewegt sich mit einer Geschwindigkeit von 10 Metern pro Sekunde. Beschleunigungsvorgänge können vernachlässigt werden. Die Ankunftszeiten der Auslieferungs- und Einlieferungsaufträge sind mit einem Mittelwert von 100 Sekunden exponentialverteilt. An der Prüfstation werden 10% der Paletten ausgesondert, weil Gewicht oder Abmessungen nicht den Anforderungen entsprechen.

## 4.2.2  Abbildung von Materialfördereinrichtungen

Zur Abbildung der Materialfördereinrichtungen wird auf die Material Handling Extension von SLAMSYSTEM zurückgegriffen, insbesondere auf die Sprachelemente zur Modellierung von Kranen. Die zusätzlichen Knoten werden an dieser Stelle nicht detailliert erläutert. Daher ist zum Verständnis des Zusammenspiels der einzelnen Komponenten ein genaues Studium der Beispiele des Abschnitts 7.3 notwendig. Hier soll die grundsätzliche Vorgehensweise bei der Modellierung von Kränen verdeutlicht werden. Der Schwerpunkt liegt auf der Analyse der Modellkomponenten und der Abläufe.

Der Untersuchungsbereich »Hochregallagersystem« enthält zwei Typen von Materialflußeinrichtungen. Auf der einen Seite stehen die unidirektionalen, beweglichen Systeme, wie das Förder- und das Staurollenband. Auf der anderen Seite steht der bidirektionale, dynamische Verteilwagen. Zur Abbildung von Staurollenbändern bieten sich Warteschlangen an. Hierbei wird eine unendliche Kapazität der Staurollenbänder unterstellt. Die Transportzeit auf den Staurollenbändern kann den davorliegenden Förderbändern zugerechnet werden.

Im Modell folgen die Förderbänder entweder einer Station oder dem Verteilwagen. Da die Kapazitäten der Stationen gleich eins und die Bearbeitungszeiten größer null sind, werden niemals zwei Paletten gleichzeitig auf ein Förderband gelegt. Daher können die

Transportvorgänge durch Zeitverzögerungen modelliert werden, d.h. nur die Transportzeiten gehen in das Modell ein. Der Verteilwagen muß explizit modelliert werden. Die Fahrziele müssen in ein Koordinatensystem eingetragen werden. Da die Regalzeilen parallel angeordnet sind, reicht es aus, eine Bewegungsrichtung abzubilden.

Die Transportzeit errechnet sich aus der Entfernung und der Geschwindigkeit des Verteilwagens. SLAMSYSTEM stellt den CRANE-Block zur Modellierung eines Verteilwagens zur Verfügung. Ein Kran kann sich zwischen Lagerflächen (AREA-Block) bewegen. Lagerflächen bestehen aus Lagerplätzen (PILE-Block), die mit Koordinaten zur Entfernungsbestimmung versehen werden. Im Beispiel besteht jede Regalzeile aus zwei Lagerplätzen zur Ein- und Auslagerung von Paletten. Die Schnittstelle zwischen den Förderbändern und dem Verteilwagen besteht aus jeweils einem Lagerplatz. Die Koordinaten der Ein- bzw. Auslagerungslagerplätze sind identisch, da der Verteilwagen die Mitte der Regalzeile ansteuert. Von der Mitte aus können die Paletten ein- bzw. ausgeladen werden. Die Identifizierung der Lagerflächen kann über den Bezeichner oder dessen numerischen Schlüssel erfolgen.

Falls keine besonderen Angaben gemacht werden, wählt SLAMSYSTEM den örtlich nächsten freien Lagerplatz innerhalb der Lagerfläche für die Einlagerung aus. In unserem Beispiel muß der Lagerplatz jeweils explizit angegeben werden, da die Lagerplätze entweder für die Ein- oder die Auslagerung vorgesehen sind. Alle Lagerplätze haben eine Kapazität von eins, d.h. sie können genau eine Palette aufnehmen. Der Lagerplatzbedarf der Paletten muß über ein Attribut gesteuert werden (hier Attribut 4) und ist im Modell für alle Paletten gleich eins.

Die Modellierung besteht aus den Teilproblemen Einlagerung und Auslagerung von Paletten. Abbildung 4.3 spiegelt den Ablauf bei der Einlagerung von Paletten wider. Einfache Pfeile ordnen die einzelnen Vorgänge in eine Bearbeitungssequenz ein. Doppelte Pfeile deuten zusätzlich auf einen Transport mittels eines Förderbandes hin. Zunächst werden die Einlagerungsaufträge gemäß der Exponentialverteilung erzeugt und der Station Prüfen zugeführt. Der Prüfvorgang besteht aus den bereits bekannten Vorgängen Belegen, Verzögern und Freigeben. Es schließt sich eine Station zur Identifikation an. Dort wird der Palette ein Zielort zugewiesen (vgl. Tabelle 4.5). Die Nummer der Regalzeile muß in einem Attribut (hier Attribut 1) abgespeichert werden. Die Warteschlangen vor den beiden Stationen Prüfen und Identifikation stellen die Staurollenbänder dar. Im Anschluß wird die Palette auf einem Förderband zum Verteilwagen bewegt, der den weiteren Transport zur zugewiesenen Regalzeile übernimmt.

Der Verteilwagen kann Paletten nur zwischen Übergabepunkten bzw. Lagerplätzen transportieren. Daher muß in einem ersten Schritt die Palette einen Lagerplatz im Ausgangsbereich (Startlagerplatz) belegen. Da diese Lagerfläche eine Kapazität von eins hat, wird sich eine Warteschlange bilden. Diese Warteschlange stellt wiederum das Staurollenband dar. Jede Regalzeile könnte gesondert modelliert werden.

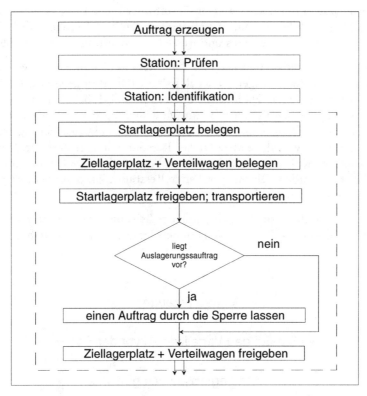

*Abbildung 4.3: Vorgänge bei der Einlagerung von Paletten*

Analog zum Stationenkonzept (vgl. Kapitel 3.2) ist eine variable Lösung möglich. Dazu muß in einem weiteren Attribut (hier Attribut 3) der Lagerplatz der Zielregalzeile gesichert sein. Der Verteilwagen und der Ziellagerplatz müssen parallel angefordert werden, da eine Beförderung von Paletten ohne freien Ziellagerplatz den Verteilwagen blockieren würde. Aus der Koordinatendifferenz zwischen dem Start- und Ziellagerplatz berechnet das System die Transportzeit. Der Transport der Palette zur Regalzeile wird durch die Freigabe des Startlagerplatzes eingeleitet. Bei Ankunft des Verteilwagens am Zielort könnte sofort der Wagen und der Ziellagerplatz freigegeben werden. Bei isolierter Betrachtung von Einlagerungsvorgängen wäre diese Vorgehensweise sinnvoll. Hier lautet die Steuerungsregel der Verteilwagen aber: falls an einer vom Verteilwagen angesteuerten Regalzeile ein Auslieferungsauftrag vorliegt, so hat dieser Auftrag die höchste Priorität. Auslieferungsaufträge dürfen also nicht sofort den Verteilwagen anfordern, sondern müssen auf den Verteilwagen warten.

Während der Einlagerung von Paletten muß überprüft werden, ob ein Auslagerungsauftrag vorliegt. Falls diese Frage zu verneinen ist, können der Ziellagerplatz und der Verteilwagen sofort freigegeben werden. Im anderen Fall muß der Auslieferungsauftrag den Verteilwagen mit höchster Priorität anfordern. Die Priorität kann mit einem zusätzlichen Attribut (hier Attribut 5) realisiert werden. Einlagerungsaufträge erhalten grundsätzlich eine Priorität von eins und Auslieferungsaufträge eine von null.

Auslieferungsaufträge müssen an den einzelnen Regalzeilen an einer Sperre aufgehalten werden. Falls der Verteilwagen an der Regalzeile hält, darf genau ein Auslieferungsauftrag die Sperre passieren. Da logische Sperren (GATE-Blöcke) alle wartenden Einheiten weiterleiten, müssen Ressourcen zur Modellierung herangezogen werden. Die Ressource hat eine Anfangskapazität von null. Wenn ein Auslieferungsauftrag die Sperre passieren soll, wird die Kapazität der Ressource um eins erhöht. Der Auftrag kann die zusätzliche Kapazitätseinheit belegen. Für jede Regalzeile muß eine derartige Sperre eingerichtet werden. Die entsprechende Ressource kann über ein Attribut (hier Attribut 2) angesprochen werden.

Der GWAIT-Knoten dient zur Modellierung der Belegung von Lagerplätzen und Verteilwagen. Mit Hilfe des GFREE-Knoten können Transport- und Freigabevorgänge abgebildet werden.

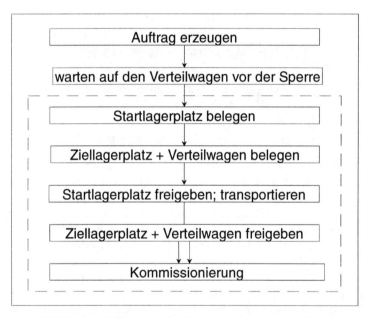

*Abbildung 4.4: Vorgänge bei der Auslagerung von Paletten*

Auslieferungsaufträge werden gemäß der Exponentialverteilung erzeugt und in Abhängigkeit von Wahrscheinlichkeiten den Regalzeilen zugeordnet (vgl. Tabelle 4.6). Zunächst müssen die Attribute der Einheiten gesetzt werden. Die inhaltliche Bedeutung hat sich gegenüber den Einlieferungsaufträgen nicht verändert. Tabelle 4.7 faßt die Beschreibungen der Attribute zusammen. Das erste Attribut bezeichnet jetzt nicht den Zielort, sondern den Ausgangsort. Die Priorität ist auf null gesetzt worden. In den Regalzeilen warten die Aufträge vor den Sperren, bis ein Verteilwagen das Regal anfährt und eine Palette mitnehmen kann. Der Transportvorgang erfolgt analog zur Einlagerung, wobei nun der Zielort fix und der Startpunkt (Attribut 1) variabel ist. Anschließend werden die Paletten zur Kommissionierung gebracht (vgl. Abbildung 4.4).

| Attribut | Bedeutung |
|----------|-----------|
| 1 | Regalzeile i (i = 1,2 oder 3) |
| 2 | Sperre in der Regalzeile i |
| 3 | Lagerplatz am Übergabepunkt in der Regalzeile i |
| 4 | Lagerplatzbedarf einer Palette (konstant 1) |
| 5 | Priorität |

*Tabelle 4.7: Beschreibung der Attribute*

Das Problem ist jetzt soweit analysiert worden, daß eine Kodierung mit SLAM erfolgen kann. Zuerst müssen die Blöcke definiert werden. Die Abbildungen 4.5, 4.6 und 4.7 enthalten das komplette Netzwerk, getrennt nach Blöcken, Ein- und Auslagerungsvorgängen. Zur Abstimmung der Transport- und Bearbeitungsvorgänge ist es notwendig, die Basisdimensionen für die Zeit und den Ort festzulegen. Eine Zeiteinheit soll einer Sekunde und eine Längeneinheit einem Meter entsprechen.

Das Lagersystem besteht aus fünf Lagerflächen, die der Verteilwagen anfährt. Für jede dieser Flächen wird ein AREA-Block definiert. Die Identifizierung erfolgt über das erste Feld, das aus einer Nummer und einem Bezeichner besteht. Einlagerungspaletten bewegen sich zwischen der AREA BELADEN und den Regalzeilen, Auslagerungspaletten zwischen den Regalzeilen und der AREA ENTLADEN. Im zweiten Feld wird die Anzahl der Lagerplätze aufgeführt. Den Regalzeilen ist jeweils ein Ein- und ein Auslagerungsplatz zugewiesen worden. Das dritte Feld des AREA-Blocks enthält die Nummer des Attributs, das den Lagerplatzbedarf angibt. Im letzten Feld werden die Warteschlangendateien aufgeführt, in denen die Einheiten warten müssen, falls kein Lagerplatz in der Lagerfläche frei ist. Den Regalzeilen müssen zwei Dateien zugewiesen werden. Die vierte Datei nimmt die Einlagerungsaufträge und die zehnte Datei die Auslagerungsaufträge auf. Die Lagerplätze werden durch PILE-Blöcke beschrieben. Neben einem numerischen und alphanumerischen Bezeichner setzen sie sich aus einer AREA-Zuordnung, einer Kapazität sowie einem Punktepaar im Koordinatensystem zusammen. Die Lagerfläche ENTLADEN besteht z.B. aus dem Lagerplatz RFZ_ENT mit der Kapazität 1 und dem Koordinatenpaar (500; 90). Die Entfernung zwischen dem Lagerplatz R1_BE in der Lagerfläche REGAL_1 und dem Lagerplatz RFZ_ENT beträgt in x-Richtung 300 Meter und in y-Richtung null Meter. In Abbildung 4.2 entsprechen Bewegungen des Verteilwagens in x-Richtung der Vertikalen.

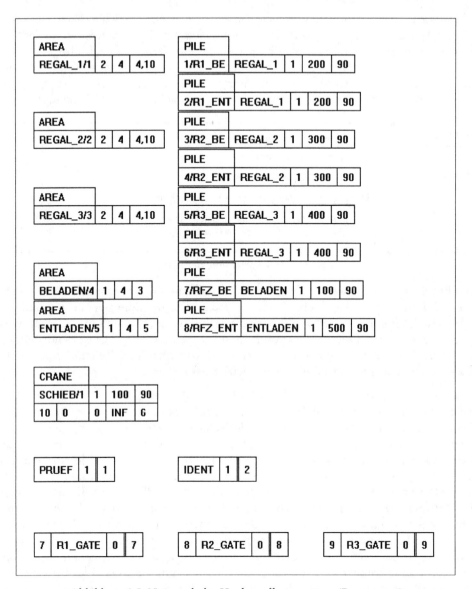

*Abbildung 4.5: Netzwerk des Hochregallagersystems (Ressourcen)*

Als nächstes wird der Verteil- bzw. Verschiebewagen mit Hilfe des CRANE-Blocks definiert. Der Bezeichner ist SCHIEB, die Geschwindigkeit 10 Meter pro Sekunde (vgl. obige Annahmen zu den Basisdimensionen). Die sechste Datei nimmt wartende Einheiten auf. Der Ausgangsort ist durch das Koordinatenpaar (100; 90) bestimmt. Positive und negative Beschleunigungen werden ebenso wenig spezifiziert wie eine mögliche Bewegung in y-Richtung. Der Verteilwagen bewegt sich auf dem Schienenstrang (Runway) 1. Diese Angabe ist bedeutungslos, da hier nur ein Fahrzeug existiert und daher keine Kollisionen möglich sind.

Zuletzt müssen noch die beiden Stationen Prüfen und Identifizierung sowie die Sperren in den Regalzeilen in Form von Ressourcen definiert werden. Die Ressourcen R1_GATE, R2_GATE und R3_GATE erhalten die Schlüssel 7, 8 und 9, um eine Übereinstimmung zwischen den Warteschlangennummern und dem numerischen Schlüssel zu gewährleisten. Diese Übereinstimmung ist dann von Vorteil, wenn die Ressourcen an einem AWAIT-Knoten über ein Attribut angesprochen werden (vgl. Stationenkonzept Kapitel 3.2). Die Zahlen 1, 2 und 3 sind als Schlüssel der Regalzeilen, d.h. der AREA-Blöcke, bereits vergeben.

Abbildung 4.6 enthält das Netzwerk zur Einlagerung von Paletten. Die Auswahl von Ressourcen, Lagerplätzen und Sperren erfolgt in der Regel über Attribute, so daß eine lineare Netzstruktur realisiert werden kann. An keiner Stelle des Netzwerkes ist eine Verzweigung in Abhängigkeit von der Regalzeile notwendig. Die Vorgänge bis zum ersten ASSIGN-Knoten bedürfen keiner näheren Erklärung, da die verwendeten Knoten schon eingehend an anderer Stelle erläutert worden sind. An der Station PRUEF werden 10% der Einheiten ausgesondert.

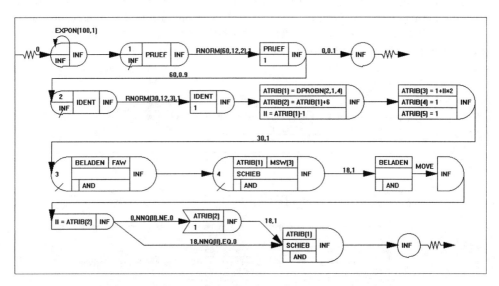

*Abbildung 4.6: Netzwerk des Hochregallagersystems (Einlagerung)*

Die beiden ASSIGN-Knoten dienen der Wertzuweisung der Attribute gemäß Tabelle 4.7. Die Auswahl der Regalzeile erfolgt über eine empirische Verteilungsfunktion. In der Kontrolldatei müssen zwei Felder definiert werden. Während das erste

ARRAY die möglichen Realisationen 1, 2 oder 3 enthält, werden im zweiten ARRAY die kumulierten Wahrscheinlichkeiten 0,4 , 0,7 und 1 hinterlegt. Die Auswahl erfolgt anhand des vierten Zufallszahlenstroms. Der erste GWAIT-Knoten fordert einen Lagerplatz in dem Bereich BELADEN an. Im Anschluß wird der Verschiebewagen und ein Ziellagerplatz in dem Bereich angefordert, der durch das erste Attribut definiert ist. Die Regel MSW(3) wählt den durch das dritte Attribut bestimmten Lagerplatz aus. Der nachfolgende GFREE-Knoten transportiert den Verteilwagen zur Ziellagerfläche und gibt den belegten Lagerplatz im Startbereich wieder frei. Nun folgt die Abfrage, ob Auslieferungsaufträge vor der Sperre warten. Das zweite Attribut gibt die Warteschlangennummer der Sperre an. Die Funktion NNQ informiert über deren Länge. Da diese Funktion nur ganze Zahlen oder die Variable II als Parameter zuläßt, muß ein ASSIGN-Knoten eingeschoben werden. Falls Aufträge warten, wird die Kapazität der Ressource ATRIB(2) mit Hilfe eines ALTER-Knotens um eins erhöht, d.h. genau ein Auftrag kann diese Sperre passieren und den Verteilwagen anfordern. Bevor die Einheit zerstört wird, muß der Verteilwagen und der Ziellagerplatz freigesetzt werden. Die Aktivitäten verzögern die Paletten um die Übergabe- und Transportzeiten.

Das Netzwerk zur Auslagerung von Paletten (vgl. Abbildung 4.7) ist ähnlich wie das Netzwerk zur Einlagerung aufgebaut. Die Belegung von Stationen und die Abfrage der Sperre entfallen. Die ASSIGN-Knoten sind nahezu identisch. Lediglich das dritte Attribut erhält einen anderen Wert, da in den Regalzeilen die Ein- und Auslagerungsplätze unterschiedlich sind. Hinter den beiden ASSIGN-Knoten werden die Auslagerungsaufträge an einem AWAIT-Knoten aufgehalten.

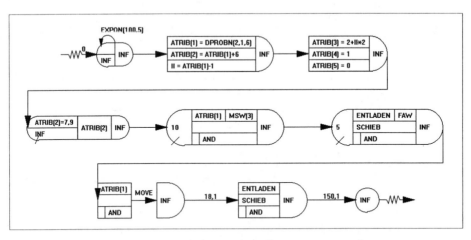

*Abbildung 4.7: Netzwerk des Hochregallagersystems (Auslagerung)*

Dieser AWAIT-Knoten stellt die Schnittstelle zur Einlagerung dar. Wenn der ALTER-Knoten die Kapazität der Sperre erhöht, kann genau ein Auftrag den AWAIT-Knoten passieren. Das Grundprinzip der Transportvorgänge ist übernommen worden. Die Bewegung erfolgt zwischen den Bereichen ATRIB(1) und ENTLADEN. Die Übergabezeiten zwischen den Regalzeilen und dem Verteilwagen werden nicht dargestellt, da dieser Vorgang parallel zur Einlagerung durchgeführt wird. Auf die Abbildung des Kommissioniervorgangs wird verzichtet.

Im Netzwerk werden nur fünf Attribute benötig. Die Material Handling Extension erfordert drei zusätzliche Attribute zur Speicherung von zugewiesenen Ressourcen. Die Kontrolldatei enthält die Deklaration des Speicherbedarfs (10 Dateien, 8 Attribute, 1.000 Einheiten), die Definition der beiden Felder zur Regalzeilenbestimmung, die Prioritätsanweisung für den Verschiebewagen und die Festlegung des Simulationszeitraums. Der PRIORITY-Befehl legt fest, daß in der sechsten Datei, d.h. in der Warteschlange des Verteilwagens, die Einheiten mit dem geringsten Wert im fünften Attribut die höchste Priorität haben.

```
GEN,CLAUS HELLING,HRL,05/01/1993;
LIMITS,10,6,1000;
ARRAY(1,3)/1,2,3;
ARRAY(2,3)/0.4,0.7,1;
PRIORITY/6,LVF(5);
NETWORK;
INITIALIZE,,10000,Y;
FIN;
```

Die Simulation wird zunächst für 10.000 Sekunden durchgeführt. Dieser Zeitraum sollte ausreichen, um eventuelle Engpässe im Materialfluß aufzuzeigen. Im Schnitt werden in diesem Zeitraum 100 Ein- und 100 Auslagerungsaufträge generiert.

## 4.2.3  Simulationsergebnisse

Die Auswertung der Simulationsergebnisse soll sich auf die Analyse möglicher Engpaßsituationen beschränken. Der Summary-Report wird auszugsweise in den Abbildungen 4.8 bis 4.11 wiedergegeben. Die FILE-Statistik (vgl. Abbildung 4.8) deutet bereits auf Schwachstellen des Systems hin. 32 Paletten warten am Übergabepunkt nach der Identifikationsstation auf ihre Einlagerung. Da die maximale und die aktuelle Warteschlangenlänge übereinstimmen, kann ein stetiges Anwachsen dieser Warteschlange erwartet werden. Der Durchschnittswert ist kein Schätzer des Erwartungswertes. Für die Systemauslegung ist dieses Resultat fatal, da die notwendige Kapazität des Staurollenbandes vor dem Übergabepunkt nicht nach oben beschränkt werden kann.

Vor den Sperren in den Regalzeilen (FILE 7, 8 und 9) warten ebenfalls viele Paletten (17, 0 bzw. 6) auf ihre Auslagerung. An den Lagerplätzen für die Auslieferung (FILE 5 und 10) treten keine Warteschlangen auf, da die Sperren die Paletten vorher abfangen. Die Wartezeit von 18 Sekunden in der fünften Datei entspricht der Übergabezeit zwischen dem Lager und dem Verteilwagen.

```
                              **FILE STATISTICS**

FILE            AVERAGE     STANDARD    MAXIMUM   CURRENT    AVERAGE
NUMBER   TYPE   LENGTH      DEVIATION   LENGTH    LENGTH     WAIT TIME
  1      AWAIT  0,654       0,896       3         0          53,188
  2      AWAIT  0,002       0,046       1         0          0,189
  3      GWAIT  8,819       9,345       32        32         809,112
  4      GWAIT  0,478       0,500       1         0          62,057
  5      GWAIT  0,117       0,321       1         0          18,000
  6      CRANE  0,514       0,635       2         0          36,178
  7      AWAIT  4,861       5,354       17        17         1676,285
  8      AWAIT  4,132       1,529       6         0          1475,715
  9      AWAIT  6,396       2,904       11        6          2063,277
 10      GWAIT       0,000       0,000  1              0     0,000
```

*Abbildung 4.8: Summary-Report des Hochregallagersystems (FILE STATISTICS)*

Der Verschiebewagen hat eine maximale Warteschlange von zwei Einheiten, obwohl er anscheinend den Engpaß darstellt. Da der Kran nur von den Lagerplätzen angefordert werden kann, warten die Einheiten in den Warteschlangen vor den Lagerplätzen bzw. vor den Sperren. Der Prüf- (vgl. FILE 1) und der Identifikationsvorgang (vgl. FILE 2) stellen keinen Engpaß dar, ihre mittlere Warteschlangenlänge ist kleiner 1. Die Staurollenbänder vor den Stationen müssen maximal drei Paletten aufnehmen.

```
                            **RESOURCE STATISTICS**

RESOURCE          CURRENT    AVERAGE  STANDARD    MAXIMUM   CURRENT
NUMBER   LABEL    CAPACITY   UTIL     DEVIATION   UTIL      UTIL
  1      PRUEF    1          0,72     0,447       1         0
  2      IDENT    1          0,33     0,470       1         1
  7      R1_GATE  12         6,13     3,890       12        12
  8      R2_GATE  28         11,95    8,634       28        28
  9      R3_GATE  25         11,02    7,614       25        25
```

*Abbildung 4.9: Summary-Report des Hochregallagersystems (RESOURCE STATISTICS)*

Die RESOURCE-Statistik (vgl. Abbildung 4.9) bestätigt das Urteil über den Prüf- (Auslastung von 72%) und den Identifikationsvorgang (Auslastung von 33%). Die aktuelle Kapazität der Sperren entspricht der Anzahl der ausgelagerten Paletten (vgl. auch Abbildung 4.10). Im Modell hat die Kapazitätserhöhung der Sperren grundsätzlich eine Auslagerung zur Folge. Die AREA/PILE-Statistik (vgl. Abbildung 4.10) gibt eine genaue Auskunft über alle Ein- und Auslagerungsvorgänge. Während sich die eingelagerten Paletten auf die Regalzeilen im Verhältnis 22-28-26 verteilen, streuen die ausgelagerten Paletten im Verhältnis 12-28-25. Die Auslagerungsplätze vor den Regalzeilen haben eine geringe durchschnittliche Auslastung (2%, 5%, bzw. 5%). Diese Lagerplätze werden sehr schnell freigesetzt, da der Verteilwagen bei deren Belegung immer bereitsteht. Die Auslastung errechnet sich nur aus den Übergabezeiten zwischen dem Lagerplatz und dem Verteilwagen. Die Lagerplätze zum Einlagern vor den Regalzeilen sind höher ausgelastet (18%, 26% und 26%), da sie bereits während des Transports belegt werden.

Die Steuerung des Verteilwagens kann wahrscheinlich nicht verbessert werden, da die Anzahl der ein- und ausgelagerten Paletten in jeder Regalzeile nahezu identisch ist, d.h. unnötige Leerfahrten treten kaum auf. In Regalzeile eins sind nur 12 Paletten ausgelagert worden, obwohl die Regalzeile 22 Paletten aufgenommen hat. Dieser Effekt ist auf die Zufallszahlenströme zurückzuführen und tritt bei längeren Simulationszeiträumen nicht auf.

**AREA/PILE STATISTICS**

| AREA LABEL | PILE NUM. | PILE CAP. | CUR. UTIL | AVERAGE UTIL | MIN. UTIL | MAX. UTIL | NUM. ARRIVE | ENTITIES LEAVE |
|---|---|---|---|---|---|---|---|---|
| 1 REGAL_1 | 1 | 1,00 | 1,00 | 0,18 | 0,00 | 1,00 | 23 | 22 |
| | 2 | 1,00 | 0,00 | 0,02 | 0,00 | 1,00 | 12 | 12 |
| 2 REGAL_2 | 3 | 1,00 | 0,00 | 0,26 | 0,00 | 1,00 | 28 | 28 |
| | 4 | 1,00 | 0,00 | 0,05 | 0,00 | 1,00 | 28 | 28 |
| 3 REGAL_3 | 5 | 1,00 | 0,00 | 0,26 | 0,00 | 1,00 | 26 | 26 |
| | 6 | 1,00 | 0,00 | 0,05 | 0,00 | 1,00 | 25 | 25 |
| 4 BELADEN | 7 | 1,00 | 1,00 | 0,89 | 0,00 | 1,00 | 77 | 76 |
| 5 ENTLADEN | 8 | 1,00 | 0,00 | 0,23 | 0,00 | 1,00 | 65 | 65 |

*Abbildung 4.10: Summary-Report des Hochregallagersystems (AREA/PILE STATISTICS)*

**CRANE STATISTICS**

| CRANE LABEL | NUM OF PIK | NUM OF DROP | PIK UTIL | TO PIK UTIL | TO PIK INT | DROP UTIL | TO DROP UTIL | TO DROP INT | TOTAL UTIL |
|---|---|---|---|---|---|---|---|---|---|
| SCHIEB | 141 | 141 | 0,14 | 0,27 | 0,00 | 0,25 | 0,27 | 0,00 | 0,94 |

*Abbildung 4.11: Summary-Report des Hochregallagersystems (CRANE STATISTICS)*

Die CRANE-Statistik (vgl. Abbildung 4.11) deutet klar auf den Engpaß hin. Der Verteilwagen ist zu 94% ausgelastet. Alle angenommenen Transportaufträge (NUM OF PIK: 141) wurden ausgeführt (NUM OF DROP: 141). Es wird jeweils 27% der Zeit

benötigt, um Material auf- und abzulegen. Leerfahrten hatten einen Anteil von 25%
und Transporte von 14%. Aus der Simulation kann der Schluß gezogen werden, daß
die Auslegung des Fördersystems zu knapp bemessen ist. Der Verteilwagen ist überfor-
dert. Die Warteschlangen wachsen stetig an. Mögliche Lösungen sind in zusätzlichen
Verteilwagen und in der Trennung zwischen Ein- und Auslagerung zu suchen. Einzelne
Alternativen können in weiteren Simulationsstudien untersucht werden (siehe Aufgaben).

## 4.2.4  Aufgaben

### I. Hochregallagersystem

a) Wie könnte der Materialfluß in dem Hochregallagersystem verbessert werden? Diskutieren Sie mögliche Ansätze.
b) Erhöhen Sie die Anzahl der Verteilwagen. Alle Fahrzeuge sollen sich auf einem
   Schienenstrang bewegen. Interpretieren Sie die Ergebnisse.
c) Erweitern Sie das Modell derart, daß für die Ein- und Auslagerung von Paletten jeweils ein eigenständiger Schienenstrang mit Verteilwagen zur Verfügung steht. Interpretieren Sie die Ergebnisse.
d) Erhöhen Sie die Anzahl der Regalzeilen auf 10. Die Entfernung zwischen den Zeilen
   beträgt jeweils 100 Meter. Sowohl die Einlagerungs- als auch die Auslagerungsaufträge verteilen sich gleichmäßig auf die Regalzeilen. Interpretieren Sie die Ergebnisse.
e) Wie könnten Ausfälle des Verteilwagens modelliert werden. Unterstellen Sie eine
   um den Mittelwert von 5.000 Sekunden exponentialverteilte Ausfallrate des Fahr-
   zeuges. Die Instandsetzung eines Verteilwagens dauert 30 Minuten.
f) Bilden Sie in Ihrem Netzwerk die Förderbänder durch Ressourcen ab. Wie könnten
   Ausfälle der Förderbänder modelliert werden. Beachten Sie dabei, daß der PRE-
   EMPT-Knoten nur Einheiten aus Ressourcen verdrängen kann, wenn deren Kapazität eins ist.
g) In obiger Problemstellung wurde unterstellt, daß die Paletten in der Kommissionierung komplett leer geräumt werden. Lassen Sie diese Annahme fallen, und lagern
   Sie die nicht geleerten Paletten wieder ein. Dazu wird ein Förderband zwischen der
   Kommissionierung und dem I-Punkt installiert. Der Transport einer Palette dauert
   200 Sekunden. In der Kommissionierung werden 100 Sekunden benötigt, um das
   Material von einer Palette abzuladen. Jede fünfte Palette wird leer geräumt und aus
   dem Fördersystem entfernt. Am I-Punkt haben neue Paletten grundsätzlich eine hö-
   here Priorität als Paletten, die aus der Kommissionierung kommen. Erweitern Sie
   Ihr Simulationsmodell, und interpretieren Sie die Ergebnisse.

### II. Simulation eines Stahlwerks

In einem Stahlwerk sollen vier Hochöfen über einen an der Decke befestigten Kran mit
Erz und Schrott versorgt werden. Abbildung 4.12 spiegelt die Anordnung der Öfen

und der Lager wider. Die Öfen müssen ständig mit Erz und Schrott versorgt werden. Rohstoffe stehen immer in ausreichender Menge zur Verfügung. Der Materialbedarf der einzelnen Öfen kann Tabelle 4.8 entnommen werden.

| Ofen | Schrottbedarf in Tonnen pro Stunde | Erzbedarf in Tonnen pro Stunde |
|------|-----------------------------------|-------------------------------|
| 1 | 20 | 10 |
| 2 | 11 | 4 |
| 3 | 6 | 4 |
| 4 | 3 | 2 |

*Tabelle 4.8: Materialbedarf des Stahlwerks*

Wenn ein Ofen länger als 10 Minuten auf das angeforderte Material wartet, muß er abgeschaltet werden. Eine Wiederinbetriebnahme kann nur nach einigen Tagen erfolgen.

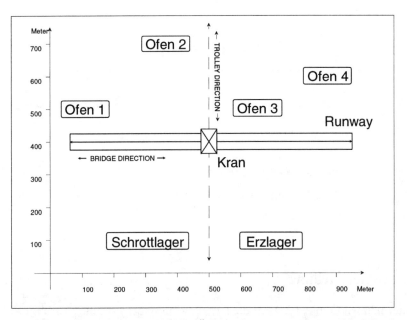

*Abbildung 4.12: Anordnung der Öfen und Lager in einem Stahlwerk*

Über welche Leistungsdaten (Beschleunigung, Geschwindigkeit) muß der Kran verfügen, damit kein Ofen abgeschaltet werden muß? Bestimmen Sie eine Untergrenze für die Leistungsdaten. Die Tragkraft des Krans ist aufgrund der Deckenkonstruktion auf zwei Tonnen beschränkt.

## 4.3    Die Simulation eines Transportsystems: Auslieferung

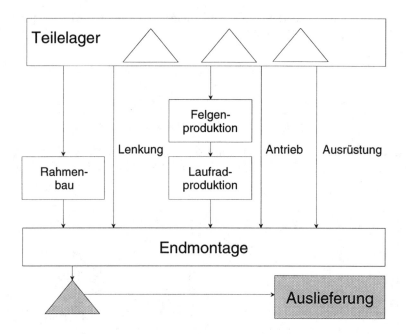

| Knoten | VFREE, VMOVE, VWAIT |
|---|---|
| Blöcke | VCPOINT, VFLEET, VSGMENT |
| Kontrollbefehle | MHMONTR, VCONTROL |

### 4.3.1   Problemstellung

Das Unternehmen OSNARAD hat die Distribution seiner Produkte auf drei Vertriebs-
wege verteilt. Ein Spediteur liefert den Großteil der Fahrräder mit Lkws an die Kunden
aus. Für die Belieferung des chinesischen Marktes werden die entsprechenden Fahrräder per Bahn zur Schiffsverladung nach Hamburg transportiert. Mit einigen Großkun-
den hat OSNARAD einen Abholvertrag geschlossen. Eine Simulationsstudie soll dazu
dienen, die gegenwärtige Struktur des innerbetrieblichen Transportsystems zu analysieren. Die Abbildung 4.13 zeigt den relevanten Ausschnitt des Fabrikgeländes.

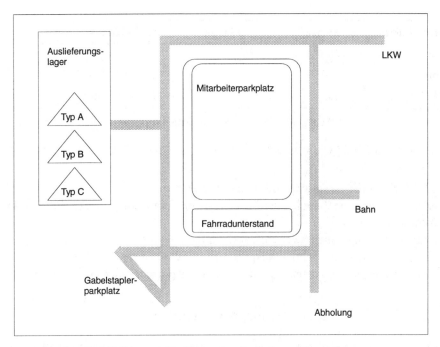

*Abbildung 4.13: Skizze des Auslieferungsbereichs*

Der Transport vom Auslieferungslager zu den Verladepunkten erfolgt mit einem Gabelstapler in Losen von je 10 Fahrrädern. Die Geschwindigkeit des Gabelstaplers beträgt im unbeladenen Zustand 6 [km/h], beladen verringert sie sich um 20%. Beschleunigungs- und Bremsvorgänge sind für die Modellierung zu vernachlässigen.

Im Auslieferungslager müssen die Fahrräder entsprechend den Transportanforderungen kommissioniert werden. Dazu ist ein Abgleich der Produktionszahlen mit den Kundenaufträgen erforderlich. Die Kommissionierung wird in dieser Fallstudie nicht abgebildet. Es wird davon ausgegangen, daß im Auslieferungslager stets die benötigten Fahrräder zu Transportlosen zusammengestellt werden. Die Lagerentnahme dauert pro Los 5 Minuten.

Die Dauer des Entladevorgangs ist abhängig vom Transportmittel. Bei der Bahn dauert das Entladen durchschnittlich 2 Minuten, bei Lkws und bei Abholung 4 Minuten.

Die Transportanforderungen ergeben sich aus den Ankunftszeiten der Transportmittel und der Menge, die von ihnen ausgeliefert wird. Der Gabelstapler soll die unterschiedlichen Transportmittel mit gestaffelter Priorität beliefern. Es gilt die Regel: Bahn vor Lkw vor Abholung. Für die nächsten zwei Wochen sind die folgenden Ankunftsfrequenzen (in Minuten) der Transportmittel zu erwarten.

| Transportmittel | Menge | 1. Ankunft | Zwischenankunftszeit |
|-----------------|-------|------------|----------------------|
| Lkw             | 80    | 0          | UNFRM(230,250,1)     |
| Bahn            | 240   | 0          | RNORM(960,20,2)      |
| Abholung        | 40    | 0          | EXPON(480,3)         |

*Tabelle 4.9: Anforderungen der Transportmittel*

Die Simulation des Transportsystems kann u. a. helfen, die folgenden Fragen zu beantworten:

▶  Wie hoch ist die Auslastung des Gabelstaplers?

▶  Ist die Prioritätsregelung bei der Belieferung der Transportmittel (Bahn vor Lkw vor Abholung) sinnvoll?

▶  Ist es notwendig, einen zweiten Gabelstapler einzusetzen?

▶  Wie lange dauert es, einen Transportauftrag auszuführen?

▶  Ist die Auslegung des Streckennetzes den Transportanforderungen angepaßt?

## 4.3.2  Modellierung von Transportsystemem

SLAM stellt zur Modellierung von Transportsystemen sehr mächtige Elemente zur Verfügung. Die Modellierung gliedert sich hier in sechs Teilschritte. Nach der Definition des Streckennetzes werden im zweiten Schritt die Eigenschaften des Transportfahrzeugs festgelegt. Anschließend erfolgt die Kreation der Transportanforderungen, die dann durch das Fahrzeug zu erfüllen sind. Eine Statistik über die Belieferung der drei Transportmittel schließt die Definition des Netzwerks ab. Die Erstellung der Kontrolldatei bildet den letzten Schritt.

In diesem Anwendungsbeispiel werden nur die für das Verständnis der Modellierung wichtigen Parametrisierungen erläutert. Eine ausführliche Darstellung mit Beispielen zur Modellierung findet sich in Kapitel 7. Hinweise zur Definition des Schienennetzes erfolgen dort beim Befehl VCONTROL. Die verschiedenen Möglichkeiten zur Definition von Fahrzeugen werden bei den Anwendungen des Blocks VFLEET erläutert, und das allgemeine Ablaufdiagramm einer Transportsequenz wird in Verbindung mit dem VMOVE-Knoten beschrieben.

Für die Modellierung müssen die Entfernungen und die möglichen Fahrstrecken des Fahrzeugs angegeben werden. Abbildung 4.14 enthält die benötigten Daten. Die Fahrstrecke wird in einzelne Segmente aufgeteilt, deren numerische Schlüssel in den Kästchen an der Transportstrecke angegeben sind. Die Kreise kennzeichnen die Kontrollpunkte, die die Segmente eingrenzen. Fahrzeuge können nur an den numerierten Kontrollpunkten Steuerungsbefehle erhalten.

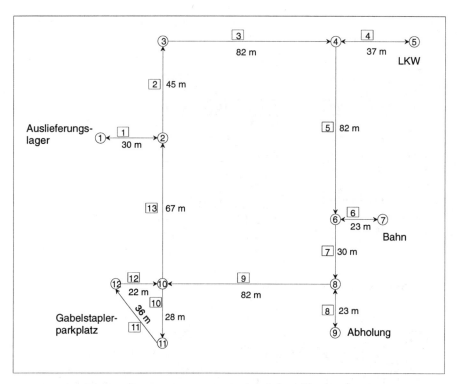

*Abbildung 4.14: Streckennetz mit Entfernungsangaben*

Im ersten Teil des Netzwerkes werden die Kontrollpunkte (VCPOINT) und die Segmente (VSGMENT) des Wegenetzes definiert. Der Gabelstapler kann sich ausschließlich auf diesem Streckennetz bewegen. Die Blöcke zur Darstellung der Kontrollpunkte und der Segmente mit SLAM sind aus der Abbildung 4.15 ersichtlich. Die Segmente 1, 4, 6 und 8 werden als »Spur« definiert.

Der Gabelstapler wird mit Hilfe der VFLEET-Ressource definiert. Die Geschwindigkeit ist von [km/h] auf [m/min] umzurechnen, da alle Zeit- und Entfernungsangaben im Modell diese Dimensionen haben. Die weiteren Kennzeichen des Gabelstaplers können der Abbildung 4.16 entnommen werden. Die Geschwindigkeit beträgt im beladenen Zustand 80 [m/min], unbeladen kann der Gabelstapler 100 Meter pro Minute zurücklegen. Beschleunigungsvorgänge werden nicht modelliert. Die Fahrzeuganforderungen werden in der Warteschlange eins verwaltet und nach der für diese Datei gültigen Prioritätsregel behandelt.

Wenn keine Transportanforderungen vorliegen, fährt das Fahrzeug zum Kontrollpunkt zwölf. An diesem Kontrollpunkt steht der Gabelstapler auch zu Beginn der Simulation.

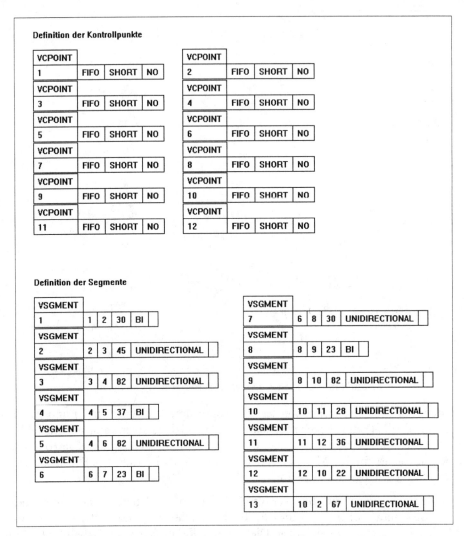

**Definition der Kontrollpunkte**

| VCPOINT | | | | | VCPOINT | | | |
|---|---|---|---|---|---|---|---|---|
| 1 | FIFO | SHORT | NO | | 2 | FIFO | SHORT | NO |
| VCPOINT | | | | | VCPOINT | | | |
| 3 | FIFO | SHORT | NO | | 4 | FIFO | SHORT | NO |
| VCPOINT | | | | | VCPOINT | | | |
| 5 | FIFO | SHORT | NO | | 6 | FIFO | SHORT | NO |
| VCPOINT | | | | | VCPOINT | | | |
| 7 | FIFO | SHORT | NO | | 8 | FIFO | SHORT | NO |
| VCPOINT | | | | | VCPOINT | | | |
| 9 | FIFO | SHORT | NO | | 10 | FIFO | SHORT | NO |
| VCPOINT | | | | | VCPOINT | | | |
| 11 | FIFO | SHORT | NO | | 12 | FIFO | SHORT | NO |

**Definition der Segmente**

| VSGMENT | | | | | VSGMENT | | | |
|---|---|---|---|---|---|---|---|---|
| 1 | 1 | 2 | 30 | BI | 7 | 6 | 8 | 30 | UNIDIRECTIONAL |
| VSGMENT | | | | | VSGMENT | | | |
| 2 | 2 | 3 | 45 | UNIDIRECTIONAL | 8 | 8 | 9 | 23 | BI |
| VSGMENT | | | | | VSGMENT | | | |
| 3 | 3 | 4 | 82 | UNIDIRECTIONAL | 9 | 8 | 10 | 82 | UNIDIRECTIONAL |
| VSGMENT | | | | | VSGMENT | | | |
| 4 | 4 | 5 | 37 | BI | 10 | 10 | 11 | 28 | UNIDIRECTIONAL |
| VSGMENT | | | | | VSGMENT | | | |
| 5 | 4 | 6 | 82 | UNIDIRECTIONAL | 11 | 11 | 12 | 36 | UNIDIRECTIONAL |
| VSGMENT | | | | | VSGMENT | | | |
| 6 | 6 | 7 | 23 | BI | 12 | 12 | 10 | 22 | UNIDIRECTIONAL |
| | | | | | VSGMENT | | | |
| | | | | | 13 | 10 | 2 | 67 | UNIDIRECTIONAL |

*Abbildung 4.15: Blöcke zur Definition der Kontrollpunkte und der Segmente*

**Definition der Gabelstapler**

| VFLEET | | | | | | | | | | | | |
|---|---|---|---|---|---|---|---|---|---|---|---|---|
| GABEL/1 | 1 | 100 | 80 | 0 | 0 | 4 | 10 | 5 | 1/PRIORITY | STOP(12) | 12(1,11) | NO |

*Abbildung 4.16: Definition des Gabelstaplers*

Die Abbildung der Transportvorgänge erfolgt für die drei Transportmittel nach gleichem Muster (vgl. Abbildung 4.17). Anhand des Transportmittels »Lkw« werden die Abläufe kurz erläutert. Die Modellierung wird hier aus didaktischen Gründen für die drei Transportmittel in separate Netzwerksequenzen getrennt.

Eine Verkürzung des Netzwerks ist leicht zu erreichen, wenn die gleichartigen Befehlsfolgen nur einmal dargestellt und die verschiedenen Transportmittel durch Attribute gekennzeichnet werden. In dem Simulationszeitraum von 2 Wochen werden, begrenzt durch den CREATE-Knoten, maximal 20 Lkw-Transporte realisiert. Die erste Kreation erfolgt zum Zeitpunkt null, die weiteren folgen in gleichverteilten Abständen von 230 – 250 Zeiteinheiten.

Da auf einem Lkw 80 Fahrräder transportiert werden können, muß der Gabelstapler acht Lose vom Auslieferungslager zur Lkw-Verladestation liefern, um ein Fahrzeug vollständig zu beladen. Die Anzahl der erforderlichen Fahrten pro Transportanforderung wird durch einen ASSIGN-Knoten dem ersten Attribut zugewiesen. Bei Lkws erhält ATRIB(1) den Wert acht.

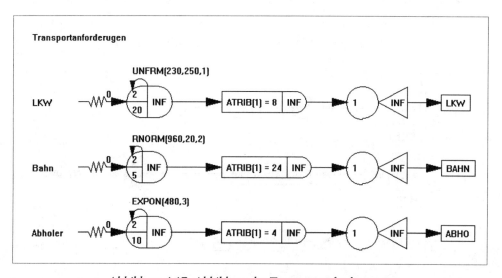

*Abbildung 4.17: Abbildung der Transportanforderungen*

Das Modell des Transportvorgangs ist in Abbildung 4.18 dargestellt. Der Transporter wird durch den VWAIT-Knoten angefordert. Die Beladung dauert 5 Minuten und erfolgt am Kontrollpunkt 1. Der Gabelstapler wird mit Hilfe des VMOVE-Knoten zum Kontrollpunkt, der Lkw-Laderampe, bewegt. Der Entladevorgang spiegelt sich in der Dauer der folgenden Aktivität (4 Minuten) wider. Nach Abschluß des Entladevorgangs wird der Transporter freigegeben.

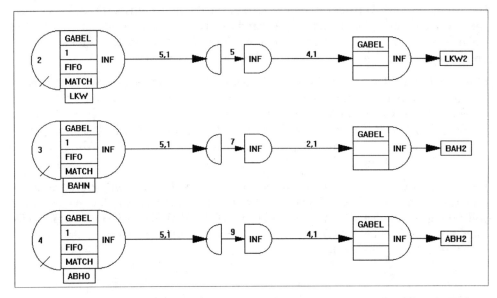

*Abbildung 4.18: Netzwerk für die Transportsequenzen*

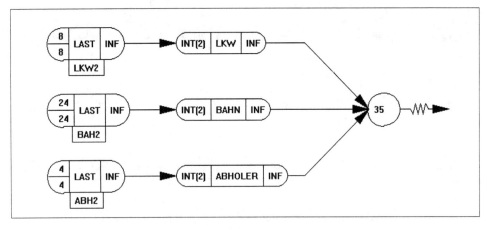

*Abbildung 4.19: Modellierung der Transportstatistik*

Um eine Statistik über die Auslieferung zu erhalten, wird die in Abbildung 4.19 dargestellte Programmsequenz benötigt. Der ACCUMULATE-Knoten leitet erst dann eine
Einheit weiter, wenn 8 Einheiten diesen Knoten erreicht haben. Übertragen auf die
Realität wird mit dieser Konstruktion sichergestellt, daß ein Lkw erst dann abfährt,
wenn er vollständig beladen ist. Der COLCT-Knoten erfaßt dementsprechend die vollständig beladenen Lkws.

Die zugehörige Kontrolldatei weist neben der erforderlichen Erhöhung der Anzahl der Attribute um drei im LIMITS-Befehl und der Einfügung des MHMONTR- und des VCONTROL-Befehls eine weitere Besonderheit auf. Als Prioritätsregel für die Warteschlange des Gabelstaplers wird HVF(1) definiert. Die Transportanforderungen werden also in absteigender Reihenfolge gemäß des Wertes im ersten Attribut abgearbeitet. Da Attribut 1 die Menge pro Transport enthält, werden zuerst die Transporte zur Bahn (Menge 240), dann zum Lkw (Menge 80) und als letztes zu den Abholern (Menge 40) ausgeführt.

```
GEN,CLAUS HELLING,AUSLIEFRUNG,03/03/1993,1,Y,Y,Y/Y,Y,Y/1,132;
LIMITS,4,5,1000;
INITIALIZE,,,Y;
NETWORK;
PRIORITY/1,HVF(1);
MHMONTR,ATRACE(DETAIL);
VCONTROL;
FIN;
```

### 4.3.3  Simulationsergebnisse

Die Analyse der Simulationsergebnisse zeigt, daß die Auslegung des Transportsystems nicht geeignet ist, die geplanten Auslieferungen zu realisieren. Der letzte Transportauftrag kann vor Ablauf der zwei Wochen (4.800 Zeiteinheiten) erfüllt werden. Die Simulation endet zum Zeitpunkt 4.659. Der Gabelstapler ist zu 94,7% ausgelastet. Detaillierte Ergebnisse zeigt ein Ausschnitt des Summary-Reports in der Abbildung 4.20.

```
                    **VEHICLE UTILIZATION REPORT**

          ---------- AVERAGE NUMBER OF VEHICLES ----------

VEHICLE              TRAVELING            TRAVELING
FLEET    NUMBER      TO LOAD              TO UNLOAD            TOTAL
LABEL    AVAILABLE   (EMPTY)    LOADING   (FULL)   UNLOADING   PRODUCTIVE
GABEL    1           0,185      0,343     0,196    0,223       0,94

                    **VEHICLE PERFORMANCE REPORT**

          ---------- AVERAGE NUMBER OF VEHICLES ----------

VEHICLE                        TRAVELING         TRAVELING
FLEET    NUMBER OF             EMPTY    FULL     TRAVEL. STOPPED TOTAL NON-
LABEL    LOADS      UNLOADS    BLOCKED  BLOCKED  IDLE    IDLE    PRODUCTIVE
GABEL    320        320        0,000    0,000    0,002   0,051   0,053
```

*Abbildung 4.20: Fahrzeugstatistik*

Die Beladezeiten für die einzelnen Transportmittel verhalten sich unterschiedlich (vgl. Abbildung 4.21). Aufgrund der Priorität für die Bahn ergeben sich relativ kurze Beladezeiten für dieses Transportmittel. Außerdem sind die Schwankungen um den Mittelwert hier sehr gering. Im Vergleich zu den Werten für die Abholer wird die Bevorzugung der Bahn besonders deutlich. Die Wartezeiten für die Abholer sind nicht akzeptabel. Die Auswirkungen von Änderungen der Prioritätsregelung bei der Belieferung kann durch eine erneute Simulation des Transportsystems überprüft werden (vgl. Aufgaben).

```
CURRENT TIME     4659


        **STATISTICS FOR VARIABLES BASED ON OBSERVATION**


        MEAN        STANDARD    COEFF. OF  MINIMUM MAXIMUM NO.OF
        VALUE       DEVIATION   VARIATION  VALUE   VALUE   OBS
LKW     251         118         0,469      115     428     20
BAHN    306         5,75        0,0188     299     314     5
ABHOLER 584         257         0,44       343     1050    10
```

*Abbildung 4.21: Beladezeiten der Transportmittel*

## 4.3.4  Aufgaben

### I. Variationen des Grundmodells

a) Entwickeln Sie das Grundmodell (4.3.2) der Auslieferung des Unternehmens OSNARAD auf Ihrem Rechner. Interpretieren Sie den vollständigen Summary-Report des Grundmodells, wobei besonderes Augenmerk auf die Transporter-, Segment- und Kontrollpunktstatistiken gelegt werden soll.

b) Bilden Sie Variationen der Prioritätsregel für die Belieferung der Transportmittel ab, und vergleichen Sie die Ergebnisse mit dem Grundmodell.

   b1) Abholer vor Lkw vor Bahn.

   b2) Lkw vor Abholer vor Bahn.

   b3) Eigene Varianten.

c) Nehmen Sie an, daß sich die Transportfrequenzen für Lkws verdreifachen. Die Abholung von Fahrrädern wird eingestellt. Der freiwerdende Verladepunkt soll zur Abfertigung von Lkws genutzt werden. Verändern Sie das Grundmodell entsprechend, und versuchen Sie ein funktionsfähiges Transportsystem zu modellieren.

d) Ein Großauftrag aus China wird die Anzahl der Bahntransporte in den nächsten zwölf Monaten verdoppeln. Die Fertigung ist in der Lage, die benötigten Fahrräder termingerecht zu produzieren. Die Lkw-Transporte und die Anzahl der abgeholten Fahrräder bleibt unverändert. Das Simulationsmodell soll genutzt werden, um zu überprüfen, ob das Transportsystem den steigenden Anforderungen gerecht werden kann. Im ersten Schritt wird im Grundmodell die Anzahl der Bahntransporte verdoppelt. Dazu ist nur die Zwischenankunftszeit für die Bahn zu halbieren. Es zeigt sich, daß die Wartezeiten insbesondere für Lkws und Abholer sehr stark ansteigen. Die Struktur des Transportsystems muß verändert werden, da ein Gabelstapler die Transportanforderungen nicht mehr erfüllen kann. Überprüfen Sie mit Hilfe des Simulationsmodells, ob die gestiegenen Transportanforderungen mit zwei Gabelstaplern erfüllt werden können.

e) Als Ausgangsmodell für diese Aufgabe ist das erweiterte Modell aus d) zu wählen. Integrieren Sie die vorgeschlagenen Änderungen in Ihr Grundmodell und interpretieren Sie die veränderten Simulationsergebnisse. Außerdem soll überprüft werden, ob die Einrichtung einer zweiten Verladerampe für Bahntransporte die Transportkapazität bei konstanter Gabelstapleranzahl (2) signifikant erhöht. Die zweite Verladerampe soll zwischen Lkw- und Bahnverladestation angelegt werden.

## II. Simulation einer Werkstattfertigung II (Fortsetzung aus Kap. 3.4)

In diesem Aufgabenteil soll der Transport der Fertigungslose zwischen den einzelnen Bearbeitungsstationen im Mittelpunkt stehen. Daher wird die Betrachtung auf den im Aufgabenteil b) der Simulation einer Werkstattfertigung des Kapitels 3.4 modellierten Fertigungsbereichs beschränkt. Der Transport zwischen den Stationen soll mit Hilfe von zwei Gabelstaplern erfolgen, die jeweils ein Los befördern können. Die Geschwindigkeit eines Gabelstaplers beträgt im Mittel 15 (m/min). Ist ein Los auf einer Station fertig bearbeitet, wird der Gabelstapler angefordert, der zum Zeitpunkt der Fertigstellung dieser Station am nächsten ist. Die Anordnung der Stationen, die Transportwege und die Entfernungen zwischen ihnen sind in Abbildung 4.22 dargestellt.

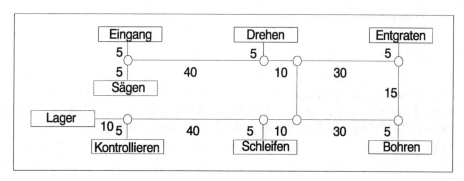

*Abbildung 4.22: Layout der Werkstatt*

Aus der Skizze läßt sich beispielsweise ablesen, daß die Entfernung zwischen den Stationen Drehen und Entgraten fünfzig Meter beträgt. Zu Beginn der Simulation stehen beide Gabelstapler in der Eingangsstation.

a) Der Transport zwischen den Stationen durch die Gabelstapler soll in das SLAM-Programm (aus b2) durch Verwendung der Befehle zur Darstellung von Transportern integriert werden.

b) Interpretieren Sie Statistiken, die Auskunft über die Auslastung der Gabelstapler liefern. Ist der Einsatz von zwei Gabelstaplern notwendig?

c) Das traditionell organisierte Lager soll durch ein chaotisches Lagersystem ersetzt werden. Die Verbindung zwischen der Kontrollstation und dem Lager soll daher durch ein Förderband mit der Laufgeschwindigkeit 10 (m/min) realisiert werden. Bilden Sie die neue Situation in Ihrem SLAM-Programm ab.

### III. Fallstudie zu fahrerlosen Transportsystemen

Eine Fertigungssituation bestehe mindestens aus:

▶ 3 Fertigungsstationen,
▶ einem fahrerlosen Transportsystem (FTS),
▶ einem Förderband und drei Auftragstypen mit jeweils unterschiedlichen Maschinenreihenfolgen.

Das FTS bedient die Maschinen sowie das Förderband und das Lager. Die Teile werden im Teilelager dem Fließband übergeben. Es gibt drei Auftragstypen mit jeweils unterschiedlichen Maschinenreihenfolgen:

| Artikel | Maschinenfolge |
|---------|----------------|
| 1       | 1-2-3          |
| 2       | 2-3-1          |
| 3       | 2-3-2-1        |

*Tabelle 4.10 Maschinenfolge*

Eine mögliche Anordnung ist Abbildung 4.23 zu entnehmen.

a) Konkretisieren Sie die Aufgabenstellung. Konstruieren Sie insbesondere ein praxisnahes Beispiel, das mindestens die vorgegebene Komplexität aufweist.

b) Legen Sie in einer »Ist-Analyse« alle benötigten Daten für das Beispiel fest. Erstellen Sie ein SLAM-Programm zur Analyse des Transportsystems.

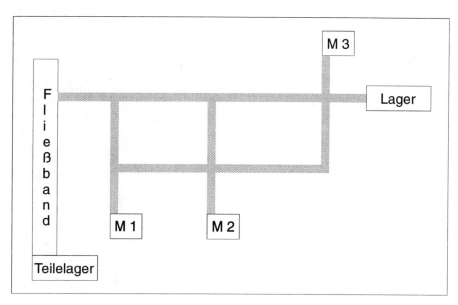

*Abbildung 4.23: Beispielhaftes Layout zur Fallstudie*

# 5 Animation von Simulationsmodellen

## 5.1 Grundlagen

### 5.1.1 Begriff, Vorteile und Grenzen der Animation

Animation wird allgemein als ein filmtechnisches Verfahren definiert, das unbelebten Objekten im Trickfilm Bewegung verleiht. Das zugehörige Verb »animieren« hat eine weitere Bedeutung, die gut die Animation von Simulationsmodellen beschreibt. Computeranimationen sollen animieren im Sinne von anregen, ermuntern, ermutigen, anreizen, in Stimmung versetzen oder Lust erwecken.

Heute besitzen fast alle modernen Simulationssysteme Animationskomponenten (Noche 1991, Feldmann/Schmidt 1988, S. 25). Die Animation ist ein Verfahren zur Visualisierung und Präsentation von Simulationsergebnissen. Der Betrachter verfolgt auf dem Bildschirm, wie Einheiten in Warteschlangen eingestellt werden, Maschinen belegen und freigeben und sich durch das System bewegen. Auf einfache Art und Weise erfährt er, wie sich das Modell im Zeitablauf entwickelt und wo sich Engpässe ergeben. Die dynamische Interaktion von Systemkomponenten wird durch die filmische Darstellung deutlich, da zeitgleich ablaufende Prozesse parallel auf dem Bildschirm erscheinen. Zu beachten ist, daß die visuelle Erfaßbarkeit der Interaktionen begrenzt ist. Der Betrachter kann bei komplexen Zusammenhängen häufig Ursache und Wirkung nicht differenzieren und konzentriert sich daher darauf, untypische Systemzustände zu erkennen. Die große Überzeugungskraft der bewegten Bilder hat dazu geführt, daß Simulationsstudien nur noch selten ohne Animation durchgeführt werden. Tatsächlich hat die Animation eine Reihe von Vorteilen (Scharff/Schulze 1991, S. 469, Lorenz/Scharff/Schulze 1990, S. 303):

- ▶ Motivation bei der Modellerstellung,
- ▶ Unterstützung bei der Modellverifikation und -validierung,
- ▶ Prozeßverlaufserkennung,
- ▶ Resultatspräsentation,
- ▶ Anschaulichkeit,
- ▶ Überzeugungskraft,
- ▶ Kommunikation zwischen Modellersteller und Nutzer sowie
- ▶ Argumentationshilfe.

Es sind auch Probleme und Gefahren mit dieser Technik verbunden:

- ▶ Vortäuschen von Detailtreue,
- ▶ Erhöhung des Zeitaufwandes zur Betrachtung,

▶ Grenzen der visuellen Erfaßbarkeit,

▶ Überbewertung untypischer Modellzustände,

▶ Animation kann nicht immer als Entscheidungsgrundlage dienen und

▶ Animation wird als Werbemittel eingesetzt.

Wesentliche Vorteile der Animation liegen in den Bereichen Modellverifizierung und Modellvalidierung. Die Animation kann helfen, logische Fehler aufzudecken, weil diese direkt am Bildschirm sichtbar sind. Zum Beispiel erkennt der Modellersteller sofort, wenn sich zwei fahrerlose Transportsysteme gegenseitig blockieren oder der Status einer Maschine nicht von »beschäftigt (busy)« auf »unbeschäftigt (idle)« wechselt, wenn eine Einheit die Maschine freigegeben hat.

Die Güte einer Simulationsstudie hängt nicht von der Qualität der Animation ab, sondern ausschließlich von einer angemessenen Modellerstellung und einer korrekten Interpretation der Modellergebnisse. Professionelle Animationen wirken durch eine detailgetreue Abbildung der Realität sehr überzeugend. Es ist aber zu beachten, daß die Detailtreue nicht automatisch auch für das zugrundeliegende Simulationsmodell gilt. Die Animation ist weder die einzige noch die beste Möglichkeit, Simulationsergebnisse auszuwerten. Alle Informationen lassen sich grundsätzlich auch durch eine genaue Analyse der Simulationsergebnisse und des Ablaufprotokolls (Trace) erhalten, nur die Anschaulichkeit der Animation läßt sich nicht erreichen. Bedingt durch die begrenzte Zeit, die ein Entscheidungsträger zur Betrachtung einer Animation aufwendet, entsteht das Problem der kleinen Stichprobe (Pedgen/Shannon 1990, S. 307). Die Animation liefert nur einen kleinen Ausschnitt der Simulation. Der visuelle Eindruck von dem Systemverhalten ist statistisch nicht abgesichert. Als Fazit läßt sich festhalten, daß Animation – richtig durchgeführt – die Akzeptanz des Planungsinstruments Simulation fördert.

## 5.1.2  Die Verbindung von Simulation und Animation

In Abhängigkeit von der gewählten Software ergeben sich unterschiedliche Formen der Integration von Simulation und Animation (Lorenz/Scharff/Schulze 1990, S. 304). Einige Softwarepakete unterstützen die vollständige Integration beider Komponenten. Ein Simulationsmodell kann nur in Kombination mit der dazugehörigen Animation entwickelt werden. Animation und Simulation müssen in diesem Fall stets parallel ablaufen. Bei partieller Integration existiert ein unabhängiges Simulationsmodell, das auch ohne Animation lauffähig ist. Bei Bedarf kann parallel (Concurrent) oder nachgeordnet (Post-processing) eine Animation gestartet werden. Das Laufzeitverhalten dient häufig als Argument für eine Post-processing-Animation. Nur nachgeordnet kann die Animation durchgeführt werden, wenn isolierte Simulations- und Animationssoftware verwendet wird. Die Simulationsergebnisse sind Input für ein Animationsprogramm oder bildlich gesprochen Drehbuch für die Animation.

Der Eindruck der Bewegung in Animationen wird wie im Trickfilm durch eine Aneinanderreihung von Bildern erzeugt. Animationsbilder bestehen aus statischen und dynamischen Objekten (Pedgen/Shannon 1990, S. 310f). In Abbildung 5.1 werden den Animationsobjekten Beispiele zugeordnet.

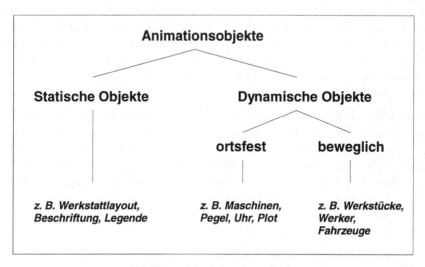

*Abbildung 5.1: Animationsobjekte*

Statische Objekte verändern ihr Aussehen während der Animation nicht. Als Hintergrundbild sind sie stets sichtbar. Bei der Simulation von Produktionssystemen ist zunächst das statische Layout zu erstellen. Das Layout ist eine Skizze der modellierten Fertigungssituation, die gegebenenfalls durch Beschriftungen oder eine Legende erläutert werden kann. Dynamische Elemente wechseln im Zeitablauf Gestalt, Farbe oder Position. Die dynamischen Objekte werden den Ressourcen und Einheiten der Simulation zugeordnet. Bewegt sich eine Einheit im Modell von einer Warteschlange zur folgenden Ressource, verändert das zur Einheit gehörige bewegliche dynamische Objekt seine Position auf dem Bildschirm entsprechend. Der Statuswechsel der Ressource kann durch einen Wechsel von Gestalt oder Farbe des entsprechenden ortsfesten dynamischen Objekts visualisiert werden. Die Simulationszeit sowie die Entwicklung von Warteschlangen und Variablen sind ebenfalls über ortsfeste dynamische Objekte (Pegel, Uhr, Plot) darstellbar.

## 5.2   Animation mit SLAMSYSTEM

### 5.2.1   Überblick

In diesem Abschnitt soll aufgezeigt werden, wie eine Animation mit SLAMSYSTEM
grundsätzlich erstellt werden kann (vgl. Kapitel 2). Es geht nicht darum, alle Möglichkeiten der Animation zu erläutern. Die Ausführungen können und wollen das Handbuch nicht ersetzen. SLAMSYSTEM stellt erst ab der Version 3.0 ein benutzerfreund-
liches Animationsmodul zur Verfügung. Auf die Beschreibung der Animation älterer
Versionen wird daher verzichtet.

Beim Modellbau mit SLAMSYSTEM sollte die Simulation grundsätzlich von der Animation getrennt werden. Die Erstellung einer Animation benötigt in der Regel viel
Zeit, die größtenteils beim Zeichnen von Symbolen verbraucht wird. Animation sollte
in erster Linie als ein Mittel der Präsentation von Simulationsergebnissen interpretiert
werden. Die Präsentation umfaßt neben der Materialflußdarstellung die Auswertung
von Zeitreihen. Bei der Systementwicklung bietet das folgende Phasenschema eine Ori-
entierungshilfe:

► Schritte einer Simulationstudie (vgl. Abschnitt 6.3),
► Identifizierung der zu animierenden Simulationselemente,
► Symbolentwurf,
► Definition der Animationsskripte sowie
► Ausführung und Interpretation.

Im ersten Schritt wird das Simulationsmodell entwickelt. Die Modellbildung umfaßt
den ganzen Prozeß der Analyse, des Modellbaus und der Auswertung. Das Simulationsprogramm liegt in Form eines Netzwerkes und einer Kontrolldatei vor.

In einem zweiten Schritt wird der Umfang der Animationsstudie festgelegt. Was soll
animiert werden? In der Regel beschränkt sich die Animation auf die Abbildung von
Produktionsvorgängen. Quantitative Ergebnisse können aus dieser Form der Darstellung selten gewonnen werden. Daher erweist sich eine Ergänzung der Animation um
die Abbildung von Variablen bzw. Zeitreihen als sehr sinnvoll. Auf diese Weise ist eine
Verknüpfung der Darstellung des Materialflusses und der Variablen im Zeitablauf
möglich. Der Entwickler sollte also eine Auswahl von Variablen und physischen Elementen treffen, die animiert werden sollen. Die Auswahl erstreckt sich über:

► Aktivitäten,
► Ressourcen (Maschinen, Kräne, Transporter etc.) und
► Warteschlangen.

Oft ist es nicht notwendig, daß sich alle Simulationselemente in der Animation wieder-
finden. Im Einzelfall kann eine Modifikation des Simulationsmodell erforderlich sein.

Die Verbindung des Animationsmodells mit dem Simulationsmodell erfolgt z.B. über den numerischen Schlüssel der Simulationselemente. Daher müssen alle zu animierenden Aktivitäten mit einer Nummer versehen werden.

Die dritte Phase besteht aus dem Entwurf von Symbolen, die auf dem Bildschirm erscheinen sollen. Es müssen nicht nur Bilder für Einheiten und Ressourcen, sondern auch für den Hintergrund entworfen werden. Der Kreativität des Animateurs sind hier keine Grenzen gesetzt. Obwohl eine schematische Darstellung ausreicht, werden häufig detaillierte Zeichnungen angefertigt. Die Anbindung an CAD-Systeme wird deshalb oft unterstützt. SLAMSYSTEM stellt keine Möglichkeiten zum Symbolentwurf bereit. Es können aber alle Grafiken im BITMAP-Format verwendet werden. Zusätzlich steht ein Werkzeug bereit, das beliebige Bildschirmausschnitte in Symbole konvertiert. Da Simulationssoftware im Bereich der Grafikunterstützung kaum so gut sein wird wie Spezialsoftware, erscheint diese Vorgehensweise richtig. SLAMSYSTEM verwaltet Symbole in einem eigenen Verzeichnis, so daß für verschiedene Animationsstudien die gleichen Symbole verwendet werden können.

Im Anschluß werden die Animationsskripte entwickelt. Die Simulationselemente werden mit den Symbolen verknüpft. Gleichzeitig erfolgt eine Positionierung der Symbole im Layout, d.h. auf dem Hintergrund. Die Positionierung kann aus einem Punkt oder einem Pfad bestehen. Aktivitäten müssen z.B. einen Pfad erhalten, auf dem sich ein Symbol bewegt. Ressourcen wird dagegen ein eindeutiger Punkt auf dem Hintergrundbild zugewiesen.

Die letzte Phase bereitet die größte Freude. Das fertige Animationsprogramm wird gestartet und der Betrachter kann sich an einem mehr oder weniger schönen Film erfreuen. Die Interpretation der Abläufe und der Statistiken darf dabei nicht vergessen werden. Die Simulation erzeugt die Daten für die Animation. Daher kann eine Animation nur innerhalb des Simulationszeitraumes durchgeführt werden. SLAMSYSTEM stellt zwei Animationsmöglichkeiten zur Verfügung:

► Concurrent Animation und
► Post-processing Animation.

Die Auswahl erfolgt über das SLAMSYSTEM-OPTIONS-Menü. Während beim ersten Animationstyp die Visualisierung parallel zur Simulation durchgeführt wird, erzeugt SLAMSYSTEM für den zweiten Typ einen Film, der unabhängig von der Simulation gezeigt werden kann. Für die Durchführung einer Animationsstudie am Beispiel der Endmontage wurde die Post-processing Animation gewählt, da sie einen schnelleren Ablauf der Präsentation ermöglicht.

## 5.2.2   Erstellung einer Animation am Beispiel der Endmontage

### Problemstellung

Die Endmontage der Fahrräder soll animiert werden. Im Vergleich zu Kapitel 3.6 beschränkt sich die Montage auf die Lenkeinrichtung, die Laufräder und den Sattel. Weiterhin steht jeweils nur ein Montageplatz zur Verfügung. Das Modell ist gegenüber Kapitel 3.6 bezüglich der Stationen vereinfacht worden, um das Layout nicht durch eine Vielzahl von Symbolen zu überfrachten. Eine Erweiterung des Modells hinsichtlich der Transportvorgänge ist notwendig, damit der Materialfluß exakt abgebildet werden kann. Falls während des Transports zwischen den Stationen keine Zeit verstreichen würde, könnten die Transportvorgänge am Bildschirm nicht verfolgt werden.

In einem Abstand von 10 Minuten werden Rahmen in die Endmontage eingeschleust. Innerhalb der Endmontage erfolgt zunächst ein Transport zum Montageplatz der Lenker. Anschließend werden die Laufräder montiert. Der letzte Arbeitsgang umfaßt die Montage der Sättel. Die Montage- und Transportzeiten können den Tabellen 5.3 und 5.4 entnommen werden. Alle Transportvorgänge erfolgen mit Hilfe von Fließbändern. Eine exakte Modellierung der Fließbänder ist aber nicht notwendig, da sie keinen Engpaß darstellen und Störungen nicht auftreten.

| Montageplatz | Montagezeit |
|---|---|
| Lenker | normalverteilt mit einem Mittelwert von 10 Minuten und einer Standardabweichung von 3 Minuten |
| Laufräder | exponentialverteilt mit einem Mittelwert von 10 Minuten |
| Sattel | dreiecksverteilt mit den Eckwerten 5, 10 und 15 Minuten |

*Tabelle 5.3: Montagezeiten*

| Strecke | Transportzeit |
|---|---|
| Eingang – Lenkeinrichtung | 10 Minuten |
| Lenkeinrichtung – Laufräder | 10 Minuten |
| Laufräder – Sattel | 10 Minuten |
| Sattel – Ausgang | 10 Minuten |

*Tabelle 5.4: Transportzeiten*

### Simulation

Der Aufbau des Simulationsmodells ist sehr einfach. Für jeden Montageplatz wird eine Ressource der Kapazität eins definiert. Der Materialfluß kann durch einen CREATE-Knoten, drei AWAIT-FREE-Kombinationen und einem TERMINATE-Knoten beschrieben werden. Die REGULAR-Aktivitäten, die die Verbindung zwischen einem AWAIT- und einem FREE-Knoten darstellen, verzögern die Simulationszeit entsprechend der Montagezeiten. Alle übrigen REGULAR-Aktivitäten legen einerseits die Reihenfolge der Montageplätze fest, andererseits verzögern sie die Simulationszeit um die Dauer der Transportvorgänge. Diese Aktivitäten werden von eins bis vier numeriert, um eine Zuordnung von Aktivitäten und Bewegungspfaden auf dem Bildschirm zu realisieren. Abbildung 5.2 enthält das vollständige Netzwerk der vereinfachten Endmontage. Auf eine Wiedergabe der Kontrolldatei wird verzichtet, da diese Datei außer dem Simulationszeitraum keine besonderen Angaben enthält.

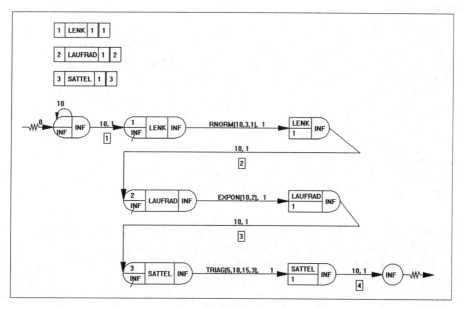

*Abbildung 5.2: Netzwerk der vereinfachten Endmontage*

### Identifizierung der Simulationselemente

Die Animation der Endmontage soll auf zwei Bildschirmfenster verteilt werden. Während das erste Fenster den Materialfluß widerspiegelt, wird im zweiten Fenster die Entwicklung der Warteschlangen vor den Montageplätzen im Zeitablauf und die Simulationszeit dargestellt. Die Abbildung des Materialflusses besteht aus den Einheiten, den drei Montageplätzen (RESOURCE-Blöcke) und den Transportwegen (Aktivitäten). Die Einheiten werden im Verlauf des Montageprozesses komplettiert. Sie treten in den vier Formen:

▶ Rahmen,
▶ Rahmen mit Lenkeinrichtung,

▶  Rahmen mit Lenkeinrichtung und Laufrädern sowie
▶  Rahmen mit Lenkeinrichtung, Laufrädern und Sattel auf.

Für die Darstellung der Ressourcen müssen jeweils die Zustände »frei« und »belegt«
berücksichtigt werden. Die Ressourcen und Transportwege können anhand des numerischen Schlüssels identifiziert werden. Eine Modifikation des Simulationsmodells ist
nicht erforderlich, da die entsprechenden Aktivitäten bereits numeriert worden sind.
Zum Aufbau des Statistikfensters werden die Warteschlangenvariablen NNQ(1),
NNQ(2) und NNQ(3) sowie die Zeitvariable TNOW verwendet.

### Symbolentwurf

Abbildung 5.3 ordnet jedem im vorherigen Abschnitt aufgeführten Animationsobjekt
ein Symbol und einen eindeutigen Namen zu. Die Symbolgröße ist in dieser Abbildung
teilweise stark reduziert worden. Zur besseren Übersicht sollten die Abbildungen 5.12
und 5.13 hinzugezogen werden. Die Symbole sind mit dem Grafikpaket Harvard Gra-
phics für WINDOWS erstellt worden und wurden im BITMAP-Format mit der En-
dung SYM abgespeichert. Falls die Symbole in allen Animationsprojekten verwendet
werden sollen, müssen die Symboldateien in das Symbolverzeichnis von SLAMSY-
STEM kopiert werden. Das Symbolverzeichnis legt die OS/2-Variable ASYMBOL fest.
Falls die Symbole nur für die aktuelle Animation verwendet werden sollen, müsen die
Symboldateien in das aktuelle Projektverzeichnis kopiert werden. Das Projektverzeichnis wird durch die OS/2-Variable PROJECTS und den aktuellen Projektnamen bestimmt.

Die Montage des Fahrrades erfolgt per Hand. Daher werden die drei Montageplätze
durch Werkersymbole dargestellt. Beschäftige und unbeschäftigte Werker unterscheiden sich durch ihre Farbe. Der Montageprozeß wird anhand vier unterschiedlicher
Fahrradsymbole veranschaulicht. Die Symbole ANI_1 und ANI_2 bilden den Hintergrund für die beiden Animationsfenster. Eine Abstraktion der Symbole ist notwendig,
da sonst der Bildschirm unübersichtlich gestaltet wird.

### Definition der Animationsskripte

Nach Entwurf der Symbole muß für jedes Hintergrundbild ein Animationsskript erstellt werden. Die Skripte sind Regieanweisungen für SLAMSYSTEM. Die Entwicklung erfolgt menügesteuert. Zur leichten Identifizierung sollten die Animationsskripte
den Namen der Hintergrundbilder erhalten. In unserem Beispiel also ANI_1 für den
Materialfluß und ANI_2 für die Statistik. Zur Erstellung eines Animationsskripts müssen folgende Schritte durchgeführt werden:

1. Wähle »Animations« im Rechteck »Current Scenario«.
2. Wähle die  Schaltfläche »New« in folgendem Fenster aus.
   Ein Editor (vgl. Abbildung 5.4) zur Erstellung eines Animationsskriptes erscheint
   auf dem Bildschirm (Animation Builder).

| Nummer | Symbolname | Bedeutung | Symbol |
|--------|------------|-----------|--------|
| 1 | WERK_1 | unbeschäftigter Werker |  |
| 2 | WERK_2 | beschäftigter Werker |  |
| 3 | FAHR_1 | Rahmen |  |
| 4 | FAHR_2 | Rahmen + Lenker |  |
| 5 | FAHR_3 | Rahmen + Lenker + Laufräder |  |
| 6 | FAHR_4 | Rahmen + Lenker + Laufräder + Sattel |  |
| 7 | ANI_1 | Hallenlayout | 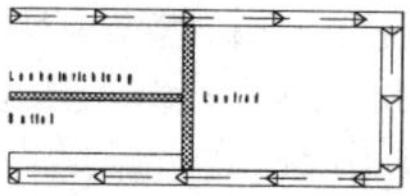 |
| 8 | ANI_2 | Statistiklayout | 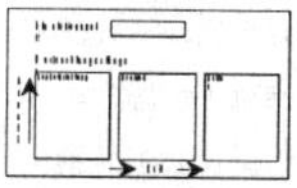 |

*Abbildung 5.3: Symbolverzeichnis*

3. Definiere zusätzliche Symbole mit Hilfe des Werkzeugs BMP-SNAP und der Zwischenablage.
4. Wähle ein Hintergrundbild aus.
5. Wähle Animationsaktionen aus: Verknüpfe Aktivitäten, Ressourcen, Warteschlangen und Variablen mit dem Layout.
6. Wähle »File« aus der Menüleiste des Animationsfensters und »Save As« aus dem resultierenden Pull-Down-Menü.
7. Trage ANI_1 bzw. ANI_2 in das Eingabefeld ein.
8. Wähle die Schaltfläche »Ok« aus.
9. Wähle »File« aus der Menüleiste des Animationsfensters und »Exit« aus dem resultierenden Pull-Down-Menü.
10. Wähle »Animations« im Rechteck »Current Scenario«.
11. Wähle ANI_1 bzw. ANI_2 aus dem rechten Listenfeld aus.
12. Wähle die Schaltfläche »Add« im folgenden Fenster aus.
13. Wähle die Schaltfläche »Ok« aus.

Nach Durchführung der dreizehn Schritte ist das aktuelle Szenario mit den beiden Ani-
mationsskripten verbunden. Die Schritte 3, 4 und 5 werden im folgenden näher erläutert.

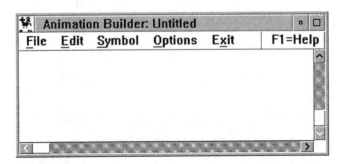

*Abbildung 5.4: Editor zur Erstellung eines Animationsskriptes (Animation Builder)*

**ad 3) Definition von Symbolen**

Die Definition von Symbolen mit externen Graphikprogrammen ist bereits erläutert
worden. Daneben kann SLAMSYSTEM aus dem Inhalt der Zwischenablage ein Symbol übernehmen.

Wenn in der Menüleiste des Animationsfensters »Symbol« und im folgenden Pull-
Down-Menü »Add« gewählt wird, erscheint ein Fenster zum Hinzufügen von Symbolen aus der Zwischenablage (vgl. Abbildung 5.5). Durch Vergabe eines Symbolnamens
im Eingabefeld und durch Auswahl der Schaltfläche »Ok« wird ein Symbol erstellt.
Die Symbole können zunächst nur im aktuellen Projekt verwendet werden. Bei Bedarf
müssen die Symboldateien in das globale Symbolverzeichnis (siehe OS/2-Variable
ASYMBOL) kopiert werden.

Das Werkzeug BMP-SNAP ist ein komfortables Hilfsmittel, um die Zwischenablage zu
füllen. Es können beliebige Bildschirmausschnitte bzw. komplette Fenster ausgewählt
und in die Zwischenablage kopiert werden.

**ad 4) Auswahl des Hintergrunds**

Zur Entwicklung eines Animationsskripts ist die Auswahl eines Hintergrundbildes
notwendig, um alle weiteren Elemente exakt auf dem Hintergrund positionieren zu
können. Falls in der Menüleiste des Animationsfensters »Options« und im folgenden
Pull-Down-Menü »Animation« gewählt wird, erscheint ein Fenster zur Definition des
Hintergrunds (vgl. Abbildung 5.6). Zur Auswahl eines Symbols muß die entsprechende Schaltfläche gewählt werden. In dem folgenden Listenfeld ist die Symbolwahl durch
die Schaltfläche »Ok« zu bestätigen. Das Hintergrundauswahlfenster muß ebenfalls
mit der Schaltfläche »Ok« verlassen werden.

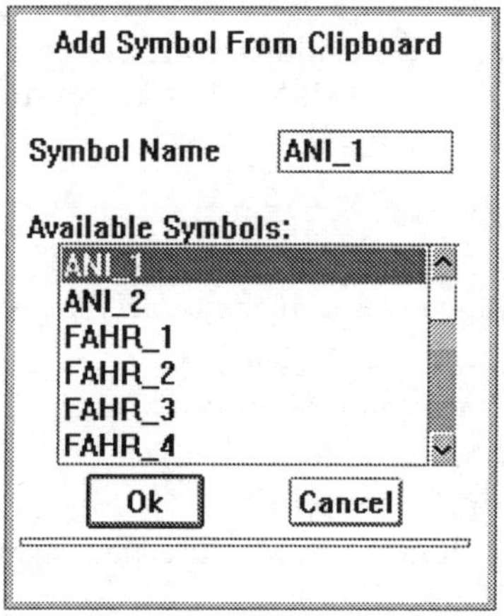

*Abbildung 5.5: Symboldefinition*

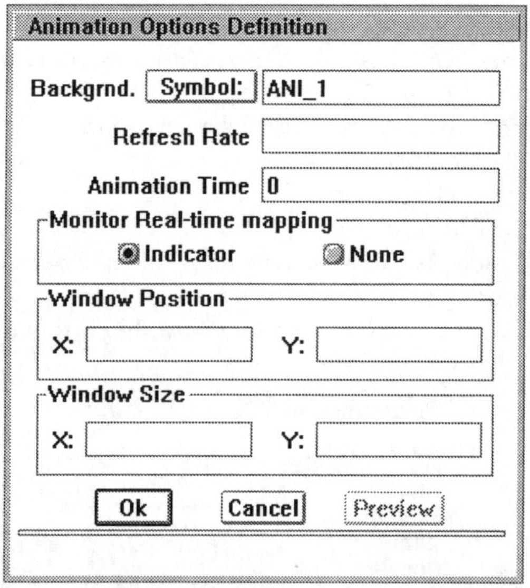

*Abbildung 5.6: Hintergrundauswahl*

**ad 5) Auswahl von Animationsaktionen**

Ein Animationsskript besteht aus mehreren Regieanweisungen bzw. Aktionen. Regie-anweisungen können sich auf statische und dynamische Komponenten beziehen (vgl. Abbildung 5.1). REGULAR-Ressourcen sind ortsfeste und Einheiten bewegliche Ani-mationskomponenten. Die Bewegung von Einheiten stellt SLAMSYSTEM mit Hilfe der ACTIVITY-Aktion dar. Eine RESOURCE- und eine QUEUE-Aktion bilden eine Bearbeitungsstation ab. Für die Darstellung von Knoten stellt SLAMSYSTEM keine Aktionen bereit. Insgesamt stellt SLAMSYSTEM im BASIC-Modus acht Animationsaktionen zur Verfügung.

▶ ACTIVITY zur Darstellung von Aktivitäten,
▶ GRAPH zur Darstellung von Variablen im Zeitablauf,
▶ MONITOR zur Darstellung eines aktuellen Variablenwertes,
▶ QUEUE zur Darstellung von Warteschlangen,
▶ RESOURCE zur Darstellung von Ressourcen,
▶ TANK zur Darstellung von Variablen als Balken,
▶ TEXT zur Darstellung von Text sowie
▶ UTILIZATION zur Darstellung von Ressourcenauslastungen als Balken.

Im DETAILED-Modus werden weitere Aktionen bereitgestellt. In der Menüleiste des Animationsfensters kann in dem Pull-Down-Menü »Options« zwischen den beiden Modi gewechselt werden. Die Auswahl einer Aktion erfolgt grundsätzlich nach folgendem Schema:

1. Wähle »Edit« aus der Menüleiste des Animationsfensters und »Add Action« aus dem resultierenden Pull-Down-Menü.
   Ein Fenster mit einer Auswahl von möglichen Animationsaktionen erscheint auf dem Bildschirm (vgl. Abbildung 5.7).
2. Wähle aus dem Listenfeld eine Aktion aus.
3. Editiere das folgende Aktionsfenster.
4. Wähle die Schaltfläche »Ok« bzw. »Save« im Aktionsfenster aus.
5. Wiederhole die Schritte 2 bis 5.
6. Wähle die Schaltfläche »Cancel« im Aktionsauswahlfenster aus.

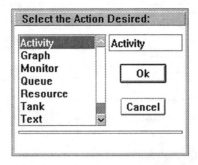

*Abbildung 5.7: Aktionsauswahl*

Das Edieren von ACTIVITY-, RESOURCE-, QUEUE- und GRAPH-Aktionen wird beispielhaft erläutert. Die ersten drei Aktionen werden mit dem Materialflußlayout verknüpft. Das Statistiklayout wird mit GRAPH-Aktionen verbunden. Die Definition einer ACTIVITY-Aktion erstreckt sich über den numerischen Schlüssel der Aktivität, ein Animationssymbol und einen Pfad, auf dem sich das Symbol bewegt.

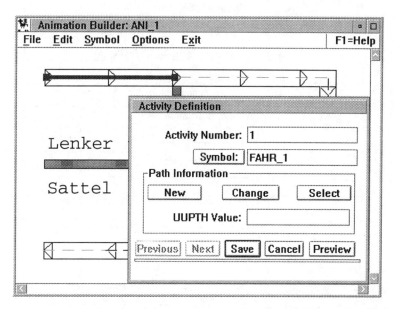

*Abbildung 5.8: Verknüpfung von Aktivitäten*

In der Abbildung 5.8 wird die erste Aktivität definiert. Das Symbol FAHR_1 bewegt sich auf dem ausgewählten Pfad. Zur Auswahl eines Symbols muß die entsprechende Schaltfläche gewählt werden. Im folgenden Listenfeld ist die Symbolwahl durch die Schaltfläche »Ok« zu bestätigen. Wenn die Schaltfläche »New« ausgewählt wird, können im Layout mit Hilfe der Maus mehrere Punkte angegeben werden, die den Bewegungspfad beschreiben. Die Schaltfläche »Ok« übernimmt den mit der Maus festgelegten Pfad ins System. Die Symbole FAHR_2, FAHR_3 und FAHR_4 werden auf die gleiche Weise mit den Aktivitäten 2, 3 und 4 verknüpft.

Ressourcensymbole werden an einem Punkt auf dem Hintergrund plaziert. Die Darstellung erfolgt in Abhängigkeit vom Status der Ressource. Es können Symbole für unbeschäftigte (Idle), beschäftigte (Busy), gestörte (Preempted) und blockierte (Unavailable) Ressourcen definiert werden.

Abbildung 5.9 zeigt die Maske für die Lenkerstation bzw. die erste Ressource. Die Symbole WERK_0 und WERK_1 sind für die Darstellung der Ressource ausgewählt worden. Die Schaltfläche »New« erlaubt eine Plazierung der Ressource im Layout mit Hilfe der Maus. Den Ressourcen 2 »Laufrad« und 3 »Sattel« werden die Werkersymbole analog zugeordnet.

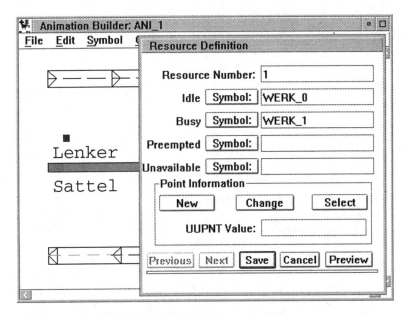

*Abbildung 5.9: Verknüpfung von Ressourcen*

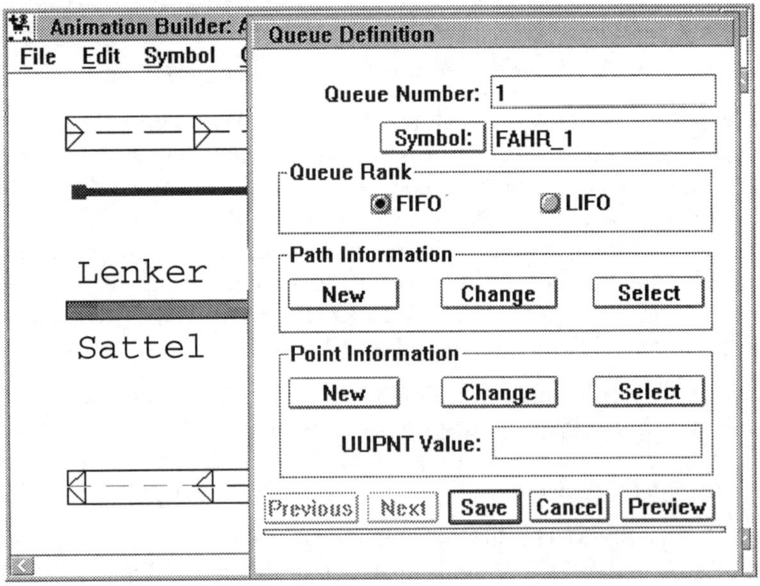

*Abbildung 5.10: Verknüpfung von Warteschlangen*

Die Verknüpfung der QUEUE-Aktion mit der Warteschlange erfolgt über die Nummer der Warteschlangendatei. SLAMSYSTEM stellt zwei Darstellungstechniken zur Verfügung. Zum einen wird die aktuelle Länge der Warteschlange als Zahl gezeigt. Zum anderen können die wartenden Einheiten als eine Aneinanderreihung von Symbolen abgebildet werden. Für die Darstellung des Zählers muß ein Punkt und für die Symbolreihe ein Pfad definiert werden. Prioritätsregeln geben vor, in welche Richtung die Warteschlangen auf dem Bildschirm abgebaut werden. Die FIFO-Regel (First-In-First-Out) fügt Symbole am Ende der Reihe an und entfernt sie am Anfang. Die LIFO-Regel (Last-In-First-Out) fügt Symbole an das Ende der Reihe an und entfernt sie auch dort. Diese Prioritätsregel korreliert nicht mit den Regeln des PRIORITY-Befehls. Abbildung 5.10 spiegelt die Parametrisierung der ersten Warteschlange wider. Für die Symbolreihe ist das Symbol FAHR_1 ausgewählt worden.

Der aktuelle Wert von Variablen kann mit Hilfe der MONITOR-Aktion gezeigt werden. Die GRAPH-Aktion zeigt die Entwicklung von Variablenwerten im Zeitablauf auf. Diese Aktion eignet sich daher für Variablen, deren Wert ständig erfaßt werden kann (vgl. Abschnitt 1.2.5), wie Warteschlangenlängen (NNQ(Warteschlangennummer)) und Ressourcenauslastungen (NRUSE(Ressourcennummer)). Globale Variable (XX(Index)) und Attribute sollten mit der MONITOR-Aktion visualisiert werden. Für die Präsentation von Variablenwerten im Zeitablauf ist die Kennzeichnung einer Region im Hintergrund notwendig. Die Region kann als Koordinatensystem aufgefaßt werden. Auf der x-Achse wird die Zeit und auf der y-Achse der zugehörige Variablenwert abgetragen. SLAMSYSTEM dimensioniert die Zeitachse anhand des Simulationszeitraums automatisch. Die y-Achse erfordert die Spezifikation einer Ober- und Untergrenze.

Abbildung 5.11 zeigt die Eingabemaske für die Präsentation der ersten Warteschlangenlänge (NNQ(1)) mittels einer GRAPH-Aktion. Als Hintergrund ist das Statistiklayout gewählt worden. Die Schaltfläche »Color« erlaubt im folgenden Listenfeld die Auswahl einer Farbe, mit der die Funktion gezeichnet werden soll. Wenn die Schaltfläche »Define« ausgewählt wird, kann im Layout mit Hilfe der Maus eine Region gekennzeichnet werden.

### Ausführung und Interpretation

Nach Erstellung der Animationsskripte und deren Verknüpfung mit dem aktuellen Szenario kann die Animation durchgeführt werden:

1. Wähle »Options« im Rechteck »Current Scenario« und »Simulate« aus dem zugehörigen Pull-Down-Menü.
2. Auswahl von »Animation« und »Post-processing animation« im folgenden Dialogfeld.
3. Die erscheinenden Optionen werden durch Auslösen der Schaltfläche »OK« übernommen.

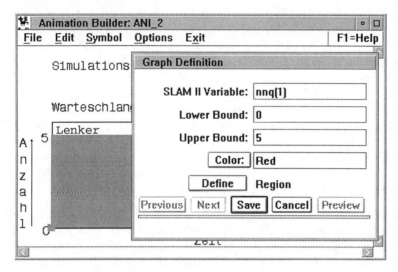

*Abbildung 5.11: Verknüpfung von Variablen*

4. Wähle »Animate« aus der Menüleiste des SLAMSYSTEM-Fensters und »Translate« aus dem resultierenden Pull-Down-Menü.
   Das Animationsskript wird übersetzt.
5. Wähle »Simulate« aus der Menüleiste des SLAMSYSTEM-Fensters und »Run« aus
   dem resultierenden Pull-Down-Menü.
   Die Simulation erzeugt die Daten für die Animation.
6. Wähle »Animatc« aus dcr Menüleiste des SLAMSYSTEM-Fensters und »Run« aus
   dem resultierenden Pull-Down-Menü.
7. Die Abfrage, ob alle definierten Animationen dargestellt werden sollen, ist zu beja-
   hen.
   Auf dem Bildschirm erscheinen zwei Fenster mit den definierten Hintergrundbil-
   dern (vgl. Abbildung 5.12 und 5.13).

Der Fluß der Fahrräder durch die Endmontage ist am Bildschirm nachvollziehbar. Die
Entwicklung von Warteschlangen und die Auslastung der Ressourcen können im Überblick beobachtet werden. Engpässe lassen sich leicht erkennen. Disponenten können
die Auswirkungen ihrer Entscheidungen sehen, ohne Umstrukturierungen im Betrieb
vornehmen zu müssen. Die Auswertung langer Zahlenkolonnen, wie sie Summary-Reports enthalten, wird vereinfacht.

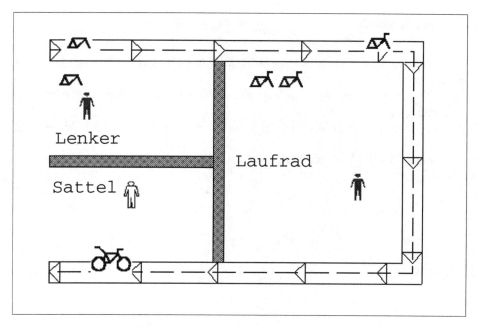

*Abbildung 5.12: Animation des Materialflusses*

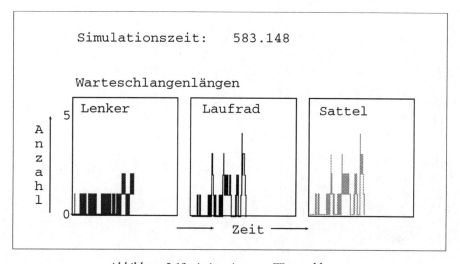

*Abbildung 5.13: Animation von Warteschlangen*

## 5.3   Aufgaben

a) Identifizieren Sie im Animationsbeispiel des Tutorials (Kapitel 2) statische und dynamische Elemente.
b) Vollziehen Sie anhand der Endmontage die Schritte einer Animationsstudie am Rechner nach.
c) Ergänzen Sie die Simulation der Felgenproduktion (vgl. Abschnitt 3.2) um eine Animation.
d) Diskutieren Sie die Vor- und Nachteile der Animation.

# 6 Simulation als Planungsinstrument

## 6.1 Anwendungen der Simulation

### 6.1.1 Die Bedeutung der Simulation für betriebliche Systeme

Wie bereits in Kapitel 1 erläutert, ist Simulation heute eine der mächtigsten Methoden zur Unterstützung von Entscheidungen bei Auslegung, Planung und Steuerung von komplexen betrieblichen Systemen (Law 1986). Eine Einordnung der Simulation in die Systematik betriebswirtschaftlicher Entscheidungsmodelle findet sich bei Rieper (Rieper 1992). Simulation wird auf den unterschiedlichsten betrieblichen Ebenen und in den verschiedensten Bereichen eingesetzt. Das Einsatzspektrum reicht von strategischen Überlegungen für das Gesamtunternehmen (Milling 1989) bis zur detaillierten Simulation der Steuerung von automatisierten Anlagen in der Fertigung (Tempelmeier 1986). Traditionelle Vorgehensweisen sind in vielen Fällen nicht in der Lage, die komplizierten Zusammenhänge und das dynamische Verhalten betrieblicher Systeme realitätsnah zu erfassen und modellhaft abzubilden. Simulation hingegen ermöglicht durch die Erfassung der Zusammenhänge in prozeduralen Regeln eine realistische Abbildung des Geschehens. Die Modellierung im kleinen macht die Modelle gut verständlich und die Ergebnisse leicht vermittelbar. Die Simulation zählt daher zu den Methoden der Unternehmensforschung, die in den Unternehmen sehr weit verbreitet sind und relativ häufig angewandt werden (Christy/Watson 1983).

### 6.1.2 Grundsätzliche Einsatzmöglichkeiten

In Unternehmen wird die Simulation eingesetzt, um operative, taktische und strategische Entscheidungen zu unterstützen. Die Entscheidungsunterstützung erfolgt so, daß mit einem Simulationsmodell unterschiedliche Steuerungsregeln, Verhaltenspolitiken oder Strategien ausgetestet werden, um festzustellen, welche Konsequenzen sie für das modellierte System haben. Dabei kann es um die Auswahl einer Regel dem Typ nach oder um die Festlegung günstiger Regelparameter gehen. Auch für die nicht beeinflußbaren Größen des Systems können alternative Entwicklungen im Sinne einer Szenariotechnik überprüft werden. Einen Überblick über Anwendungen der Simulation in verschiedenen betrieblichen Bereichen gibt Mertens (Mertens 1982).

Kontinuierliche Simulationen werden in der Betriebswirtschaftslehre vor allem vom System-Dynamics-Ansatz (Forrester 1968, Roberts/Andersen/Deal/et al. 1983) genutzt, um vernetzte Ursache-Wirkungsbeziehungen mit Rückkoppelungen zu untersuchen. Der Ansatz hat seinen Ursprung in der Analyse industrieller Systeme (Forrester 1961). Er hat vielfältige Anwendung auf betriebliche Entscheidungen (Roberts, E. B.

1978) und Fragen der Unternehmenspolitik (Coyle 1977, Lyneis 1980, Richardson/ Pugh 1981) gefunden. Die Programmierung erfolgt dabei in DYNAMO. Gegenstand derartiger Untersuchungen sind in erster Linie die Verhaltensmuster, die die Elemente des analysierten Systems aufzeigen. Die Auswahl geeigneter Politiken dient dann dazu, unerwünschte, problematische Verhaltensmuster zu vermeiden und gute Entwicklungen anzustreben.

Darüber hinaus findet sich in der Literatur eine Reihe von Modellen, die Zeitreihen für aggregierte Kenngrößen eines oder mehrerer Unternehmensbereiche auf der Basis von vorgegebenen Zeitreihen berechnen. Formal bestehen diese Modelle meistens aus linearen Gleichungen, die wie eine Lagerbestandsgleichung Größen zeitübergreifend miteinander verknüpfen. Solche Modelle wurden häufig als sogenannte Gesamtunternehmensmodelle formuliert und im Sinne von einfachen »Wenn-dann«-Analysen eingesetzt. Praktische Bedeutung haben derartige Modelle – mit dem Aufkommen von Tabellenkalkulationsprogrammen noch verstärkt – insbesondere für Finanzplanungsprobleme bekommen (Watson 1978, Hailey 1990).

Auch Anwendungen der diskreten Simulation finden sich in allen Unternehmensbereichen. Schwerpunkte sind die Bereiche, in denen Sachverhalte und Vorgänge des realen Systems am einfachsten als Realisierungen von Zufallsgrößen oder stochastischen Prozessen abgebildet werden können. Das Verhalten des Gesamtsystems läßt sich dann insgesamt nur als komplizierter, mehrdimensionaler, stochastischer Prozeß verstehen, der in der Regel nicht mehr analytisch auswertbar ist. Das gilt zum Beispiel für die Fertigung (Schriber 1987). Detaillierte Modellierungshinweise und viele Beispiele für den Einsatz von prozeßorientierten Simulationssprachen für eine Vielzahl von betrieblichen Problemen geben Pritsker et al. (Pritsker/Sigal/Hammesfahr 1989).

## 6.1.3 Simulation von Produktionssystemen

Ein Produktionssystem besteht aus relativ dauerhaften Elementen wie Menschen, Maschinen und Anlagen, die genutzt werden, um Eingabegrößen wie Materialien, Energie und Informationen in Sachgüter oder Dienstleistungen umzuwandeln. Input wird durch das Fertigungssystem in Output transformiert. Dieser Transformationsprozeß ist in der Regel nicht deterministisch. Typische zufallsabhängige Einflußgrößen in Fertigungssystemen sind Art, Anzahl und Eintreffenszeitpunkte von Aufträgen, Bearbeitungszeiten an den einzelnen Stationen, Ausfallzeiten der Maschinen oder Verfügbarkeit von Material. Sie können durch entsprechende Zufallszahlengeneratoren modelliert werden. Das Fertigungssystem läßt sich im Falle einer Werkstattfertigung als Netzwerk von Bearbeitungsstationen darstellen, vor denen sich Auftragswarteschlangen bilden. Fließfertigungen lassen sich durch hintereinandergeschaltete Stationen abbilden. Mit Hilfe der Simulation können dann Fragen der Auslegung, Planung und Steuerung von solchen Systemen behandelt werden.

Die Gliederung der Einsatzgebiete der Simulation in der Produktion erfolgt hier nach Planungsebenen (Witte 1989). Für die weitere Diskussion werden drei Planungsebenen unterschieden:

▶ die strategische Ebene beinhaltet die Fertigungssystemplanung,
▶ die taktische Ebene umfaßt die Produktions- und Flußplanung und
▶ die operative Ebene betrifft die Fertigungssteuerung.

Eine Erläuterung der wesentlichen Planungsprobleme der verschiedenen Ebenen wird durch die Angabe von Anwendungsfällen ergänzt. Dabei stehen mit SLAM erstellte Simulationsmodelle im Mittelpunkt. Sie werden jeweils in einer Tabelle mit Angabe der Autoren und einer inhaltlichen Kennzeichnung aufgeführt. Auf einen Ausweis der zahlreichen bei Pritsker veröffentlichten Fallstudien wird verzichtet (Pritsker 1983, 1986, 1989, 1990).

Andere Ansätze (Feldmann/Schmidt 1988) gliedern die Einsatzmöglichkeiten nach funktionalen Kriterien in die Bereiche Fertigung, Montage, Lager und Transport. Die ASIM (ASIM 1988) setzt in einem Bericht zum Einsatz der Simulation in der Fertigungstechnik die folgenden Schwerpunkte: Flexible Fertigungssysteme, Flexible Montagesysteme, Logistik, Fabrikplanung und Fertigungssteuerung. Beide Quellen listen geordnet nach dem jeweiligen Gliederungsschema eine Reihe von Anwendungsbeispielen auf.

Die Simulation von Fertigungssystemen auf der strategischen Ebene widmet sich der Fertigungssystemplanung. Aus dem Blickwinkel des Fabrikplaners wird der Entwurf von Fertigungsanlagen durch Simulationsmodelle unterstützt. Fragen der Auslegung betreffen etwa Art, Anzahl und Anordnung benötigter Maschinen und Transportanlagen, Größe und Anordnung von Zwischenlägern oder die Anzahl und Qualifizierung von Arbeitskräften. Insbesondere zur Auslegung von komplexen Fertigungsanlagen wie flexiblen Fertigungssystemen (Musselman 1984) oder Just-in-Time-Systemen (Huang/Rees/Taylor 1983) wird Simulation mit Erfolg eingesetzt. Alternative Auslegungen und damit unterschiedliche Investitionen können für ein stochastisch vorgegebenes Auftragsspektrum im Hinblick auf Auslastung, Durchlaufzeiten, Kapitalbindung und Termintreue bewertet werden. In der Automobilindustrie erfolgt die Auslegung von Fließfertigungslinien häufig schon routinemäßig mit Hilfe der Simulation (Ülgen 1984, Witte/Wortmann 1989). Die Entwicklung von Instandhaltungsstrategien und Qualitätssicherungspolitiken kann ebenfalls mit dem Planungsinstrument Simulation wirkungsvoll unterstützt werden (Berens 1980, Caspers 1983).

Auf der strategischen Planungsebene finden sich viele Beispiele für Entwicklungen mit der Simulationssprache SLAM (vgl. Tabelle 6.1).

Simulation auf der taktischen Ebene von Fertigungssystemen betrifft die Produktions- und die Flußplanung. Die Überprüfung von Planungspolitiken und Steuerungsregeln geht von gegebenen Strukturen eines Fertigungssystems aus.

| Autor | Jahr | Inhaltliche Kennzeichnung |
|---|---|---|
| Knopf | 1980 | Rechnergestützte Planung für diskontinuierliche Verfahren |
| Gross/Hare/Roy | 1982 | Ein Simulationsmodell als Hilfe zur Konstruktion einer Giessereianlage für einen Aluminiumschmelzer |
| McCallam/Nickey | 1984 | Ein Simulationsmodell für Logistikplaner |
| Scheifele/Warschat | 1984 | Simulation eines flexiblen Montagesystems |
| Abdin/Mohamed | 1986 | Simulation von flexiblen Fertigungssystemen mit Slam II |
| Chang/Sullivan/Wilson | 1986 | Die Verwendung von SLAM für die Planung eines Materialhandhabungssystems eines flexiblen Fertigungssystems |
| Godziela | 1986 | Simulation einer flexiblen Fertigungszelle |
| Trunk | 1989 | Erfolg durch Simulation des Materialflusses in der automatisierten Fabrik |
| Banks | 1990 | Die Simulation von Materialhandhabungssystemen |
| Divakar/Singh | 1991 | Eine Simulationsnäherung für Entwurf und Planung einer Montagestraße, ein Fallbeispiel |
| Okagbaa et al. | 1992 | Konzeption einer Fertigungszelle und Bewertung unter Verwendung einer neuen Heuristik zur Reduzierung der Transporte zwischen den Zellen |

*Tabelle 6.1: Einsatz von SLAM auf der strategischen Planungsebene*

Die Planungspolitiken betreffen für die Flußplanung zum Beispiel Entscheidungen über die Fertigungslosgrößen auf den unterschiedlichen Stufen, Bestellmengen für fremdbeschafftes Material, die Länge der geplanten Vorlaufzeiten oder die Höhe der Sicherheitsbestände. Zur Bewertung müssen unterschiedliche Planungspolitiken durchgespielt und die Ergebnisse verglichen werden. Beispielsweise können zur Bestimmung des terminierten Bedarfsplans unterschiedliche Losgrößenregeln (Los-für-Los, klassische Bestellmengenformel, Stück-Perioden-Ausgleich etc.) eingesetzt werden. Eine Bewertung der verschiedenen Losgrößenregeln ist möglich, wenn die Konsequenzen simuliert werden, die ihre Vorgabe für das Funktionieren des Fertigungssystems hat. Dazu muß das simulierte Planungssystem mit dem Modell des Fertigungssystems auf der operativen Ebene verbunden werden. Analog könnten bei der Produktionsplanung die Vorhersagen der Endnachfrage in Primärbedarf umgerechnet werden. Dann ließen sich beispielsweise verschiedene Regeln zur Bewältigung von Nachfrageschwankungen vergleichen.

Eine Übersicht der Veröffentlichungen von Simulationsstudien zur Ablaufplanung bei Werkstattfertigung führt 60 Artikel an (Kiran/Smith 1983). Das Thema bleibt aktuell, weil die Güte von Regeln in den praxisrelevanten Fällen situationsabhängig ist. Im Fließfertigungsbereich ist das Abstimmungsproblem für Fließbänder mit Hilfe der Simulation behandelt worden (Kwak/Schniederjans 1984). Darüberhinaus wurde auch simuliert, wie kombinierte Regeln etwa zur Losgrößen-, Kapazitäts- und Ablaufplanung in komplexen Fertigungssystemen wirken (Haupt 1987, Overfeld 1990, Overfeld/Witte 1991). Anwendungen der diskreten Simulation finden sich auch bei der Auswahl von Lagerhaltungspolitiken (Banks/Malave 1984, Witte/Feil/Grzybowski 1987, Feil 1992) sowie bei der Auswertung von stochastischen Netzwerken für die Einzelprojektplanung mit SLAM (Pritsker/Sigal/Hammesfahr 1989). Weitere Beispiele für den Einsatz des Simulationswerkzeuges SLAM zur taktischen Planung sind in der Tabelle 6.2 zusammengestellt.

| Autor | Jahr | Inhaltliche Kennzeichnung |
|---|---|---|
| Witte | 1986b | Die Modellierung von Lagerhaltungssystemen mit den Netzwerkelementen von SLAM II – Überlegungen zum interaktiven Generieren von Simulationsmodellen |
| Potts/Trevino | 1989 | Simulation und Entwurf eines dualen Kanban- Fertigungssystems |
| Sarker | 1989 | Simulation eines Just-in-Time-Fertigungssystems |
| Schneider | 1989 | Schlüsselplatzsteuerung – ein Beitrag zur Optimierung des Systems der Werkstattfertigung |
| Ravi/Lashkari/Dutta | 1991 | Auswahl von Ablaufplanungsregeln für flexible Fertigungssysteme – ein Simulationsansatz |

*Tabelle 6.2: Einsatz von SLAM auf der taktischen Planungsebene*

Die Simulation auf der operativen Ebene von Fertigungssystemen dient in erster Linie der Unterstützung der Fertigungssteuerung. Aus der Sicht des Werkstatt- oder Bereichsleiters wird analysiert, welche Regeln das Funktionieren des Fertigungssystems gewährleisten. Die Regeln betreffen zum Beispiel:

▶ die Reihenfolge der Abarbeitung der Aufträge, die vor einer Maschine warten,
▶ die Auswahl einer Maschine, falls mehr als eine Maschine für einen bestimmten Arbeitsgang genutzt werden kann,
▶ die Auswahl einer Maschine durch das Bedienungspersonal, falls mehrere Maschinen auf Bedienung warten,
▶ die Wiederauffüllung von Materiallägern,
▶ den Werkzeugwechsel,
▶ die Steuerung eines Transportsystems.

Darüber hinaus zeichnet sich ab, daß die Simulation im laufenden Fertigungsprozeß zur Überprüfung der Konsequenzen konkreter Maßnahmen eingesetzt wird. Dazu sind die Konzepte der datengetriebenen Simulation weiter zu entwickeln (Witte/Brockhage 1991, Brockhage 1993). Als Entscheidungsunterstützungswerkzeug bei der operativen Fertigungsplanung hat sich die Simulation mit SLAM etabliert, wie Tabelle 6.3 zeigt.

| Autor | Jahr | Inhaltliche Kennzeichnung |
|---|---|---|
| Acree | 1983 | Zeitplanregeln für die Werkstück- und Werkzeugbeschickung in einem flexiblen Fertigungssystem |
| Abdin | 1986 | Lösung von Planungsproblemen bei flexiblen Fertigungssystemen vom Typ der Auftragsfertigung mit alternativen Maschinenwerkzeugen |
| Witte | 1986a | Fertigungssteuerung mit Hilfe der Simulation |
| Barker | 1989 | Leistungssteigerung mit Hilfe der Simulation: Fallstudie eines Simulationsprojekts für Beschicken, Montage und Verpackung in der Iowa Ammunition Plant |
| In-Kyo/Joong-In | 1990 | Fertigungssteuerung nach vielfachen Kriterien in flexiblen Fertigungssystemen |
| Newman/Boe/Denzler | 1991 | Untersuchung der Anwendung von speziellen und standardisierten Werkstückträgerpaletten in speziellen flexiblen Fertigungssystemen |
| Young-Hae/Kazuaki | 1991 | Teilebereitstellung für ein flexibles Fertigungssystem |
| Kwasi-Amoako/Jack/Amitabh | 1992 | Ein Vergleich von Werkzeugeinsatzstrategien und Teileauswahlregeln für ein flexibles Fertigungssystem |
| Roderick/Phillips/Hogg | 1992 | Ein Vergleich von Auftragsstartstrategien in Produktionssteuerungssystemen |

*Tabelle 6.3: Einsatz von SLAM auf der operativen Planungsebene*

## 6.2  Vorgehensweise bei einer Simulationsstudie

Bei der Entwicklung von Simulationsstudien sind im wesentlichen die gleichen Richtlinien zu beachten, die sich bei der Systementwicklung in der Informatik (Stahlknecht 1993) seit langem bewährt haben. Von vielen Autoren werden Schemata diskutiert, die die Schritte aufzeigen, die bei einer Simulationsstudie zu durchlaufen sind (Law 1986, Hoover/Perry 1989, Witte 1993). Ein solches Schema ist in Abbildung 6.1 angegeben. Es zeigt die Aufgaben, die für die Erstellung und Auswertung eines Simulationsmodells zu erledigen sind. Die einzelnen Schritte werden im folgenden allgemein beschrieben, bevor im nächsten Abschnitt die Anwendung der Vorgehensweise anhand einer realen Problemstellung gezeigt wird. Die Abarbeitung der Schritte einer Simulationsstudie er-

folgt nicht in Form eines einmaligen Durchlaufs, sondern insbesondere bei der Modellerstellung im Sinne einer heuristischen Problemlösung mit vielfältigen Wiederholungen
und Schleifen (Witte 1979). Beispielsweise kann ein Rücksprung von der Modellerstellung zur Ist-Analyse erfolgen, wenn sich herausstellt, daß noch nicht alle benötigten Informationen erhoben sind.

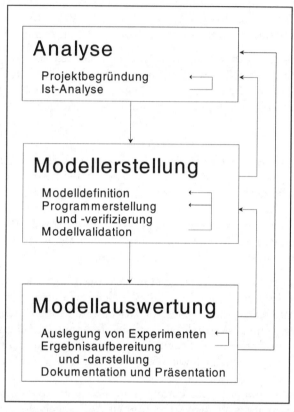

*Abbildung 6.1: Schritte einer Simulationsstudie*

## Analyse

Der Erstellung eines Simulationsmodells geht die Problemformulierung voraus. Ohne
ein konkretes Problem macht die Modellierung keinen Sinn (Annino/Russell 1979).
Zur Problemformulierung gehört eine Ist-Analyse, die aus der Abgrenzung des zu untersuchenden Systems, der Formulierung der Zielsetzung, der Festlegung der relevanten
Elemente und Beziehungen sowie einer Schwachstellenanalyse besteht. Modellersteller
und Nutzer müssen in dieser Phase eng zusammenarbeiten, damit die Vorstellungen
des Nutzers bei der Modellerstellung berücksichtigt werden können.

*Projektbegründung*

Ein Problem tritt immer dann auf, wenn festgestellt wird, daß das Verhalten eines Systems von einem festgelegten Ziel abweicht. Die Spezifizierung der Abweichungen des Systemverhaltens ermöglicht eine Formulierung des erkannten Problems. Vermutungen über mögliche Problemursachen müssen gesammelt werden. Nicht nur die Störungen in existierenden Systemen, sondern auch die Entwicklung neuer Systeme beinhaltet Probleme. Der Einsatz von Kreativitätstechniken (z.B. Brainstorming, Methode 635, Metaplan, Funktionsanalyse etc.) kann die Problemformulierung erleichtern.

Ausgehend von der Problemformulierung müssen Ziele definiert werden. Was soll erreicht und was soll vermieden werden? In der Phase der Projektbegründung ist bei komplexen Modellen häufig keine genaue Zielspezifikation möglich, trotzdem muß in solchen Fällen zumindest eine grobe Zielformulierung erfolgen.

*Ist-Analyse*

Im ersten Schritt der Ist-Analyse ist der Erhebungsbereich festzulegen. Es erfolgt eine Abgrenzung des zu untersuchenden realen Systems, wobei dessen Elemente und Beziehungen ermittelt werden müssen. Die richtige Bestimmung des Erhebungsbereichs ist für den Erfolg der Simulationsstudie von großer Bedeutung. Große Erhebungsbereiche bedingen ein genaues Systemverständnis, bergen aber die Gefahr der Erhebung überflüssiger Informationen und evtl. nicht mehr aktueller Daten. Außerdem ist der Kostenaspekt der Informationsgewinnung zu beachten.

Bei der Erfassung des Istzustands müssen Informationen über alle relevanten Elemente und Beziehungen des festgelegten Erhebungsbereichs gesammelt werden. Zur Ermittlung der Informationen werden je nach Bedarf unterschiedliche Erhebungstechniken eingesetzt (z.B. Befragung, Beobachtung, Selbstaufschreibung, Schätzung, Dokumentenstudium etc.). Im Rahmen der Schwachstellenanalyse ist zu ermitteln, an welchen Stellen das reale System tatsächlich von vorgegebenen Zielwerten abweichende Verhaltensweisen aufweist. Die Schwachstellen geben die Stoßrichtung der weiteren Untersuchung an. Die Definition der Anforderungen an die Simulationsstudie sollte in einem Pflichtenheft dokumentiert werden. Dabei sind die Auftraggeber und die Nutzer der Simulationsstudie zu integrieren. Es ist ein Zeit- und Kostenplan für die Untersuchung zu fixieren. Die Eignung der Simulation ist sowohl unter wirtschaftlichen als auch methodischen Gesichtspunkten zu prüfen.

## Modellerstellung

Die Modellbildung muß eine adäquate Abbildung des Gegenstandsbereichs in den Modellbereich gewährleisten. Der Detaillierungsgrad des Modells ist mit dem Zweck der Untersuchung abzustimmen. Vor der eigentlichen Modellformulierung muß eine Entscheidung über die Sichtweise fallen, mit der die Realität strukturiert werden soll. Sieht man die Realität aus sich kontinuierlich ändernden Größen zusammengesetzt, wird man kontinuierliche Modelle mit Modellierungskonzepten wie Differential- oder Zeit-differenzengleichungen bauen. Sieht man in der Realität Einheiten mit diskreten Zu-standsänderungen, wird man diskrete Modelle formulieren, die durch Ereignisse gesteuert werden. Welche Sichtweise angemessen ist, hängt von der Art der Problem-stellung, aber auch von dem Erfahrungshintergrund des Modellbauers und dem Ver-ständnis des Modellnutzers ab. Für die Modellformulierung müssen dann die Modell-elemente definiert sowie die logischen, funktionalen und prozeduralen Beziehungen zwischen den Elementen formuliert werden.

*Modelldefinition*

Die Modellierung generiert bestimmte Anforderungen an die bereitzustellenden Daten, d.h. in dieser Phase sollte die Anpassung von statistischen Verteilungen für abgebildete Vorgänge vorgenommen werden. Hilfsmittel der Modelldefiniton kann ein Grobdia-gramm sein, das eine graphische Abbildung des Modells darstellt. Es enthält alle abge-bildeten Elemente, zeigt deren Beziehungen auf und sollte auch die getroffenen Vertei-lungsannahmen enthalten. Das Grobdiagramm bildet die Grundlage für die weiteren Entwicklungsschritte, ist aber unabhängig von der verwendeten Simulationssprache.

Im Detailentwurf wird der Programmablauf definiert und visualisiert. Als Eingabegrö-ßen sind die Eingangsdaten der Simulation (Vorbesetzung der Variablen, Angabe der Verteilungen, Annahmen über Ressourcen, Warteschlangen etc.) und als Ausgabegrö-ßen die Statistiken für die bei der Analyse festgelegten Zielgrößen zu bestimmen. Der Detailentwurf ist unabhängig von der Syntax einer bestimmten Programmiersprache. Gegliedert nach Programmblöcken werden die einzelnen Verarbeitungsschritte und -aufgaben erfaßt, so daß sie bei der Programmierung nur noch umgesetzt werden müs-sen.

*Programmerstellung und -verifizierung*

Zunächst muß entschieden werden, welche Simulationssprache zur Programmierung des Modells am besten geeignet ist. Viele Simulationssprachen wurden für bestimmte Anwendungen entwickelt und enthalten daher für diese Bereiche vordefinierte Baustei-ne, die die Modellierung erleichtern. Zu beachten ist, daß die Beschränkung auf vorge-gebene Modellbausteine ein Verlust an Flexibilität bedeuten kann.

Bei der Programmierung müssen einige grundlegende Regeln beachtet werden, die der Verbesserung der Lesbarkeit und der Strukturierung von Simulationsprogrammen die-nen. Die Regeln sind für eine Programmierung mit SLAMSYSTEM formuliert. Bei text- oder menügesteuerten Simulationssprachen müssen sie auf die Möglichkeiten der Entwicklungsumgebungen übertragen werden.

▶ Benutzung des Notizblocks (Note-Editor) zur Dokumentation von Simulationspro-jekten,

▶ Erstellung einer Notiz über die Leistung des Programms,

▶ selbsterklärende Benennung von Variablen,

▶ Erläuterung von Attributen der simulierten Einheiten,

▶ Strukturierung des Netzwerks in sinnvolle Blöcke,

▶ vor jedem Block eine Erläuterung der Funktion dieses Blocks,

▶ Einfügen von Kommentarzeilen in das Netzwerk und in die Kontrolldatei.

Als Hilfsmittel zur Verifizierung des Programms können Debugger, Trace-Funktionen und die Handsimulation dienen. Bei der Verifizierung wird überprüft, ob das in der gewählten Programmiersprache implementierte Programm den Spezifikationen des Detailentwurfs entspricht.

*Modellvalidierung*

Das Simulationsmodell wird anhand von realen Daten getestet. Alle Simulationsergebnisse müssen erklärbar sein, um die Plausibilität des Simulationsmodells zu gewährleisten. Weichen die Modellergebnisse von der Realität ab oder sind sie nicht plausibel, müssen Revisionen am Modell durchgeführt werden. Exemplarisch sollten aber auch die Ergebnisse nachgerechnet werden, die auf den ersten Blick plausibel erscheinen. Dazu werden Testläufe durchgeführt, bei denen versucht wird, bekannte Entwicklungen des realen Systems im Modell zu reproduzieren sowie die Konsistenz und die Robustheit des Modells auf die Probe zu stellen. Auch hier sind in Abhängigkeit von dem Überprüfungsergebnis neuerliche Durchläufe vorangegangener Bearbeitungsschritte vorzusehen.

## Modellauswertung

Die Auswertung eines Simulationsmodells besteht in der Auslegung von Experimenten, der Durchführung von Simulationsläufen sowie der Ergebnisanalyse und -aufbereitung. Für die Auslegung von Experimenten müssen die Systemkonstellationen spezifiziert werden, die simuliert werden sollen. Darüber hinaus ist die Anzahl und die Länge unabhängiger Simulationsläufe festzulegen. Im Falle von zufallsabhängigen Einflüssen im Modell müssen dazu statistische Kriterien herangezogen werden. Das gilt auch für die Bewertung der Simulationsergebnisse. Sie liegen für die untersuchten Entscheidungsalternativen zunächst in Form von Zustandsgeschichten vor, aus denen sorgfältig Maßgrößen für die Beurteilung der einzelnen Alternativen herausgearbeitet werden müssen.

*Auslegung von Experimenten*

Vor der Auslegung von Simulationsexperimenten müssen Zielgrößen für das Verhalten des untersuchten Systems festgelegt werden. Diese können jetzt mit Hilfe der im Laufe der Simulationsstudie gewonnenen Kenntnisse über die Systemzusammenhänge detaillierter formuliert werden als in der Phase der Projektbegründung. Gibt es mehrere, teilweise auch konkurrierende Ziele, ist ein Zielsystem und eine Rangfolge der Ziele zu ermitteln, damit die »beste« Alternative ausgewählt werden kann. Neben der Festlegung der Zielgrößen ist zu untersuchen, wie sich die Ziele gegenseitig beeinflussen. Ziele können sich dabei harmonisch, neutral oder antinomisch verhalten. Es muß analysiert werden, welche Parameter variierbar und welche nicht beeinflußbar sind. Nur die beeinflußbaren Größen können im Experimentierplan mit unterschiedlichen Werten besetzt werden.

Ein Experimentierplan enthält eine Liste unterschiedlicher Systemkonstellationen, die simuliert werden sollen. Eine Systemkonstellation wird durch eine bestimmte Kombination der variierbaren Parameter festgelegt. Für alle Experimente ist die Anzahl unabhängiger Simulationsläufe und die Länge eines jeden Laufs mit Hilfe statistischer Kriterien festzulegen.

Simulationsläufe sollen entsprechend der Vorgaben des Experimentierplans durchgeführt werden. Ein Steuern der Experimente mit Blick auf die erzielten Simulationsergebnisse kann dazu führen, daß nicht alle Variationen untersucht werden und die »optimale« Systemkonstellation nicht erreicht wird.

*Ergebnisaufbereitung und -darstellung*

Ergebnisse von Simulationsläufen bestehen in der Regel zunächst aus den Standardergebnisreports, die Statistiken über ausgewählte Warteschlangenlängen, Auslastungen, Wartezeiten, Durchlaufzeiten etc. enthalten. Dieses umfangreiche Zahlenmaterial muß mit Hilfe von Tabellen, Graphiken, Histogrammen und Kurvendiagrammen aufbereitet werden. Hilfsmittel zur Ergebnisaufbereitung sind in vielen Fällen Bestandteil der Simulationssoftware, aber auch Standardsoftware wie Graphik- oder Statistikprogramme können genutzt werden.

Ziel der Ergebnisanalyse ist die Angabe der »besten« der untersuchten Entscheidungsalternativen. Häufig hilft dabei die graphische Aufbereitung von Ergebnissen oder die Darstellung der Ergebnisse mit Hilfe einer Animation. Dann ist darüber zu befinden, ob eine zufriedenstellende Lösung für das reale Problem gefunden wurde oder ob weitere Experimente mit dem Modell durchzuführen sind. Verbesserungen sind mit Hilfe diskreter Suchmethoden zu erreichen (Witte 1973, Biethahn 1978, Noche 1990).

*Dokumentation und Präsentation*

Alle Phasen sind zu dokumentieren, wobei in den einzelnen Phasen spezifische Dokumentationsanforderungen entstehen. Um die Ergebnisse nachvollziehen und reproduzieren zu können, ist eine Dokumentation der Modellannahmen, der Daten und des Computerprogramms vorzusehen. Auch für die einzelnen Schritte einer Simulationsstudie sind vom Entwickler und Nutzer gemeinsam Pflichtenhefte zu erstellen.

Zur Präsentation von Simulationsergebnissen ist die Animation sehr gut geeignet. Außenstehende erkennen schnell die Fertigungssituation und werden auf Schwachpunkte aufmerksam gemacht. Verbesserungsvorschläge lassen sich eindrucksvoll am Monitor nachvollziehen. Entscheidungsträger brauchen sich nicht in umfangreiche Analysen einzuarbeiten.

## 6.3  Fallstudie zur Haushaltsgaszählermontage

Am Beispiel dieser Fallstudie sollen die Schritte einer größeren Simulationsstudie verdeutlicht werden. Sie beruht auf einer Diplomarbeit, die in Zusammenarbeit mit der Kromschröder AG entwickelt wurde (Wiese 1992).

### 6.3.1  Analyse

#### Projektbegründung

Ein Haushaltsgaszähler wird zur Volumenmessung von Gasen bei niedrigem Druck eingesetzt. Innerhalb von zwei Jahren soll sich die Produktionskapazität mehr als verdoppeln. Dazu wird eine neue, fast vollautomatische Fertigungslinie zur Produktion der Meßwerke mit automatischem Materialtransport angeschafft. Diese Anlage ersetzt Arbeitsschritte der heutigen Endmontage und wird der geplanten Endmontage vorgelagert. Die Entscheidung über die organisatorischen Veränderungen und die Konfigurierung der Endmontage wird durch die Dynamik des Systems erschwert. Die Auswirkungen dieser Maßnahmen auf das Verhalten des Systems der Endmontage lassen sich nur schwer vorhersagen. Deswegen sollen mit Hilfe der Simulation Aussagen über die Leistungsfähigkeit der geplanten Endmontage getroffen werden. Ziel des Projekts ist es, die bestmögliche Konfigurierung der Endmontage und die optimale Anzahl der notwendigen Betriebsmittel und Mitarbeiter zu bestimmen.

#### Ist-Analyse

Die Ist-Analyse erstreckt sich in diesem Fall auf die Bestandteile und die Schnittstellen des geplanten Systems. Ein Gaszähler besteht im wesentlichen aus einem Meßwerk sowie einem Gehäuseoberteil und einem Gehäuseunterteil. Durch die Anschaffung einer neuen, fast vollautomatischen Anlage wird die Fertigung der Meßwerke aus der derzeitigen Endmontage herausgenommen. Es entsteht ein neuer Organisationsbereich, der die Meßwerke der geplanten Endmontage bereitstellt. Eine Systemgrenze der geplanten Endmontage ist somit im Übergang zwischen der Meßwerksfertigung und der Endmontage zu sehen. Als Vorgabe für die Endmontage müssen die Werte der neuen Anlage angesehen werden. Ausgelegt ist diese Anlage auf eine Taktfrequenz von 15 Sekunden für den Abstand zwischen der Fertigstellung zweier Meßwerke.

Diese Meßwerke werden der Endmontage in Stellagen, sogenannten »Rondellen«, zur Verfügung gestellt. Mit einem angepaßten Pufferbereich zwischen der neuen Anlage und der anschließenden Endmontage soll gewährleistet werden, daß sich die beiden Bereiche nicht gegenseitig blockieren. Zu Beginn ihrer Schicht sollen die Mitarbeiter der Endmontage auf bereitstehende Meßwerke zugreifen können.

Gehäuseober- und -unterteile werden in weiteren Fertigungsstätten des Beispielbetriebs produziert. Für die Endmontage werden sie in Gitterboxen bereitgestellt. In der betrieblichen Praxis treten keine Engpässe in der Versorgung der Fertigungsinseln mit diesen Teilen auf. Die Fertigung der Gehäuseober- und -unterteile braucht in dieser Untersuchung nicht weiter berücksichtigt zu werden. Fertige Gaszähler werden in Gitterboxen gesammelt und durch die Mitarbeiter der Fertigungsinsel abtransportiert.

Die eigentliche Endmontage soll auf drei Fertigungsinseln verteilt in Gruppenarbeit stattfinden (vgl. Abbildung 6.2). Die dort eingesetzten Betriebsmittel sind identisch mit denen der heutigen Endmontage. Die abschließende Überprüfung der Gehäusedichtheit erfordert eine Koordination zweier der drei Fertigungslinien, die sich eine Anlage mit zwei Bedienerplätzen teilen. Jede der beiden Linien erhält eine eigene Öffnung zum Einsetzen der Gaszähler. Wenn an einem Bedienerplatz die Prüfung beginnt, muß am zweiten Platz solange gewartet werden, bis die Prüfung der anderen Gruppe abgeschlossen ist.

Im Gegensatz zur sonstigen Gruppenfertigung soll die Dichtheitsprüfung durch einen Mitarbeiter für beide Fertigungsinseln erfolgen, der in die übrigen Montagevorgänge nicht integriert wird. Die dritte Fertigungslinie ist in ihrer Ausstattung mit Betriebsmitteln und Mitarbeitern unabhängig von den beiden anderen Linien. Ihr steht eine eigene Vorrichtung zur Überprüfung der Dichtheit des Gaszählergehäuses zur Verfügung.

Weiterhin ist bezüglich der Organisation innerhalb der Endmontage nicht bekannt, wieviele Mitarbeiter in den Gruppen vorhanden sein müssen. Aufgrund der Vorgaben ist eine Taktfrequenz von möglichst 45 Sekunden in jeder Linie zu erreichen.

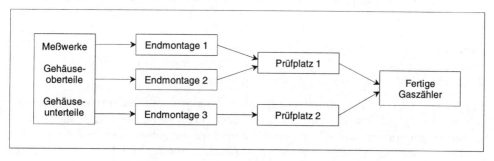

*Abbildung 6.2: Materialfluß in der Gaszählerfertigung*

Die verbleibenden Arbeitsschritte in der geplanten Endmontage unterscheiden sich nicht von den heutigen Tätigkeiten. Sie werden entweder manuell von einem Mitarbeiter oder vollautomatisch von den Betriebsmitteln durchgeführt. Die Vorgangszeiten für die maschinellen Tätigkeiten sind anhand der Vorrichtungen der heutigen Endmontage ermittelt worden. Vorgabezeiten für manuelle Tätigkeiten konnten den betrieblichen Arbeitsanweisungen entnommen werden.

Von Bedeutung für die weitere Vorgehensweise sind variantenabhängige Kapazitäten und Bearbeitungszeiten. Unterschiedlich ist die Menge an Teilen, die mit einer Gitterbox transportiert werden kann. Die Anzahl von Gehäuseober- und -unterteilen in einer Gitterbox ist abhängig von den Gehäuseausmaßen. Unterschieden werden Ein- und Zweistutzenausführungen. Unter Berücksichtigung der Verkaufszahlen müssen in der Endmontage schätzungsweise 4/9 der produzierten Gaszähler mit einem Stutzen und 5/9 mit zwei Stutzen gefertigt werden.

Die wichtigste Strukturveränderung in der geplanten Endmontage ist die gegenseitige Abhängigkeit der Fertigungslinien eins und zwei bei der Dichtheitsüberprüfung. Dort verändert sich der Bearbeitungsprozeß im Vergleich zu der heutigen Situation. Die Dichtheitskontrolle wird von einem speziellen Mitarbeiter durchgeführt. Um realistische Werte für die Bearbeitungszeit zu schätzen, wurden vergleichbare Tätigkeiten aus den Arbeitsanweisungen herangezogen. Nach gründlicher Analyse entstand eine Tabelle von 25 einzelnen Bearbeitungsschritten mit teilweise variantenabhängigen Bearbeitungszeiten.

## 6.3.2  Modellerstellung

### Modelldefinition

Abbildung 6.3 zeigt einen Ausschnitt des Grobdiagramms der Modellsituation. Beschrieben werden die einzelnen Ressourcen, der Materialfluß, alle Wahrscheinlichkeitsannahmen, die Bearbeitungszeiten sowie die Kapazitäten der Ressourcen für die dritte (unabhängige) Fertigungsinsel. Jede Ressource ist mit einem rechteckigen Symbol dargestellt. Die maschinellen Bearbeitungszeiten sind in den Symbolen der Ressourcen unten links zu finden, unten rechts die Kapazitäten. In dem Diagramm sind die manuellen Tätigkeiten als Pfeile dargestellt. Die Zahlen in den Klammern an den Pfeilen stellen die Bearbeitungszeiten dar. Sind Prozentwerte angegeben, so handelt es sich um eine Wahrscheinlichkeit, mit der dieser Weg beschritten wird.

Ein Ausfall nach der Vorprüfung erfolgt erst nach einem zweiten Prüfvorgang (gestrichelter Pfeil). Die Varianten sind gekennzeichnet durch die Begriffe »Ein« für Gaszähler mit einem Stutzen und »Zwei« entsprechend für die Zweistutzenausführung. Auf die Darstellung von Mitarbeitern wurde im Grobdiagramm verzichtet, da die Zuordnung variabel ist.

Betriebsmittel und alle Ablageflächen werden als Ressourcen modelliert. Die Mitarbeiter des Systems üben Bearbeitungs- und Transporttätigkeiten aus. Auch die Mitarbeiter können im Simulationsmodell als Ressourcen abgebildet werden.

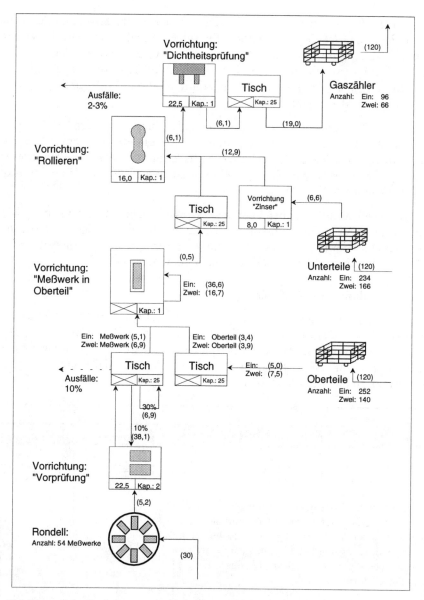

*Abbildung 6.3: Grobdiagramm der Fertigungslinie drei der geplanten Endmontage*

In einem netzwerkorientierten Simulationsprogramm bewegen sich Einheiten durch das Netzwerk des Modells. Üblicherweise werden die in dem System zu bearbeitenden Teile als Einheiten betrachtet. Hier werden folglich Meßwerke, Gehäuseober- und -unterteile als Einheiten abgebildet. Im dynamischen Prozeß müssen sie miteinander kom-

biniert werden, bis sie einen fertigen Gaszähler ergeben. Zur Steuerung des Materialflusses sind logische Schalter erforderlich. Ein solcher Schalter muß gewährleisten, daß
die Einheiten erst dann von einem Mitarbeiter bearbeitet werden, wenn die Zielres-
source diese aufnehmen kann. Zusätzlich muß verhindert werden, daß eine parallele
Bearbeitung an einem Arbeitsplatz durchgeführt wird, da diese durch das begrenzte
Raumangebot im Montagebereich unmöglich ist.

In dem Modell der geplanten Endmontage von Haushaltsgaszählern ist der Ablauf einer Schicht zu simulieren. Für die Festlegung des Simulationszeitraums ist die Ermittlung der effektiven Arbeitszeiten erforderlich. Es ergibt sich eine um Pausenzeiten be-
reinigte Schichtzeit und damit eine Simulationsdauer von 7,60 Stunden = 456 Minuten
= 27.360 Sekunden.

Als Ausgabegrößen sind Angaben über die Warteschlangen, Auslastungen der Maschinen und Mitarbeiter ebenso sinnvoll wie Angaben über die Menge der fertigen Teile
sowie deren Durchlaufzeit und der Abstand ihrer Fertigstellung. Daneben sind Angaben über die Anzahl und Länge der Leerzeiten wünschenswert.

### Programmerstellung und -verifizierung

Zur Umsetzung in ein Simulationsprogramm wird das komplette Modell in logisch zu-
sammenhängende, überschaubare Teilbereiche aufgeteilt. Die Darstellung als Pro-
grammblock wird an dieser Stelle am Beispiel des Eintritts in die Montagelinie exemplarisch durchgeführt (vgl. Abbildung 6.4). Es handelt sich dabei um den Transport
der Meßwerke zu den Montagelinien.

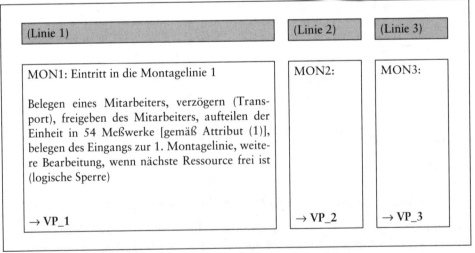

*Abbildung 6.4: Beispiel eines Programmblocks*

Die Umsetzung dieses Blocks in ein SLAM-Netzwerk ist in Abbildung 6.5 angegeben. Auf die Darstellung des kompletten Netzwerks und der Kontrollbefehle wird an dieser Stelle verzichtet.

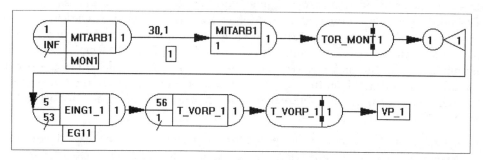

*Abbildung 6.5: Exemplarische Darstellung eines Blocks des SLAM Netzwerks*

Nachdem die Einheit einen Mitarbeiter der Fertigungslinie eins (*MITARB1*) belegt hat, wird sie um die Transportdauer von 30 Sekunden in der Aktivität eins verzögert. Anschließend wird der Mitarbeiter wieder freigegeben und der Zugang zu den Montagelinien geschlossen. Die Einheit wird entsprechend dem Wert des ersten Attributs in Meßwerke aufgeteilt. Diese Meßwerke belegen den ersten Eingang der Montagelinie eins (*EING1_1*), der mit einer Kapazität von eins und einer maximalen Warteschlange von 53 Einheiten definiert wurde. Dieser Knoten wurde mit dem Label EG11 gekennzeichnet. Danach wird der Zugang zu dem folgenden Block geprüft. Ist er geöffnet, so schließt diese Einheit das Tor und begibt sich zu dem Label VP_1, bei dem im Modell die Vorprüfung beginnt. Die Verifizierung des Modells erfolgt durch schrittweises Durchgehen der Programmteile. Die TRACE-Funktion, mit deren Hilfe bei der Simulation jede Änderung von Zustandsvariablen angezeigt werden kann, ist dabei eine gute Unterstützung.

## Modellvalidierung

Da ein neues System zu entwerfen war, konnte zur Validierung nicht direkt auf historische Daten zurückgegriffen werden. Die Validierung erfolgte daher auf zwei Arten:

Zum einen wurde die bisherige Endmontage mit einem Modell simuliert, dem die gleichen Modellierungskonzepte und dieselben Bearbeitungszeiten zugrundelagen. Es ergaben sich sehr gute Übereinstimmungen der Simulationsergebnisse mit den bekannten realen Daten. Damit wurde anhand der Ist-Situation nachgewiesen, daß die benutzten Modellierungskonzepte für diese Art von Fertigung geeignet sind und die Bearbeitungszeiten realistisch waren. Darüberhinaus wurden die Modellierungen der geplanten Situation und die erzielten Ergebnisse ständig mit den Planungsingenieuren des Unternehmens besprochen, so daß eine laufende Plausibilitätskontrolle durch erfahrene Experten stattgefunden hat.

### 6.3.3  Modellauswertung

**Auslegung von Experimenten**

Das Ziel dieser Simulation ist die Planung von Kapazitäten. Dabei muß die geplante Endmontage an die Produktivität der Meßwerksfertigung angepaßt werden. Produziert werden pro Schicht ca. 27 Rondelle. Gleichzeitig muß das Verhältnis der Varianten erhalten bleiben. Die Endmontage hat in etwa 4/9 der Fälle (12 Rondelle) Gaszähler mit einem Stutzen und entsprechend in 5/9 der Fälle (15 Rondelle) Gaszähler mit zwei Stutzen zu bearbeiten. In erster Linie sind dabei die Organisation der Montagebereiche und die Anzahl der Mitarbeiter in den geplanten Gruppen als variabel zu betrachten.

Das erstellte Modell wird zunächst in drei Szenarien simuliert. Dabei wird davon ausgegangen, daß die Versorgung mit Meßwerken keinen Engpaß darstellt. Für alle Szenarien ist die Anzahl der Mitarbeiter folgendermaßen festgelegt: In den Fertigungsinseln eins und zwei sind zwei Mitarbeiter vorgesehen. Die Dichtheitsprüfung dieser beiden Linien wird von einem Mitarbeiter ausgeführt. In der dritten Fertigungslinie werden drei Mitarbeiter eingesetzt.

Das erste Szenario, genannt *ZWEIST*, untersucht das System unter Verwendung des Arbeitsplans zur Herstellung der Zweistutzenvariante für alle drei Montagelinien. Das zweite Szenario *EINST* wurde gebildet, um das geplante System mit dem Einstutzen-Arbeitsplan in allen drei Fertigungsinseln zu untersuchen. Im Anschluß daran wird das Systemverhalten bei unterschiedlichen Arbeitsplänen in den Gruppen mit dem dritten Szenario *GEMISCH* untersucht. In den Fertigungsinseln eins und drei werden Zweistutzen-Gaszähler erstellt und in der zweiten Gruppe Einstutzen-Gaszähler. Das weitere Vorgehen hängt von den Ergebnissen der Simulation mit diesen Szenarien ab.

**Ergebnisaufbereitung und -darstellung**

Ziel ist die Ermittlung des Systemverhaltens und der Schwachstellen. Um das Systemverhalten darzustellen, wird auf die Ergebnisse der Szenarien *ZWEIST*(utzen) und *EINST*(utzen) zurückgegriffen. Die angegebenen Zahlen sind den Summary-Reports der entsprechenden Simulationsläufe entnommen. Die graphische Aufbereitung erfolgte mit einem Graphikpaket.

In der Abbildung 6.6 sind die produzierten Stückzahlen der Fertigungslinien für die zwei unterschiedenen Arbeitspläne dargestellt. Erwartungsgemäß weichen die Ausbringungsmengen der ersten und zweiten Fertigungslinie innerhalb eines Szenarios nicht voneinander ab. Überraschend ist, daß sich die Ausbringungsmengen der beiden Fertigungslinien auch unter Anwendung des zweiten Arbeitsplans kaum ändern. Insgesamt unterscheiden sich die Ausbringungsmengen der ersten und zweiten Fertigungslinie in den beiden Szenarien um lediglich fünf Einheiten..

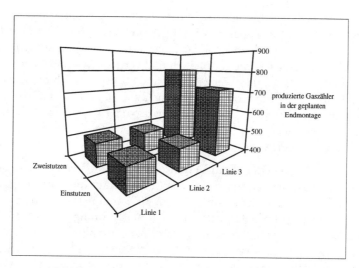

*Abbildung 6.6: Ausbringungsmengen der Montagelinien*

Im Vergleich dazu hat sich die Ausbringungsmenge in der Fertigungslinie drei bei einem Wechsel des Arbeitsplans um 11% verringert. Zu vermuten ist, daß bei den Fertigungslinien eins und zwei der Engpaß in der letzten Bearbeitungsstation (Dichtheitskontrolle) liegt. Ein Engpaß für die dritte Fertigungslinie ist nicht direkt erkennbar und scheint vom Szenario abhängig zu sein. Hinweise, wo ein Engpaß zu finden ist, geben die Auslastungen der Ressourcen.

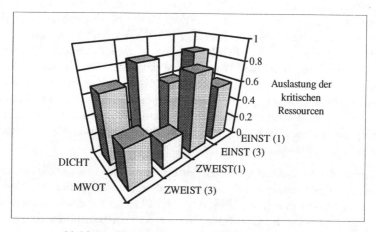

*Abbildung 6.7: Auslastung der kritischen Ressourcen*

In der Abbildung 6.7 sind die Auslastung der Dichtheitsüberprüfung (*DICHT*) und die entsprechenden Werte für den Einbau des Meßwerks (*MWOT*) aufgetragen. Die Er-

gebnisse des Einbaus der Meßwerke der Linien eins und zwei unterscheiden sich innerhalb eines Szenarios nicht. Daher werden hier nur Werte für die Linie (1) und die
Linie (3) der Szenarien *EINST* und *ZWEIST* dargestellt. Die Linien eins und zwei benutzen die Dichtheitskontrolle gleichermaßen und verursachen in beiden Szenarien die
hohe Auslastung (0,87). Bei den Werten der Linie (1) erhöht sich die Auslastung der
Ressource *MWOT* beim Szenario *EINST* von 27% auf 58%. Bei der Fertigungslinie (3) steigt die Auslastung des Meßwerkeinbaus von 40% auf 78%, dabei reduziert
sich die Belegung der Dichtheitsprüfanlage von 68% auf 60%. Bei einer Änderung des
Arbeitsplans liegt also ein Wechsel des Engpasses vor.

Die Auslastung der Mitarbeiter ist im Verhältnis zu der zur Verfügung stehenden Anzahl in den Fertigungslinien zu sehen. Bei *ZWEIST* beträgt die Auslastung der Mitarbeiter bei den ersten beiden Fertigungslinien ca. 80% und bei der dritten Fertigungslinie sogar 89%. Der Mitarbeiter bei der Dichtheitsprüfung ist mit 36% deutlich
geringer ausgelastet. Die Aufgabenverteilung sollte nochmals durchdacht werden. Die
Werte von *EINST* unterscheiden sich von diesen Ergebnissen lediglich bei den Mitarbeitern der Fertigungslinien eins und zwei. Sie liegen dort zwischen 92% und 93%. Die
Mitarbeiter sind trotz gleichbleibender Ausbringungsmenge höher ausgelastet. Die
Mitarbeiter der Fertigungslinie drei sind bei *EINST* zu 90% ausgelastet. Der Mitarbeiter bei der Dichtheitskontrolle der Gaszähler der Fertigungslinien eins und zwei ist erneut zu 36% ausgelastet. Für ihn haben sich weder die Bearbeitungszeiten noch die Anzahl an auszuführenden Tätigkeiten verändert.

*Lösungsvorschläge für das reale Problem*

Mit der vorangegangenen Simulation ist nachgewiesen, daß die Kapazität der Endmontage aufgrund der Zulieferrate der Meßwerke die produzierbare Anzahl mit den
angenommenen Mitarbeiterzahlen übersteigt. Die Kombination von zwei Fertigungslinien über die Vorrichtung der Dichtheitsüberprüfung erscheint nicht zweckmäßig.
Die Leistung der Fertigungslinie (3) entspricht fast der Gesamtleistung der beiden
übrigen Fertigungslinien. Daher sollte in Betracht gezogen werden, die geplante Endmontage über zwei unabhängige Fertigungslinien zu organisieren. Die Werte der Fertigungslinie (3) können stellvertretend für zwei solche Linien herangezogen werden.
Die Ausbringungsmenge der Montage ist höher als die maximale Bereitstellung an
Meßwerken.

Bei Betrachtung der Ausbringungsmenge der Fertigungslinie (3) für die beiden Varianten fällt auf, daß das Verhältnis annähernd mit dem aus den Verkaufszahlen ermittelten Verhältnis übereinstimmt. Die Vorgabe war, 4/9 (44,4 %) der Gaszähler mit einem
Stutzen und 5/9 (55,6 %) der Gaszähler mit zwei Stutzen zu produzieren. Bei zwei unabhängigen Linien können Gaszähler der beiden Varianten ausreichend produziert
werden. Dafür werden jeder Fertigungslinie ein eigener Arbeitsplan und drei Mitarbeiter zugeordnet. Die auf der Grundlage der ersten Simulationsläufe angestellten Überlegungen wurden dann in einem verbesserten Modell überprüft.

## Das verbesserte Modell

Untersucht wurde ein Produktionssystem mit zwei unabhängigen Fertigungslinien. Jede Linie ist fest mit einem Arbeitsplan, Einstutzen oder Zweistutzen, verbunden. Typwechsel sind nicht notwendig. Bereitgestellt werden höchsten 27 Rondelle mit Meßwerken, d.h. das System läuft am Ende automatisch leer.

```
         **STATISTICS FOR VARIABLES BASED ON OBSERVATION**

             MEAN       STANDARD    COEFF.OF    MINIMUM  MAXIMUM
             VALUE      DEVIATION   VARIATION   VALUE    VALUE

ABSTAND_1    33,5       28,3        0,846       14,6     279
ABSTAND_2    41,5       94,7        2,28        14,6     2270

DLZ EINST    1540       383         0,249       171      2290
DLZ ZWEIST   1160       308         0,265       141      1630
```

*Abbildung 6.8: Ausgewählte Werte des Summary-Reports des verbesserten Modells*

Die von SLAM ermittelten Werte unterscheiden sich kaum von den Werten der Fertigungslinie (3) der vorangegangenen Analyse. Neben den Durchlaufzeiten (DLZ) sind mit Abstand_1 und Abstand_2 die Zykluszeiten der entsprechenden Zähler angegeben. Aufgrund der begrenzten Anzahl bereitgestellter Meßwerke werden insgesamt weniger Gaszähler fertiggestellt als in der vorherigen Untersuchung. Die Auslastung der Mitarbeiter beträgt für die Mitarbeiter der Fertigungslinie (1) 84,6% und für die Fertigungslinie (2) 77,7%.

Der Vorschlag, die gesamte Endmontage über zwei Gruppen zu organisieren, wird durch die Simulationsergebnisse unterstützt. Es ist nachgewiesen, daß durch die beiden Fertigungslinien alle Meßwerke tatsächlich montiert werden können.

## Dokumentation und Präsentation

Zu Präsentationszwecken wurde eine Animation erstellt (vgl. Abbildung 6.9). Dabei wurde eine Fertigungslinie abgebildet. Sie verdeutlicht das in der Interpretation bereits erläuterte Systemverhalten in unterschiedlichen Phasen der Simulation. Es kann verfolgt werden, wie sich das System langsam füllt und wie die Montagevorgänge ablaufen. Der Stillstand des Systems bei einer Pause der Mitarbeiter wird ebenso wie das Entstehen eines Engpasses deutlich. Die Animation hatte die Aufgabe, die Entscheidungsträger von den Strukturen des Modells zu überzeugen. Die durch die Simulationsergebnisse aufgezeigten Verbesserungsvorschläge sind bei der Auslegung des Systems im Unternehmen angemessen berücksichtigt worden. Die Dokumentation des Projekts erfolgte in Form einer Diplomarbeit, in der die gesamte Vorgehensweise detailliert beschrieben wurde (Wiese 1992).

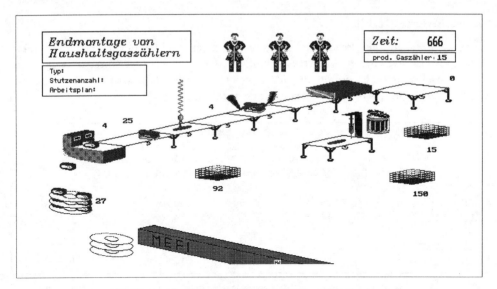

*Abbildung 6.9: Animationslayout der Gaszählerfertigung*

# 7 SLAM-Sprachelemente und Modellierungshinweise

## 7.1 Grundlagen

### 7.1.1 Abgrenzung der Sprachelemente

In diesem Kapitel werden die Elemente der Simulationssprache SLAM erläutert. Der grundsätzliche Aufbau von SLAM-Programmen wurde bereits im dritten Kapitel diskutiert (vgl. Abschnitt 3.1), so daß die Aufgaben von Netzwerken und Kontrolldateien als bekannt vorausgesetzt werden können. Da sich die Modellierung in diesem Buch auf Fertigungssysteme beschränkt, die gut mit Hilfe der diskreten Simulation abgebildet werden können, sind die SLAM-Elemente zur kontinuierlichen Simulation, wie der DETECT-Knoten, der CONTINOUS-Befehl, der SEVNT-Befehl und die Vektoren SS und DD, weggelassen worden. Ebenfalls werden die Schnittstellen zu FORTRAN nicht weiter erläutert. Die Knoten EVENT und ENTER fehlen daher ebenso in der Beschreibung wie die Funktionen, die von dem Modellbauer in FORTRAN programmiert werden müssen.

Neben den Aktivitäten, Blöcken und Knoten werden übergreifende Konzepte erläutert. Dazu zählen Variablen, Warteschlangen und der grundsätzliche Knotenaufbau. Außerdem wird ein Bezeichnerverzeichnis angelegt, um den Wertebereich von Modellparametern einheitlich zu beschreiben. Die Erläuterung der Material Handling Extension ist in den Abschnitt 7.4 ausgegliedert, da die Materialflußelemente nicht auf allen Systemen verfügbar sind. Bei der Beschreibung sind sie nicht formal nach Aktivitäten, Blöcken und Knoten, sondern inhaltlich nach Kranen und Transportsystemen gegliedert. Die Beschreibung der Sprachelemente beschränkt sich nicht nur auf die Syntax. Sie wird durch zahlreiche Beispiele und kleine Anwendungsfälle ergänzt. Durch diese Modellierungshinweise wird das Kapitel 7 zu einer Fundgrube für den Modellbauer, der über die vorgestellten Anwendungen Lösungshinweise für eigene Modellierungsprobleme findet. Komplexe Anwendungen zu den einzelnen Elementen können in Kapitel 3 und 4 nachvollzogen werden.

### 7.1.2 Variablen

#### Attribute und globale Variablen

SLAM-Programme bestehen aus Netzwerken, die von Einheiten durchlaufen werden. Den Einheiten können Eigenschaften zugewiesen werden. Für jede Einheit verwaltet SLAMSYSTEM einen Vektor ATRIB der Länge MATR. Der LIMITS-Befehl setzt in der Kontrolldatei den Wert des Parameters MATR fest. Im Netzwerk erfolgt der Zugriff auf ein bestimmtes Attribut bzw. auf eine Vektorposition über den Ausdruck ATRIB(*Index*), wobei der Parameter *Index* eine positive ganze Zahl oder die Systemvariable II bezeichnet. Der Vektor ATRIB kann als der private Speicher einer Einheit aufgefaßt werden.

Neben den einheitenspezifischen können globale Variablen verwendet werden. Der Gültigkeitsbereich der globalen Variablen erstreckt sich über alle Systemelemente. Der Wert einer globalen Variablen ist für alle Einheiten identisch. SLAM verwaltet globale Variablen in einem Vektor XX oder in Feldern.

Der Zugriff auf eine globale Variable des Vektors XX erfolgt wiederum über die Vektorposition. Der Ausdruck XX(*Index*) liefert den Wert, der an Position *Index* des Vektors XX steht. Die Länge des Vektors XX ist systemabhängig. In der Version 4.0 von SLAMSYSTEM unter dem Betriebssystem OS/2 ist die Anzahl auf 500 beschränkt.

Felder sind Reihen von Variablen. Der Feldname ist grundsätzlich ARRAY. Der ARRAY-Befehl in der Kontrolldatei definiert Felder durch Spezifikation einer Feldnummer, der Feldlänge und der Feldwerte. Ein Feld mit der Nummer 5, der Länge 6 und den ersten sechs Quadratzahlen kann z.B. durch:

```
ARRAY(5,6) /1, 4, 9, 16, 25, 36;
```

definiert werden. Der Zugriff auf globale Variablen eines Feldes erfolgt über die Feldnummer und die Feldposition. ARRAY(5,4) bezeichnet z.B. die vierte Position im fünften Feld, also die Zahl 16. Die Anzahl der Felder ist wiederum durch SLAMSYSTEM beschränkt.

| Variable | Definition |
| --- | --- |
| II | ganze Zahl |
| ATRIB(*Index*) | das Attribut *Index* der aktuellen Einheit |
| XX(*Index*) | globale Variable *Index* |
| ARRAY(Index,Index) | globale Feldvariable, wobei die erste Indexposition die Feldnummer und die zweite die Feldposition angibt |

*Tabelle 7.1: Globale Variablen*

Tabelle 7.1 stellt die bisher diskutierten Variablen zusammen. Attribute und globale Variablen sind frei programmierbar, d.h. die Variablenwerte können in SLAM-Programmen verändert werden. Der EQUIVALENCE-Befehl in der Kontrolldatei erlaubt eine inhaltliche Bezeichnung von Attributen und globalen Variablen. Netzwerke werden durch die Verwendung von Synonymen lesbarer.

## Statusvariablen

Statusvariablen erteilen Auskunft über den Systemzustand. So können Informationen über die Simulationszeit, Ressourcen, Sperren und Warteschlangen abgerufen werden. Darüber hinaus kann mit Hilfe der Variablen GGTBLN auf Tableaus zugegriffen werden.

Tableaus ordnen den Werten einer unabhängigen Variable X die Werte einer abhängigen Variablen Y zu. Die abhängigen Werte können auch als Funktionswerte und die Tableaus als Wertetabellen bezeichnet werden. Die Werte von X und Y können in zwei Feldern mit den Nummern *arrayX* und *arrayY* abgelegt werden. Die Variable GGTBL-N(*arrayX,arrayY,Konstante*) liefert dann den Funktionswert von *Konstante*. Am Beispiel der Funktion y = x(x²-1)+x mit x [-2,-1,0,1,2] soll das Zusammenspiel der Felder illustriert werden. Es werden zwei Felder (*arrayX* = 1; *arrayY* = 2) definiert. Array eins enthält eine Liste von Werten, Array zwei die zugehörigen Funktionswerte der Beispielfunktion.

```
ARRAY(1,5)/-2,-1,0,1,2;
ARRAY(2,5)/-8,-1,0,1,8.
```

Der Ausdruck GGTBLN(1,2,-2) liefert den Funktionswert von -2, also -8.

Tabelle 7.2 zeigt alle Statusvariablen von SLAM im Überblick. Falls SLAM um die Material Handling Extension erweitert worden ist, stehen weitere Statusvariablen zur Verfügung (vgl. Tabelle 7.5).

| SLAM-Variable | Definition |
|---|---|
| GGTBLN(*arrayX,arrayY,Konstante*) | Wert von ARRAY(*arrayY, position*), wobei *position* die Position der Zahl *Konstante* im Feld *arrayX* bezeichnet |
| TNOW | aktuelle Simulationszeit |
| NNACT(*iact*) | aktuelle Auslastung der Aktivität *iact* |
| NNCNT(*iact*) | Anzahl der Einheiten, die die Aktivität *iact* durchlaufen haben |
| NNQ(*ifile*) | aktuelle Anzahl der Einheiten in der Datei *ifile* |
| NNGATE(*ig*) | Status der Sperre *ig* (0 – offen, 1 – geschlossen) |
| NNRSC(*nres*) | aktuelle, freie Kapazität der Ressource *nres* |
| NRUSE(*nres*) | aktuelle Auslastung der Ressource *nres* |

*Tabelle 7.2: Statusvariablen*

## Zufallszahlen

Neben Attributen, globalen Variablen und Statusvariablen existieren noch Zufallszahlen. Statusvariablen und Zufallszahlen sind nicht frei programmierbar, d.h. die Werte werden von dem System berechnet und können im Programm nicht verändert werden. Sie stellen vielmehr den Wert von Funktionen dar. SLAM kann Pseudozufallszahlen mehrerer Verteilungen generieren (vgl. Abschnitt 1.2.4). Tabelle 7.3 zeigt eine Zusammenstellung der implementierten Verteilungstypen. Die Variable *is* gibt jeweils einen der zehn Zufallszahlenströme an, der der Verteilung zugrundeliegt. Der SEEDS-Befehl in der Kontrolldatei erlaubt eine Änderung der voreingestellten Startwerte. Wenn die Angabe des Zufallszahlenstroms fehlt, wird der neunte Strom ausgewählt.

| Zufallszahl | Definition |
|---|---|
| BETA(*theta, phi, is*) | Eine mit den Parametern *theta* und *phi* betaverteilte Zufallszahl. |
| DPROBN(*cprob, value, is*) | Eine Zufallszahl, die sich aus einer diskreten Wahrscheinlichkeitsverteilung ergibt. Das Array *cprob* enthält die kumulierten Wahrscheinlichkeiten, das Array *value* die entsprechenden Werte. |
| DRAND(*is*) | Eine in den Grenzen null und eins gleichverteilte Zufallszahl. |
| ERLNG(*emn, xk, is*) | Eine erlangverteilte Zufallszahl, die sich aus der Summe von *xk* Exponentialverteilungen und dem Mittelwert *emn* ergibt. |
| EXPON(*xmn, is*) | Eine mit dem Mittelwert *xmn* exponentialverteilte Zufallszahl. |
| GAMA(*beta, alpha, is*) | Eine mit den Parametern *beta* und *alpha* gammaverteilte Zufallszahl. |
| NPSSN(*xmn, is*) | Eine mit dem Mittelwert *xmn* poissonverteilte Zufallszahl. |
| RLOGN(*xmn, std, is*) | Eine mit dem Mittelwert *xmn* und der Standardabweichung *std* logarithmisch normalverteilte Zufallszahl. |
| RNORM(*xmn, std, is*) | Eine mit dem Mittelwert *xmn* und der Standardabweichung *std* normalverteilte Zufallszahl. |
| TRIAG(*xlo, xmode, xhi, is*) | Eine in dem Intervall *[xlo;xhi]* mit dem Moduswert *xmode* dreiecksverteilte Zufallszahl. |
| UNFRM(*ulo, uhi, is*) | Eine im Intervall *[ulo;uhi]* gleichverteilte Zufallszahl. |
| WEIBL(*beta, alpha, is*) | Eine mit den Parametern *beta* und *alpha* weibullverteilte Zufallszahl. |

*Tabelle 7.3: Zufallszahlen*

**Warteschlangen**

Einheiten können im Netzwerk von Knoten in Abhängigkeit von Bedingungen aufgehalten werden. Warteschlangen übernehmen dann die Verwaltung dieser aufgehalte-
nen Einheiten. Dazu werden die Einheiten in eine Liste bzw. in eine externe Datei ein-
sortiert. Eine Warteschlange entspricht also einer externen Datei, die im folgenden als
Warteschlangendatei bezeichnet wird. Die Warteschlangendatei wird nach dem FIFO-
Prinzip (First-In-First-Out) abgearbeitet. Der PRIORITY-Befehl in der Kontrolldatei
kann diese Voreinstellung durch andere Regeln ersetzen.

Die Kapazität von Warteschlangen läßt sich begrenzen. Wenn eine Warteschlange voll
ist, kann entweder das Netzwerk vor dem zugehörigen Knoten durch den Zusatz
BLOCK blockiert werden oder die Einheit kann zu einem Knoten mit dem Label *nlbl*
durch den Zusatz BALK(*nlbl*) gelenkt werden. Im Netzwerk weisen zwei senkrechte
Striche vor einem Knoten auf die BLOCK-Spezifikation hin. Wenn der Funktionsteil
eines Knotens mit einem Pfeil und einem Label versehen ist, werden die Einheiten bei
Bedarf umgelenkt.

## 7.1.3 Knotenaufbau

Jeder Knoten besteht aus einem Funktions- und einem Weiterleitungsteil. Während
sich die Knoten im Funktionsteil unterscheiden, erfolgt die Weiterleitung von Einheiten
immer in Abhängigkeit vom Parameter M. Der Weiterleitungsteil wird als M-Identifier
bezeichnet.

Ein Knoten kann mehrere Ausgänge haben. Die Variable M gibt die maximale Anzahl
von auswählbaren Zweigen an. Wenn M größer als eins ist, kann die Einheit kopiert
und durch mehrere Ausgänge geschleust werden.

Die Auswahl von Zweigen erfolgt anhand von Wahrscheinlichkeiten bzw. Bedingungen, mit denen die Wege (Aktivitäten) versehen worden sind. Die Prüfung der Bedingungen erfolgt von oben nach unten. Wenn keine Bedingung erfüllt ist, wird die Einheit
zerstört. Die Voreinstellung von M ist unendlich (inf), d.h. jeder Weg wird genommen,
dessen Bedingung erfüllt ist. Für die Berechnung der Wahrscheinlichkeiten wird grundsätzlich der zehnte Zufallszahlenstrom gewählt.

*Beispiel:*

```
GOON, 2;
      ACTIVITY,, P1, L1;
      ACTIVITY,, P2, L2;
      ACTIVITY,, C1, L3;
      ACTIVITY,, C2, L4;
      ACTIVITY,, C3, L5;
```

Der GOON-Knoten hat fünf Ausgänge, von denen maximal zwei ausgewählt werden können. Die Wahrscheinlichkeiten P1 und P2 addieren sich zu eins. Von diesen beiden Wegen wird immer einer genommen. Von den übrigen Zweigen kann maximal einer in Abhängigkeit der Bedingungen C1, C2 bzw. C3 benutzt werden. Wenn mehrere Bedingungen erfüllt sind, hat der jeweils höhere Zweig Priorität.

## 7.1.4  Bezeichnerverzeichnis

Die Optionen von Netzwerk- und Kontrollbefehlen werden mit Hilfe mehrerer Bezeichner erläutert. Tabelle 7.4 gibt einen Überblick der verwendeten Symbole und deren Bedeutung. Bezeichner werden grundsätzlich kursiv geschrieben, da sie im Programm ersetzt werden müssen.

| Symbol | Erläuterung |
| --- | --- |
| *Index* | positive ganze Zahl oder II |
| *Konstante* | rationale Zahl |
| *Boolean* | Y(es) oder N(o) |
| *Kardinal* | positive ganze Zahl |
| *Zeichenkette(m)* | Liste von *m* alphanumerischen Zeichen |
| *Statusvariable* | Statusvariable (vgl. Tabelle 7.2) |
| *Zufallszahl* | Zufallszahl (vgl. Tabelle 7.3) |
| *Variable* | II, XX(*Index*), ARRAY(*Index,Index*) oder ATRIB(*Index*), *Statusvariable* |
| *Wert* | Konstante, Variable |
| *Ausdruck* | Verknüpfung von *Werten* und *Zufallszahlen* durch arithmetische Operatoren. Die Zahl der Operatoren ist auf zehn beschränkt. Die Multiplikation hat vor der Addition Vorrang. Klammern sind nur für die Indizierung von Variablen zugelassen. |
| *Bedingung* | *Vergleichswert.Vergleichsoperator.Vergleichswert*; wobei der *Vergleichswert* eine *Zufallszahl* oder ein *Wert* ist, *Vergleichsoperatoren* sind LT (kleiner als), LE (kleiner gleich), EQ (gleich), GE (größer gleich), GT (größer als) oder NE (ungleich). Zwei oder mehrere Bedingungen können mit .AND. oder .OR. verbunden werden. |

*Tabelle 7.4: Bezeichnerverzeichnis*

# 7.2 Netzwerkelemente

## 7.2.1 Aktivitäten

**Aktivität: REGULAR**

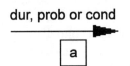

```
ACTIVITY/a, dur, prob oder cond, nlbl; id;
```

| Feld | Option | Voreinstellung |
|------|--------|----------------|
| a | Kardinal (<100) oder ATRIB(Index) = j,k | keine Statistik |
| dur | Ausdruck | 0 |
| prob | Konstante aus dem Intervall [0; 1] | unbesetzt |
| cond | Bedingung | unbesetzt |
| nlbl | Zeichenkette(4) | nächster Knoten in der Sequenz |
| id | Zeichenkette(12) | Leerzeichen |

Eine REGULAR-Aktivität ist eine Verbindung zwischen zwei Knoten, die nicht von einem QUEUE- oder SELECT-Knoten ausgeht. Die REGULAR-Aktivität dient insbesondere zur Verzögerung von Einheiten und zur Auswahl von nachfolgenden Knoten.

In der Netzwerkdatei stehen alle Symboldefinitionen/Netzwerkbefehle sequentiell hintereinander. Eine Verbindung zwischen zwei Knoten wird mit einer Aktivität aufgebaut. Wenn von dieser direkten Sequenz abgewichen werden soll, muß durch die Spezifizierung von *nlbl* an einer Aktivität ein anderer Zielknoten bestimmt werden.

Die Variable *dur* gibt die Dauer der Verzögerung (Transport-, Bearbeitungszeit etc.) an. Die Auswahl des Nachfolgerknotens kann in Abhängigkeit einer Bedingung *cond* oder einer Wahrscheinlichkeit *prob* vorgenommen werden. Im Netzwerkeditor können zwei Knoten mit Hilfe der Maus verbunden werden. SLAMSYSTEM vergibt dann intern Label.

Die Aktivitäten können mittels der Variablen *a* durchnumeriert werden. *id* erlaubt eine alphanumerische Identifizierung der Statistik der REGULAR-Aktivität im Summary-Report. Es können in Abhängigkeit eines Attributs unterschiedliche Statistiken aktualisiert werden. Die Variable *a* gibt dann das auswählende Attribut und dessen Wertebereich an.

Aktivitäten stellen grundsätzlich die Verbindung zweier Knoten dar. Im Textmodus von SLAMSYSTEM kann eine Aktivität zwischen zwei Knoten unter den folgenden Bedingungen entfallen:

▶ keine Verzögerungszeit,

▶ alle Einheiten durchlaufen sowohl den Vorgänger- als auch den Nachfolgerknoten,

▶ die Knoten stehen direkt hintereinander.

Wenn eine Aktivität numeriert worden ist, werden im Summary-Report in der Rubrik REGULAR ACTIVITY STATISTICS folgende Werte aufgeführt:

Identifizierung, durchschnittliche, maximale und aktuelle Auslastung und die Standardabweichung der Auslastung.

Verweis:        ⇒ **Aktivität SERVICE**

**Typische Anwendungen:**

*I. Verzögerung von Einheiten:*

```
ACTIVITY/1, 10; LAGERAB;
```

Die Einheiten werden um zehn Zeiteinheiten verzögert. Der Summary-Report enthält unter der Aktivitätsnummer eins und dem Label LAGERAB Informationen über die Auslastung der Aktivität.

*II. Auswahl von Nachfolgerknoten:*

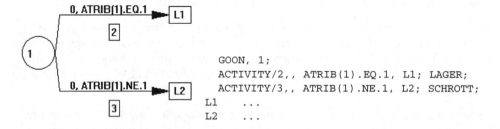

```
GOON, 1;
ACTIVITY/2,, ATRIB(1).EQ.1, L1; LAGER;
ACTIVITY/3,, ATRIB(1).NE.1, L2; SCHROTT;
L1    ...
L2    ...
```

Das erste Attribut bestimmt den Nachfolgerknoten. Wenn der Attributwert gleich eins ist, wird die Einheit zum Knoten mit dem Label L1 geleitet. Sonst wird die Einheit zum

Knoten mit dem Label L2 gelenkt. Im Summary-Report werden unter der Bezeichnung LAGER alle zum Knoten L1 weitergeleiteten Einheiten und unter der Bezeichnung SCHROTT alle zum Knoten L2 weitergeleiteten Einheiten gezählt (siehe M-Identifier).

## Aktivität: SERVICE

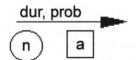

ACTIVITY(n)/a, dur, prob, nlbl; id;

| Feld | Option | Voreinstellung |
|------|--------|----------------|
| n | Kardinal | 1 |
| a | Kardinal (<100) oder ATRIB(Index) = j,k | keine Statistik |
| dur | Ausdruck | 0 |
| prob | Kardinal aus dem Intervall [0; 1] | unbesetzt |
| nlbl | Zeichenkette(4) | nächster Knoten in der Sequenz |
| id | Zeichenkette(12) | Leerzeichen |

Eine SERVICE-Aktivität ist eine Verbindung zwischen zwei Knoten, die von einem QUEUE- oder SELECT-Knoten ausgeht. Die SERVICE-Aktivität ist eine eingeschränkte REGULAR-Aktivität. Während die REGULAR-Aktivität beliebig viele Einheiten parallel verzögern kann, werden von der SERVICE-Aktivität nur $n$ Einheiten parallel bearbeitet, d.h. ein Engpaß tritt auf. Der Parameter $nlbl$ bestimmt den Zielknoten, $dur$ den Zeitraum der Verzögerung und $prob$ die Wahrscheinlichkeit für die Auswahl der Aktivität.

Eine Auswahl von SERVICE-Aktivitäten mittels Bedingungen ist im Gegensatz zu REGULAR-Aktivitäten nicht möglich. Die Aktivitäten können mittels der Variablen $a$ durchnumeriert werden. $id$ erlaubt eine textorientierte Identifizierung der Statistik im Summary-Report. Es können in Abhängigkeit von einem Attribut unterschiedliche Statistiken aktualisert werden. Die Variable $a$ gibt dann das auswählende Attribut und dessen Wertebereich an. Da die Kapazität von Service-Aktivitäten beschränkt ist, wird dieser Knoten zur Modellierung einer Bearbeitungsstation (Service-Station) herangezogen. Die Warteschlange vor der Aktivität fängt die Engpaßsituation auf.

Während REGULAR-Aktivitäten zur Abbildung von Transport- und Bearbeitungszeiten dienen, können mit SERVICE-Aktivitäten auch Engpässe (Maschinen, Werker etc.) beschrieben werden. Jede SERVICE-Aktivität kann durch das Ressourcenkonzept ersetzt werden. Die Kapazitäten von Ressourcen können im Netzwerk verändert werden, so daß Störfälle und Pausen modelliert werden können. Auf Ressourcen kann grundsätzlich von verschiedenen Orten des Netzwerks zugegriffen werden. Außerdem liefern Ressourcendefinitionen einen besseren Kapazitätsüberblick.

Aufgrund der größeren Flexibilität ist es besser, Bedienstationen, z.B. Maschinen oder Werker, nicht mit SERVICE-Aktivitäten, sondern mit Hilfe des Ressourcenkonzepts zu modellieren. Allenfalls für einfache Bedienstationen eignet sich eine SERVICE-Aktivität. Eine Ausnahme stellt die Auswahl von Warteschlangen und Ressourcen mit Hilfe des SELECT-Knotens dar. Dieser Knoten arbeitet nur in Verbindung mit SERVICE-Aktivitäten. Oft läßt sich aber ein SELECT-Knoten für die Auswahl von Warteschlangen unter Ausnutzung des PRIORITY-Befehls und des Ressourcenkonzepts vermeiden.

Bei numerierten Aktivitäten werden im Summary-Report in der Rubrik SERVICE ACTIVITY STATISTICS folgende Werte in Abhängigkeit von der Serveranzahl $n$ aufgeführt:

▶ Serveranzahl = 1:
Identifizierung, Anzahl von parallelen Bearbeitungsstationen, durchschnittliche, maximale und aktuelle Auslastung sowie die Standardabweichung der Auslastung, maximale Zeit ununterbrochener Beschäftigung, Blockungszeit, maximale Zeit unterbrochener Beschäftigung sowie maximale Anzahl der gleichzeitig bearbeiteten Einheiten.

▶ Serveranzahl >1:
Identifizierung, Anzahl von parallelen Bearbeitungsstationen, durchschnittliche, maximale und aktuelle Auslastung sowie die Standardabweichung der Auslastung, durchschnittliche Anzahl geblockter Einheiten, maximale Anzahl beschäftiger bzw. freier Servereinheiten sowie maximale Anzahl der bearbeiteten Einheiten.

Verweise:     ⇒ **Aktivität REGULAR, AWAIT, FREE, RESOURCE**

**Typische Anwendungen:**

*I. Transportwege:*

Zwei Fertigungshallen sind durch einen Gang verbunden, in dem maximal ein Gabelstapler fahren darf. Der Durchgang stellt einen Engpaß mit fester Kapazität dar.

```
QUEUE(1);
ACTIVITY(1)/2, 10; DURCHGANG;
```

Die Aktivität zwei bildet die Situation ab. Es kann maximal eine Einheit diesen Engpaß passieren. Die Durchquerung dauert zehn Zeiteinheiten. Falls die Aktivität belegt ist, werden ankommende Einheiten in die Warteschlangendatei eins eingestellt. Im Summary-Report erscheint unter dem Label DURCHGANG eine Auslastungsstatistik des Durchgangs.

*II. Auswahl von einfachen Bedienstationen:*

Siehe SELECT.

## 7.2.2 Blöcke

*Block: GATE*

| num | gate | status | ifls | GATE/num, gate, open or close, ifls |
|-----|------|--------|------|--------------------------------------|

| Feld | Option | Voreinstellung |
|------|--------|----------------|
| *num* | *Kardinal* oder Leerzeichen | sequentielle Ordnung |
| *gate* | *Zeichenkette*(8)< | Angabe erforderlich |
| *open or close* | OPEN oder CLOSE | OPEN |
| *ifls* | Liste von *Kardinal* | Angabe erforderlich |

Der GATE-Block definiert eine logische Sperre *gate* mit dem Anfangsstatus *open* oder *close*. Einheiten können in Abhängigkeit von der Sperre an einem AWAIT-Knoten verzögert werden. Dort werden sie solange aufgehalten, bis die Sperre geöffnet wird. *ifls* gibt eine Liste von Warteschlangendateien an, in der die Einheiten am AWAIT-Knoten eingestellt werden können.

Der Parameter *num* gibt den numerischen Schlüssel der Sperre an. Wenn *num* nicht spezifiziert worden ist, werden die Nummern von SLAM entsprechend der Position im Netzwerk automatisch vergeben.

Logische Sperren werden verwendet, um Einheiten in Abhängigkeit von einer beliebigen Bedingung aufzuhalten oder weiterzuleiten. Der Status der Sperre gibt an, ob die Bedingung erfüllt ist. Wenn die Bedingung unabhängig vom Fluß der Einheiten ist, müssen logische Sperren verwendet werden. GATEs dienen also zur Steuerung. Der AWAIT-Knoten ändert im Gegensatz zu Ressourcen den Status von Sperren nicht. Der Status der Sperre kann nur mit den OPEN- und CLOSE-Knoten verändert werden.

In der Rubrik GATE STATISTICS des Summary-Reports werden folgende Informationen über den Status der Sperre aufgenommen:

Sperrennummer, -label, aktueller Status, Prozentsatz der Zeit, in der die Sperre offen war.

Verweise:     ⇒ **AWAIT, CLOSE, OPEN**

**Typische Anwendung:**

*Ampelsteuerung:*

Ein Artikel soll nur dann weiterverarbeitet bzw. transportiert werden, wenn eine Ampel grünes Licht zeigt. Eine Sperre kann zur Modellierung der Ampel herangezogen werden.

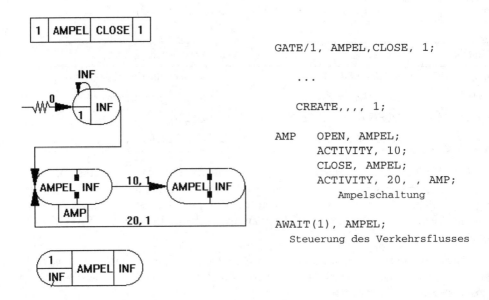

```
GATE/1, AMPEL,CLOSE, 1;

      . . .

      CREATE,,,, 1;

AMP    OPEN, AMPEL;
       ACTIVITY, 10;
       CLOSE, AMPEL;
       ACTIVITY, 20, , AMP;
          Ampelschaltung

AWAIT(1), AMPEL;
     Steuerung des Verkehrsflusses
```

Der GATE-Knoten definiert eine Sperre mit dem Namen AMPEL und dem numerischen Code eins. Die Ampelphasen entsprechen dem Status der Sperre, d.h. bei einer geschlossenen Sperre leuchtet die Ampel rot und bei einer offenen Sperre grün. Die nächsten Statements steuern die Ampel. Zum Zeitpunkt null wird eine Einheit erzeugt, die den Status der Ampel reguliert. Die Ampel schaltet in Abständen von 20 Zeiteinheiten für zehn Zeiteinheiten auf grün. Die Ampelsteuerung ist unabhängig vom Verkehrsfluß.

Der AWAIT-Knoten verzögert alle Einheiten (Fahrzeuge) in der Wartenschlangendatei eins, falls die Ampel rot zeigt. Wenn die Ampel auf grün springt, werden alle verzögerten Einheiten weitergeleitet.

## Block: RESOURCE

| rnum | res | cap | ifls | RESOURCE/ $rnum$, $res(cap)$, $ifls$; |
|------|-----|-----|------|

| Feld | Option | Voreinstellung |
|------|--------|----------------|
| *rnum* | *Kardinal* oder Leerzeichen | sequentielle Ordnung |
| *res* | *Zeichenkette*(8) | Angabe erforderlich |
| *cap* | *Kardinal* | 1 |
| *ifls* | Liste von *Kardinal* | Angabe erforderlich |

*Der RESOURCE-Block definiert eine REGULAR-Ressource bzw. einen Engpaß res* mit der Anfangskapazität *cap*. Die Ressource erhält einen numerischen Schlüssel über die sequentielle Anordnung in der Netzwerkdatei, d.h. die erste definierte Ressource bekommt die Nummer eins. Die Numerierung kann durch *rnum* geändert werden. *ifls* gibt eine Liste von Dateinummern an, in denen Einheiten verzögert werden können, wenn Kapazitätsanforderungen an die Ressource nicht erfüllbar sind. Die Dateinummern sind in der Reihenfolge aufgelistet, in denen eine Abarbeitung der Anforderungen erfolgt. Auf diese Weise können unterschiedliche Prioritäten vergeben werden.

AWAIT- und PREEMPT-Knoten bilden Anforderungen an die Ressourcen ab, d.h. diese Knoten müssen auf die entsprechenden Dateinummern der Ressourcen-Definition zurückgreifen. Durch diese Knoten werden ankommenden Einheiten Kapazitäten der Ressource zugewiesen, die mit dem FREE-Knoten wieder freigegeben werden können. Wenn die Anfangskapazität der Ressource verändert werden soll, muß der ALTER-Knoten verwendet werden.

In der Rubrik RESOURCE STATISTICS des Summary-Reports werden folgende Informationen über die Auslastung und Verfügbarkeit der Ressource aufgenommen:

Nummer, Label, aktuelle Kapazität sowie die aktuelle, durchschnittliche und maximale Auslastung und deren Standardabweichung.

Nummer, Label sowie die aktuelle, durchschnittliche, minimale und maximale Verfügbarkeit.

Verweise:  ⇒ **ALTER, AWAIT, FREE, PREEMPT**

**Typische Anwendungen:**

*I. Bedienstationen/Nicht-konsumierbare Ressourcen:*

Die Kapazität von nicht-konsumierbaren Ressourcen wird durch Einheiten bei der Belegung reduziert und muß später wieder freigegeben werden. Maschinen und Werker können z.B. als nicht-konsumierbare Ressourcen modelliert werden. Dazu müssen die Maschinen/Werker als Ressource definiert werden. Eine Belegung erfolgt durch den AWAIT-Knoten und die anschließende Freigabe durch den FREE-Knoten. Die Zeitverzögerung beispielsweise einer Bearbeitung durch die Maschine wird durch eine REGULAR-Aktivität realisiert.

Beispielsweise werden in einer Autoreparaturwerkstatt der Meister als Ressource und die Autos als Einheiten dargestellt.

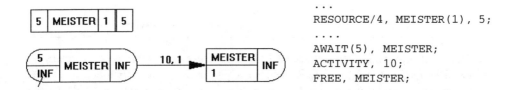

```
   ...
RESOURCE/4, MEISTER(1), 5;
   ....
AWAIT(5), MEISTER;
ACTIVITY, 10;
FREE, MEISTER;
```

Die Ressource erhält die Nummer vier und die Kennung Meister. Die fünfte Datei dient als Warteschlange. Der Meister wird für zehn Zeiteinheiten belegt und anschließend freigegeben. Das nächste Auto aus der Warteschlange kann dann den Meister belegen.

*II. Bestände/Konsumierbare Ressourcen:*

Die Kapazität von konsumierbaren Ressourcen wird von Einheiten verbraucht. Montageteile werden z.B. an eine Station geliefert und dort an einem Montagekörper befestigt. Für den weiteren Simulationsverlauf ist das einzelne Teil nicht mehr verfügbar. Konsumierbare Ressourcen werden als Block definiert. Die Anlieferung bzw. die Produktion wird mit FREE- und der Verbrauch bzw. die Montage mit einem AWAIT-Knoten modelliert.

In einem Automobilunternehmen wird die Reifenmontage simuliert. Die Reifen werden als Ressourcen definiert.

```
RESOURCE/ 3, REIFEN(100), 3;
```

Die Ressource erhält die Nummer drei und die Kennung REIFEN. Reifenanforderungen können in der Warteschlangendatei drei eingestellt werden. Zu Beginn liegen 100

Reifen auf Lager. Die Anlieferung von Reifen an die Montagestation wird durch einen FREE-Knoten modelliert. Bei jeder Anlieferung wird die Reifenanzahl um zehn Einheiten erhöht. Es muß allerdings beachtet werden, daß die maximale Anzahl von Reifen durch die Ressourcendefinition mit 100 Reifen festgelegt ist und durch den FREE-Knoten nicht erhöht werden kann.

FREE, REIFEN/10;

Die Reifenmontage wird mit dem AWAIT-Knoten abgebildet.

AWAIT(3), REIFEN/4;

Die Reifenanzahl wird um vier Einheiten reduziert. Wenn weniger als vier Reifen vorhanden sind, wird die Anforderung in der Warteschlangendatei drei solange verzögert, bis die Reifenanzahl hoch genug ist. Die Kapazität der Warteschlange ist unendlich.

*III. Förderband:*

Die Modellierung eines Förderbands ist über eine Kombination von Ressourcen realisierbar. Abbildung 7.1 gibt die grundsätzlichen Kennzeichen eines Förderbands an. Die Kapazität ist beschränkt, und zu einem Zeitpunkt kann nur ein Teil auf das Band gelegt bzw. von dem Band entfernt werden.

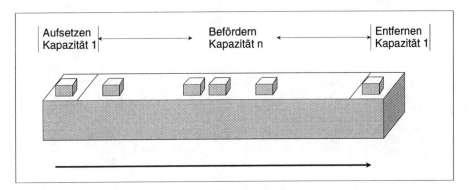

*Abbildung 7.1: Förderband*

Das Förderband wird gedanklich in die Segmente Aufgabe-, Abnahmepunkt und Förderstrecke aufgeteilt. Für jedes Segment wird eine Ressource definiert, dabei ist neben der Kapazität die Angabe der Transportzeit notwendig. Im folgenden Beispiel können sich maximal acht Teile auf dem Band aufhalten, am Aufgabe- und Abnahmepunkt jeweils eins und auf der Förderstrecke sechs. Die Transportzeiten für die drei Bereiche sind zwei, zehn und zwei Zeiteinheiten. Das folgende Netzwerk stellt eine mögliche Modellierung dar:

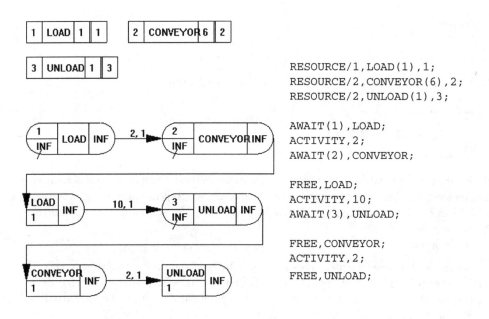

```
RESOURCE/1,LOAD(1),1;
RESOURCE/2,CONVEYOR(6),2;
RESOURCE/2,UNLOAD(1),3;

AWAIT(1),LOAD;
ACTIVITY,2;
AWAIT(2),CONVEYOR;

FREE,LOAD;
ACTIVITY,10;
AWAIT(3),UNLOAD;

FREE,CONVEYOR;
ACTIVITY,2;
FREE,UNLOAD;
```

## 7.2.3 Knoten

### Knoten: ACCUMULATE

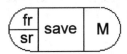

ACCUMULATE, *fr,sr,save*,M;

| Feld | Option | Voreinstellung |
|------|--------|----------------|
| *fr* | *Kardinal* oder ATRIB(*Index*) | 1 |
| *sr* | *Kardinal* oder ATRIB(*Index*) | 1 |
| *save* | SAVE-Kriterium | LAST |

Der ACCUMULATE-Knoten gruppiert Einheiten. Wenn *fr* (first release) Einheiten den Knoten erreicht haben, wird eine Einheit freigesetzt. Anschließend sind *sr* (subsequent release) Einheiten notwendig, um eine weitere Einheit weiterzuleiten. Die Attribute der freigesetzten Einheit werden durch das SAVE-Kriterium bestimmt.

| SAVE-Kriterium | Erläuterung |
|----------------|-------------|
| FIRST | Die Attribute der ersten ankommenden Einheit werden übernommen. |
| LAST | Die Attribute der letzten ankommenden Einheit werden übernommen. |
| HIGH(*natr*) | Die Attribute der Einheit, die den höchsten Wert im Attribut *natr* enthält, werden übernommen |
| LOW(*natr*) | Die Attribute der Einheit, die den niedrigsten Wert im Attribut *natr* enthält, werden übernommen |
| SUM | Die Attribute der generierten Einheit ergeben sich aus der Summe der Attribute aller zusammmgefaßten Einheiten. |
| MULT | Die Attribute der generierten Einheit ergeben sich aus dem Produkt aller zusammengefaßten Einheiten. |

Im Gegensatz zum BATCH-Knoten werden mehrere Einheiten nicht temporär, sondern endgültig zu einer neuen Einheit zusammengefaßt. Die Attribute der einzelnen Einheiten gehen verloren. Eine Kombination in Abhängigkeit von einem Attribut ist nicht möglich.

Verweis:     ⇒ **BATCH**

**Typische Anwendungen:**

*I. Losbildung:*

Wenn Werkstücke losweise verarbeitet werden sollen, kann der ACCUMULATE-Knoten verwendet werden. Es muß sichergestellt sein, daß die einzelnen Werkstücke nicht mehr betrachtet zu werden brauchen.

     ACCUMULATE, 10, 10;

Zehn Werkstücke (*fr* = *sr* = 10) werden in einem Los zusammengefaßt. Die freigesetzte Einheit repräsentiert das Los. Das jeweils zehnte Werkstück legt die Attribute des Loses fest.

*II. Verpackung:*

Mehrere Teile werden in Kartons verpackt. Die Anzahl von Teilen pro Karton ist konstant.

## Knoten: ALTER

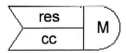     ALTER, *res*, *cc*, M;

| Feld | Option | Voreinstellung |
|------|--------|----------------|
| *res* | *Zeichenkette*(8) oder ATRIB(*Index*) | Angabe erforderlich |
| *cc* | positiver ganzzahliger *Wert* oder *Zufallszahl* | Angabe erforderlich |

Der ALTER-Knoten erhöht/reduziert die Kapazität der Ressource *res* um den Wert *cc*. Wenn eine Ressource belegt ist, erfolgt eine Reduzierung der Kapazität erst nach Freigabe der Ressource. Die Kapazität von Ressourcen kann lediglich auf das Minimum von null verringert werden. Weitere Reduzierungen bleiben ohne Auswirkung.

*Anmerkungen:*

Der ALTER-Knoten eignet sich nur bedingt zur Modellierung von Störungen bzw. Ausfällen, da die Reduzierung von Kapazitäten erst nach der Ressourcenfreigabe durchgeführt wird. Störungen können mit Hilfe des PREEMPT-Knotens modelliert werden. Wenn Kapazitätsreduzierungen unter null nicht ignoriert werden sollen, sollte ein AWAIT-Knoten verwendet werden. Der AWAIT-Knoten stellt gegebenenfalls Kapazitätsreduzierungen in eine Warteschlange ein.

Verweise:    ⇒ **PREEMPT, RESOURCE**


**Typische Anwendungen:**

*I. Wartungen/Pausen:*

Die Wartung von Maschinen kann durch die Reduzierung von Kapazitäten modelliert werden. Sie verursachen geplante Unterbrechungen der Fertigung. Falls die Ressource zum Zeitpunkt der Kapazitätsänderung mit ALTER belegt ist, erfolgt die Variation erst nach Freigabe der Ressource.

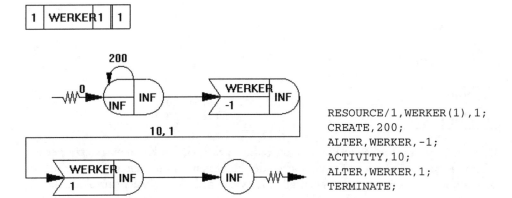

```
RESOURCE/1,WERKER(1),1;
CREATE,200;
ALTER,WERKER,-1;
ACTIVITY,10;
ALTER,WERKER,1;
TERMINATE;
```

Im Abstand von 200 Minuten legt der Werker eine zehnminütige Pause ein. Wenn der Werker nach 200 Minuten mit der Bearbeitung eines Teils beschäftigt ist, wird das Teil noch vor der Pause fertiggestellt.

*II. Zusätzliche Maschinen:*

Der ALTER-Knoten bildet eine variable Maschinenanzahl im System ab, d.h. ein Maschinenpark kann z.B. während eines Simulationslaufs vergrößert werden.

## Knoten: ASSIGN

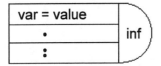

ASSIGN, var = value, ... , M;

| Feld | Option | Voreinstellung |
|------|--------|----------------|
| *var* | *Variable* | Angabe erforderlich |
| *value* | *Ausdruck* | Angabe erforderlich |

Der ASSIGN-Knoten wird zur Besetzung von Variablen verwendet. Jedem Knoten kann eine Liste von Zuweisungen folgen.

**Typische Anwendungen:**

*I. Attribute setzen:*

```
ATRIB[1]  =  10
                   INF
ATRIB[2]  =  20
```

```
ASSIGN, ATRIB(1) = 10,
        ATRIB(2) = 20;
```

Die Attribute von Einheiten können mit Hilfe eines ASSIGN-Knotens gesetzt werden. Wenn beispielsweise einige Eigenschaften der Einheiten für die weitere Simulation von Bedeutung sind, können gegebenenfalls die Werte geändert werden. Im Anschluß an einen Montagevorgang könnten die Eigenschaften Gewicht (Attribut eins) und Preis (Attribut zwei) weiterhin wichtig sein. Über den ASSIGN-Knoten wird der Einheit ein Gewicht von zehn Gewichtseinheiten und ein Preis von 20 Geldeinheiten zugewiesen.

*II. Arithmetische Operationen:*

```
XX(5) = XX(5) + 1
                        inf
XX(7) = XX(6)*ATRIB(1)
```

```
ASSIGN, XX(5) = XX(5) + 1,
        XX(7) = XX(6) * ATRIB(1);
```

Der ASSIGN-Knoten kann zur Veränderung von Variablenwerten verwendet werden. Im Beispiel wird bei jedem Durchlauf einer Einheit die globale Variable XX(5) um eins erhöht. Der globalen Variablen XX(7) wird das Produkt von XX(6) und dem Wert des Attributs eins der Einheit zugewiesen.

## Knoten: AWAIT

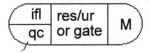

```
AWAIT (ifl/qc), res/ur oder gate,
BLOCK or BALK(nlbl), M;
```

| Feld | Option | Voreinstellung |
|------|--------|----------------|
| *ifl* | *Kardinal* oder ATRIB(*Index*)=j,k | erste Dateinummer in der Dateiliste der Ressource *res* |
| *qc* | *Kardinal* | unendlich |
| *res* oder *gate* | *Zeichenkette(8)* oder ATRIB(*Index*) | Angabe erforderlich |
| *ur* | positiver ganzzahliger *Wert* oder *Zufallszahl* | 1 |
| BLOCK or BALK(*nlbl*) | siehe Warteschlange | keine Angabe |

Der AWAIT-Knoten wird im Zusammenhang mit Ressourcen oder logischen Sperren (GATEs) eingesetzt.

*Ressourcen:*

Einheiten, die den AWAIT-Knoten passieren, fordern *ur* Einheiten der Ressource *res* an. Wenn die Anforderung erfüllt werden kann, wird die Kapazität der Ressource um *ur* Einheiten herabgesetzt. Falls die Anforderung nicht erfüllt werden kann, wird die Einheit in der Warteschlangendatei *ifl* der Kapazität *qc* solange verzögert, bis die Kapazität der Ressource den Wert *ur* erreicht hat. Die Dateinummer *ifl* muß in der Dateiliste der Ressource *res* vorhanden sein.

*Sperren:*

Einheiten, die den AWAIT-Knoten passieren, werden in der Warteschlangendatei *ifl* der Kapazität *qc* solange verzögert, bis der Status der Sperre *gate* offen ist. Die Dateinummer *ifl* muß in der Dateiliste der Sperre *gate* vorhanden sein.

*Allgemein:*

Die Auswahl von Ressourcen oder Sperren kann über den numerischen Schlüssel erfolgen. Der Parameter *res* bzw. *gate* erhält das Attribut, das den entsprechenden Schlüssel angibt. Warteschlangen können ebenfalls über ein Attribut ausgewählt werden. Dazu muß neben dem Attribut auch dessen Wertebereich spezifiziert werden. Die Dateien und Ressourcen werden nicht bei der Modelldefinition, sondern bei der Modellausführung bestimmt. Der AWAIT-Knoten kann als Erweiterung des ALTER-Knotens gesehen werden. Während der ALTER-Knoten Kapazitätsreduzierungen unter null ignoriert, werden im AWAIT-Knoten Kapazitätsreduzierungen in einer Warteschlange zurückgestellt.

In der Rubrik FILE STATISTICS werden im Summary-Report folgende Informationen über die Warteschlange nachgehalten:

Dateinummer, Knotenlabel/AWAIT, durchschnittliche, maximale bzw. aktuelle Warteschlangenlänge, deren Standardabweichung und durchschnittliche Wartezeit.

Verweise:    ⇒ **ALTER, CLOSE, FREE, GATE, OPEN, RESOURCE**


**Typische Anwendungen:**

*I. Belegung nicht-konsumierbarer Ressourcen (Maschinen, Werker):*
Siehe RESOURCE.

*II. Belegung konsumierbarer Ressourcen (Material):*
Siehe RESOURCE.

*III. Belegung von Ressourcen in Abhängigkeit von Attributen:*
Der AWAIT-Knoten kann sehr flexibel verwendet werden, da die Ressourcen und die Warteschlangen mit Hilfe von Attributen festgelegt werden können.

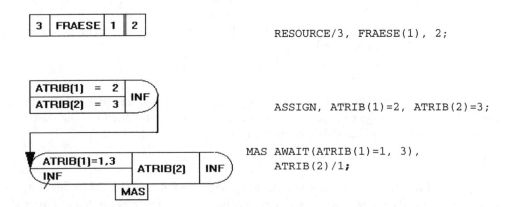

Während das erste Attribut die Warteschlange bestimmt, legt das zweite Attribut die zu belegende Ressource fest. Die Kapazität der Ressource FRAESE wird um eine Ein-

heit reduziert. Wenn die Maschine belegt ist, wird die Einheit in der Warteschlangendatei zwei bis zur Freigabe der Maschine verzögert. Im AWAIT-Knoten darf das erste
Attribut Werte zwischen eins und drei annehmen. Die AWAIT-Statistik erhält im Summary-Report die Kennung MAS.

## IV. Stationenkonzept:

Die Modellierung eines Fertigungsbereichs besteht in erster Linie aus den Vorgängen
Maschine belegen, verzögern um die Bearbeitungszeit und Maschine freisetzen. Das Simulationsprogramm wird unübersichtlich und nicht sehr anpassungsfreundlich, wenn
jeder Bearbeitungsvorgang einzeln abgebildet wird. Die Verwendung von AWAIT- und
FREE-Knoten in Abhängigkeit von Attributen vereinfacht das Modell erheblich. Eine
Werkstatt besteht aus einer Fräse, einer Säge und einem Bohrer. Es werden drei Artikel
gefertigt, die die Maschinen in unterschiedlicher Reihenfolge durchlaufen. Insgesamt
sollen 100 Artikel produziert werden, davon 20% von Typ eins, 30% von Typ zwei
und 50% von Typ drei. Die Bearbeitungszeit auf der Fräse beträgt zehn, auf der Säge
20 und auf dem Bohrer 30 Zeiteinheiten.

```
GEN;
LIMITS, 3, 3, 100;
ARRAY(1, 3), 1, 2, 3;              Maschinenfolge für Typ 1
ARRAY(2, 3), 2, 3, 1;              Maschinenfolge für Typ 2
ARRAY(3, 3), 3, 2, 1;              Maschinenfolge für Typ 3
ARRAY(4, 3), 10, 30, 20;          Bearbeitungszeiten
ARRAY(5,3), 0.2, 0.5 ,1.0;         kumulierte Wahrscheinlich-
                                   keiten für das Auftreten
                                   bestimmter Artikeltypen
ARRAY(6, 3), 1, 2, 3;             Artikeltypen
NETWORK;
      RESOURCE/1, FRAESE(1), 1;    erste Maschine
      RESOURCE/2, SAEGE(1), 2;     zweite Maschine
      RESOURCE/3, BOHRER(1), 3;    dritte Maschine
      CREATE,, 100;                kreiere 100 Einheiten
      ASSIGN,ATRIB(3) = 1,         initialisiere
                                   Maschinenreihenfolge
          ATRIB(2) = DPROB(5, 6, 1);   bestimme Artikeltyp

LOOP  ASSIGN, ATRIB(1) =
      ARRAY(ATRIB(2), ATRIB(3));   bestimme Maschine
      AWAIT(ATRIB(1)=1, 3), ATRIB(1)/1;  belege Maschine
      ACTIVITY, ARRAY(4, ATRIB(1));  verzögere um die
                                   Bearbeitungszeit
      FREE, ATRIB(1);              gebe Maschine frei
      ASSIGN, ATRIB(3) = ATRIB(3)+ 1;   erhöhe Maschinenfolge
      ACTIVITY,ATRIB(3).NE.4, LOOP;  wiederhole, solange
                                   Maschinenfolge < 4
```

```
        TERMINATE;
        ENDNETWORK;
INIT;
FIN;
```

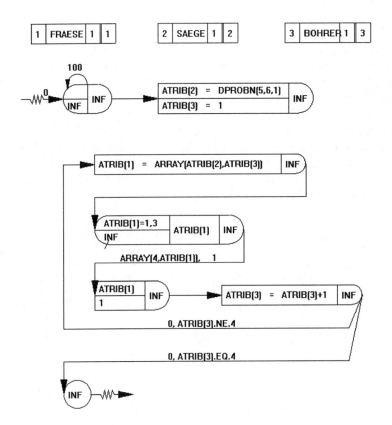

*V. Ampelsteuerung:*

Siehe GATE.

## Knoten: BATCH

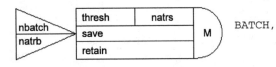

BATCH,     *nbatch/natrb, thresh,*
           *natrs, save, retain,* M;

| Feld | Option | Voreinstellung |
|------|--------|----------------|
| *nbatch* | *Kardinal* | 1 |
| *natrb* | *Kardinal* | keine Sortierung |
| *thresh* | *Konstante* oder ATRIB(*Index*) | unendlich |
| *natrs* | *Kardinal* | Anzahl der Einheiten |
| *save* | SAVE-Kriterium | LAST |
| *retain* | NONE oder ALL(*natrr*) | NONE |
| *natrr* | *Konstante* | keine Angabe |

Das SAVE-Kriterium ist als

▸ *S-Kriterium* oder als
▸ *S-Kriterium*/Liste von Attributnummern

definiert. Das *S-Kriterium* bezieht sich grundsätzlich auf die Sicherung aller Attribute. Die Attribute der angehängten Liste erhalten die Attributsummen der gruppierten Einheiten.

| S-Kriterium | Erläuterung |
|-------------|-------------|
| FIRST | Die Attribute der ersten ankommenden Einheit werden übernommen. |
| LAST | Die Attribute der letzten ankommenden Einheit werden übernommen. |
| HIGH(*natr*) | Die Attribute der Einheit, die den höchsten Wert im Attribut *natr* enthält, werden übernommen. |
| LOW(*natr*) | Die Attribute der Einheit, die den niedrigsten Wert im Attribut *natr* enthält, werden übernommen. |

Der BATCH-Knoten gruppiert Einheiten zu einer Menge. Wenn die Menge einen UNBATCH-Knoten erreicht, können die einzelnen Einheiten freigesetzt werden. Die Einheiten können in *nbatch* Teilmengen gruppiert werden, wobei eine Zuordnung in Abhängigkeit vom Attribut ATRIB(*natrb*) getroffen wird. Falls die Angabe von *natrb* fehlt, erfolgt keine Teilmengenbildung. Der Knoten setzt genau dann eine Mengeneinheit frei, wenn die Summe der Attribute ATRIB(*natrs*) in einer Teilmenge den Grenzwert *thresh* erreicht hat. Wenn *natrs* nicht spezifiziert worden ist, werden *thresh* Einheiten kombiniert.

Das SAVE-Kriterium legt die Eigenschaften der Mengeneinheit fest. Der Parameter *retain* bestimmt, ob die Eigenschaften der kombinierten Einheiten in dem Attribut ATRIB(*natrr*) gespeichert (ALL(*natrr*)) oder vergessen werden sollen (NONE). Im ersten Fall versieht der mit dem Attribut ATRIB(*natrr*) initialisierte UNBATCH-Knoten alle Einheiten mit den ursprünglichen Eigenschaften, im zweiten Fall erhalten alle Einheiten die Eigenschaften der Mengeneinheit. Wenn Einheiten endgültig zusammengefaßt werden sollen, kann besser der ACCUMULATE-Knoten verwendet werden. Die ursprünglichen Einheiten werden dann zerstört, d.h. ein UNBATCH-Knoten kann sie nicht wieder freisetzen. Das SAVE-Kriterium ist für die beiden Knoten unterschiedlich.

Verweise:     ⇒ **ACCUMULATE, UNBATCH**

**Typische Anwendungen:**

*I. Temporäre Zusammenfassung:*

Ein Artikel wird auf mehreren Maschinen bearbeitet. Der Transport der Artikel erfolgt in Containern, die jeweils zehn Artikel fassen.

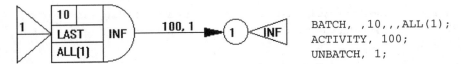

```
BATCH, ,10,,,ALL(1);
ACTIVITY, 100;
UNBATCH, 1;
```

Der BATCH-Knoten gruppiert jeweils zehn Artikel. Die Attribute der kombinierten Einheiten werden über das erste Attribut gesichert. Der UNBATCH-Knoten setzt, nach einer Verzögerung von 100 Zeiteinheiten für den Transport, die zehn Einheiten mit ihren ursprünglichen Attributen wieder frei.

*II. Verpackung:*

In einem Textilunternehmen werden Hemden und Hosen in den Größen S, M, L und XL hergestellt. Am Ende der Fertigung sollen die Hemden und Hosen nach Größen getrennt in Kartons verpackt werden. Die Anzahl der Hemden bzw. Hosen pro Karton hängt vom Gewicht ab. Hemden wiegen 300, Hosen 600 Gramm. Das Füllgewicht eines Kartons darf zehn Kilogramm nicht übersteigen. Toleranzen von 500 Gramm werden eingeräumt. Die ersten beiden Attribute enthalten die Größe bzw. das Gewicht der Kleidungsstücke.

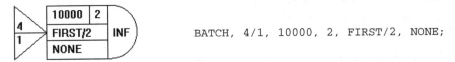

```
BATCH, 4/1, 10000, 2, FIRST/2, NONE;
```

Es werden vier nach dem ersten Attribut getrennte Teilmengen gebildet. Wenn die Summe des zweiten Attributs einer Teilmenge den Wert 10.000 erreicht, wird eine Mengeneinheit erzeugt. Die generierte Menge kann als gefüllter Karton interpretiert

werden. Der Karton erhält die Attribute des ersten Kleidungsstücks/Einheit einer Teilmenge. Nur das zweite Attribut erhält das Nettogesamtgewicht des Kartons, das sich
aus der Attributsumme der gruppierten Kleidungsstücke berechnet. Die Eigenschaften
der einzelnen Einheiten werden nicht gespeichert.

## Knoten: CLOSE

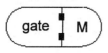

CLOSE, *gate*, M;

| Feld | Option | Voreinstellung |
|------|--------|----------------|
| *gate* | *Zeichenkette*(8) oder ATRIB(*Index*) | Angabe erforderlich |

Die Sperre *gate* wird geschlossen. Die Festlegung der Sperre kann mit Hilfe eines Attributs erfolgen, das den numerischen Schlüssel der Sperre angibt.

Verweise:     ⇒ **AWAIT, GATE, OPEN**

**Typische Anwendung:**

*Ampelsteuerung:*

Siehe GATE.

## Knoten: COLCT

| type | id, h | M |

COLCT(*n*), *TYPE*, *id*, *h*, M;

| Feld | Option | Voreinstellung |
|------|--------|----------------|
| *n* | *Kardinal* | sequentielle Ordnung |
| *TYPE* | FIRST, ALL, BETWEEN, INT(*Index*), XX(*Index*) | Angabe erforderlich |
| *id* | *Zeichenkette*(16) | Leerzeichen |
| *h* | NCEL/HLOW/HWID | Leerzeichen bzw. kein Histogramm |

Der COLCT-Knoten stellt beobachtete Werte in eine Liste ein. Im Summary-Report erscheint eine statistische Auswertung dieser Liste. Der Parameter *type* bestimmt die Art der eingestellten Werte. *id* erlaubt eine alphanumerische Identifizierung der Statistik.

| *TYPE*-Parameter | Funktion |
|---|---|
| FIRST | Nur die Ankunftszeit der ersten ankommenden Einheit wird in die Liste aufgenommen. |
| ALL | Die Ankunftszeit aller ankommenden Einheiten wird in die Liste aufgenommen. |
| BETWEEN | Die Zeit zwischen zwei ankommenden Einheiten wird in die Liste aufgenommen, dabei wird die erste Einheit als Basis gewählt. |
| INT(*Index*) | Die Ankunftszeit abzüglich der Ausprägung des Attributs ATRIB(*Index*) jeder ankommenden Einheit wird in die Liste aufgenommen. |
| Wert | Der aktuelle Wert der Statusvariable wird in die Liste aufgenommen. |

| Histogramm-parameter | Funktion | Option | Voreinstellung |
|---|---|---|---|
| NCEL | Klassenanzahl | *Kardinal* | kein Histogramm |
| HLOW | untere Grenze der ersten Klasse | *Konstante* | 0.0 |
| HWID | Klassenbreite | positive *Konstante* | 1.0 |

Der COLCT-Knoten wertet Variablen aus, deren Werte nur zu bestimmten Zeitpunkten erfaßt werden können. Der TIMST-Befehl wertet dagegen Variablen aus, deren Werte permanent gemessen werden können (vgl. Abschnitt 1.2.5).

In der Rubrik STATISTICS FOR VARIABLES BASED ON OBSERVATIONS des Summary-Reports werden folgende Informationen angegeben:

Identifizierung, Durchschnitt, Standardabweichung, Variationskoeffizient, minimaler und maximaler Wert sowie die Anzahl an beobachteten Einheiten.

Gegebenenfalls werden die Beobachtungen in Form eines Histogrammes dargestellt.

Verweis:      ⇒ **TIMST**

**Typische Anwendung:**

*Ermittlung von Durchlaufzeiten:*

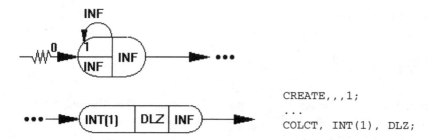

```
CREATE,,,1;
...
COLCT, INT(1), DLZ;
```

Der Summary-Report enthält unter dem Label DLZ eine Auswertung über die Durchlaufzeit von Einheiten. Die Ankunftszeit der Einheiten wird im ersten Attribut gesichert. Bei Erreichen des COLCT-Knotens wird der Wert in die Statistik eingestellt, der sich aus der Differenz der aktuellen Simulationszeit (TNOW) und der Ankunftszeit (ATRIB(1)) ergibt.

## Knoten: CREATE

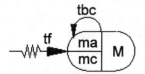

```
CREATE, tbc, tf, ma, mc, M;
```

| Feld | Option | Voreinstellung |
|------|--------|----------------|
| tbc | positiver *Wert* oder *Zufallszahl* | unendlich |
| tf | positive *Konstante* | 0 |
| ma | *Kardinal* | keine Speicherung |
| mc | *Kardinal* | unendlich |

Der CREATE Knoten generiert im Abstand von *tbc* Zeiteinheiten Einheiten. Die erste Einheit wird zum Zeitpunkt *tf* erzeugt. Die Anzahl der erzeugten Einheiten ist durch den Parameter *mc* beschränkt. Falls *ma* spezifiziert worden ist, wird der Kreationszeitpunkt im Attribut ATRIB(*ma*) gespeichert.

**Typische Anwendungen:**

*I. Kreation von Einheiten mit exponentialverteiltem Abstand:*

In diesem Beispiel wird eine Einheit zum Zeitpunkt 100 erzeugt. Der Abstand der weiteren Kreationen ist exponentialverteilt. Der Kreationszeitpunkt wird bei jeder Einheit im ersten Attribut gespeichert.

*II. Kreation mehrerer Einheiten zu einem Zeitpunkt:*

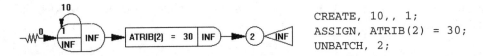

In einem Abstand von zehn Zeiteinheiten sollen 30 Einheiten erzeugt werden. Der Kreationsvorgang erfolgt in zwei Schritten. Zunächst generiert der CREATE-Knoten eine Einheit, in derem ersten Attribut der Kreationszeitpunkt gesichert wird. Anschließend vervielfacht der UNBATCH-Knoten die ankommende Einheit in Abhängigkeit vom zweiten Attribut, welches im ASSIGN-Knoten auf 30 gesetzt wurde.

## Knoten: FREE

```
FREE, res/uf, M;
```

| Feld | Option | Voreinstellung |
|------|--------|----------------|
| *res* | *Zeichenkette*(4) oder ATRIB(*Index*) | Angabe erforderlich |
| *uf* | positiver ganzzahliger *Wert* oder *Zufallszahl* | 1 |

Der FREE-Knoten stellt *uf* Kapazitätseinheiten der Ressource *res* frei. Wenn Einheiten in den Warteschlangen von AWAIT-Knoten auf die Zuteilung der Ressource warten, wird jetzt die Anforderung erneut überprüft. Die Festlegung der Ressource kann mit Hilfe eines Attributs erfolgen, das den numerischen Schlüssel der Ressource angibt.

Üblicherweise wird der FREE-Knoten verwendet, um Ressourcen, die von AWAIT- bzw. PREEMPT-Knoten belegt worden sind, wieder freizugeben. Die Maximalkapazität einer Ressource kann mit dem FREE-Knoten nicht erhöht werden. Solche Änderungen sind mit dem ALTER-Knoten zu modellieren.

Verweise:     ⇒ **ALTER, AWAIT, PREEMPT, RESOURCE**

**Typische Anwendungen:**

*I. Belegung nicht-konsumierbarer Ressourcen (Maschinen, Werker):*
Siehe RESOURCE.

*II. Belegung konsumierbarer Ressourcen (Material):*
Siehe RESOURCE.

*III. Stationenkonzept:*
Siehe AWAIT.

## *Knoten: GOON*

```
GOON, M;
```

Der GOON-Knoten ist ein Fortsetzungsknoten, den alle Einheiten direkt passieren. Er kann als Spezialfall des ACCUMULATE-Knotens interpretiert werden, wobei *fr* und *sr* auf eins gesetzt sind.

Aktivitäten stellen die Verbindung zwischen zwei Knoten her. Daher dürfen zwei Aktivitäten nicht unmittelbar hintereinanderstehen. Durch Einbau eines GOON-Knotens kann diese Einschränkung umgangen werden. Mit Hilfe des GOON-Knotens können Aktivitäten indirekt mit Labels versehen werden. Die Verwendung eines zusätzlichen GOON-Knotens bewirkt keine Veränderung des Systemzustands.

Verweise:     ⇒ **Knotenaufbau, Aktivität REGULAR, Aktivität SERVICE**

**Typische Anwendungen:**

*I. Verbindung zweier Aktivitäten:*

Eine Einheit soll nacheinander um einen normal- und einen gleichverteilten Zeitraum
verzögert werden.

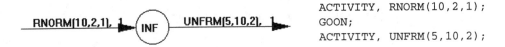

```
ACTIVITY, RNORM(10,2,1);
GOON;
ACTIVITY, UNFRM(5,10,2);
```

*II. Auswahl von Nachfolgerknoten:*

Vgl. Abschnitt 7.1

## Knoten: MATCH

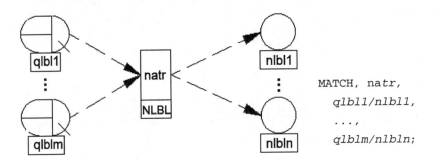

```
MATCH, natr,
    qlbl1/nlbl1,
    ...,
    qlblm/nlbln;
```

| Feld | Option | Voreinstellung |
|------|--------|----------------|
| *natr* | *Kardinal* | Angabe erforderlich |
| *NLBL* | *Zeichenkette*(4) | Angabe erforderlich |
| *qlbl1...qlblm* | *Zeichenkette*(4) | mindestens zwei Labels erforderlich |
| *nlbl1...nlbln* | *Zeichenkette*(4) | Zerstörung der Einheit |

Der MATCH-Knoten mit dem Label *NLBL* dient zur Synchronisation von Einheiten.
Mehrere mit *qlbl1, qlbl2, qlblm* bezeichnete QUEUE-Knoten sind mit dem MATCH-
Knoten assoziiert. Die Einheiten werden solange verzögert, bis in allen Warteschlangen
Einheiten mit der gleichen Ausprägung von Attribut ATRIB(*natr*) existieren. Der Ziel-
knoten der ausgewählten Einheiten ist ein Knoten der Liste *nlbl1,...nlbln*. Falls kein
Zielknoten spezifiziert worden ist, wird die Einheit zerstört.

Der MATCH-Knoten wird über Verbindungslinien (CONNECTOR) mit seinem Vorgänger- bzw. Nachfolgerknoten verbunden. Die vor dem MATCH-Knoten stehenden QUEUE-Knoten müssen auf diesen verweisen.

Verweis:     ⇒ **QUEUE**

**Typische Anwendungen:**

*I. Synchronisation von Auftrags- und Fertigungseinheiten:*

Eine reine Lagerfertigung wird unabhängig von den Auftragseingängen modelliert. Der Lagerabgang ist allerdings mit existierenden Aufträgen abzustimmen. Dieser Koordinierungsprozeß kann mit dem MATCH-Knoten realisiert werden.

Lagerfertigung I:

Ein Unternehmen fertigt zehn verschiedene Artikel auf Lager. Aufträge werden möglichst schnell aus dem Lager bedient. Falls der Lagerbestand zur Deckung des Auftragsvolumens nicht ausreicht, wird der Auftrag zunächst in eine Warteschlange zurückgestellt.

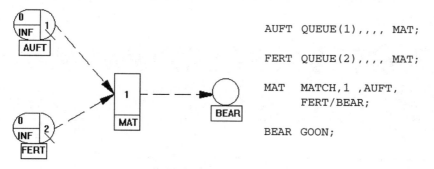

```
AUFT  QUEUE(1),,,, MAT;

FERT  QUEUE(2),,,, MAT;

MAT   MATCH,1 ,AUFT,
      FERT/BEAR;

BEAR  GOON;
```

Wenn Aufträge nicht sofort bedient werden können, werden sie in der Warteschlange eins verzögert. Warteschlange zwei repräsentiert das mit unterschiedlichen Artikeln bestückte Lager. Das erste Attribut der Auftrags- und Fertigungseinheiten gibt den Artikeltyp an. Der MATCH-Knoten leitet genau dann Einheiten weiter, wenn zu einem bestimmten Artikeltyp sowohl ein Auftrag als auch eine Fertigungseinheit vorliegt. Während die Auftragseinheit zerstört wird, erreicht die Fertigungseinheit den Knoten mit dem Label BEAR(beitung).

Lagerfertigung II:

Die Situation ist gegenüber dem ersten Beispiel fast unverändert. Der Knoten BEAR soll genau dann von einer Einheit erreicht werden, wenn zu einem bestimmten Artikeltyp sowohl eine Auftrag als auch eine Fertigungseinheit vorliegt. Der Unterschied besteht darin, daß der Auftrag nicht zerstört, sondern zum Knoten FAKT(urierung) weitergeleitet wird. Hier ist eine zeitliche Synchronisation der Auftragsabwicklung und des Lagerabgangs modelliert worden. Die Knoten FAKT und BEAR werden gleichzeitig von Einheiten erreicht.

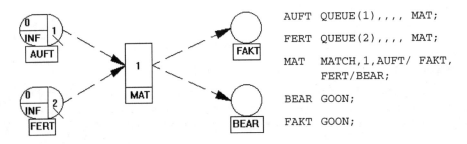

```
AUFT  QUEUE(1),,,,  MAT;

FERT  QUEUE(2),,,,  MAT;

MAT   MATCH,1,AUFT/ FAKT,
      FERT/BEAR;

BEAR  GOON;

FAKT  GOON;
```

*II. Montagevorgänge:*

Der MATCH-Knoten eignet sich besonders gut zur Modellierung von Montagevorgängen im Ein- und Mehrproduktfall. Die Warteschlangen vor dem MATCH-Knoten repräsentieren den Lagerbestand an Einzelteilen. Die Montage, d.h. die Kombination von mehreren Einzelteilen, kann genau dann beginnen, wenn alle benötigten Teile vorhanden sind.

## Knoten: OPEN

```
OPEN, gate, M;
```

| Feld | Option | Voreinstellung |
|------|--------|----------------|
| *gate* | *Zeichenkette*(8) oder ATRIB(*Index*) | Angabe erforderlich |

Die Sperre *gate* wird geöffnet. Die Festlegung der Sperre kann mit Hilfe eines Attributs erfolgen, das den numerischen Schlüssel der Sperre angibt.

Verweise:     ⇒ **AWAIT, CLOSE, GATE**

**Typische Anwendung:**

*Ampelsteuerung:*

Siehe GATE.

## Knoten: PREEMPT

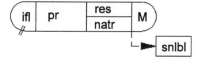

```
PREEMPT(ifl)/pr, res, snlbl, natr, M;
```

| Feld | Option | Voreinstellung |
|------|--------|----------------|
| *ifl* | *Kardinal* oder ATRIB(*Index*) = j,k | erste Dateinummer in der Dateiliste der Ressource *res* |
| *pr* | HIGH(*Index*) or LOW(*Index*) | keine Priorität |
| *res* | *Zeichenkette*(8) oder ATRIB(*Index*) | Angabe erforderlich |
| *snlbl* | *Zeichenkette*(4) | Label des AWAIT-Knotens, an dem die Einheit die Ressource belegt hat |
| *natr* | *Index* | keine Angabe |

Der PREEMPT-Knoten belegt in Abhängigkeit von der Priorität *pr* die Ressource *res*, wobei die Ressourcenkapazität eins sein muß. Wenn die Ressource von einer anderen Einheit mit niedrigerer Priorität belegt ist, wird diese Einheit verdrängt. Einheiten, die die Ressource an einem AWAIT-Knoten belegen wollen, haben grundsätzlich die niedrigste Prioritätsstufe.

Falls die Ressource von einer Einheit höherer Priorität belegt ist, wird die ankommende Einheit in der Warteschlangendatei *ifl* verzögert. Das Attribut ATRIB(*Index*) bestimmt die Priorität. Einheiten mit hohen Ausprägungen von ATRIB(*Index*) werden durch HIGH(*Index*) bevorzugt, LOW(*Index*) versieht Einheiten mit kleinen Ausprägungen mit einer hohen Priorität.

Die Festlegung der Ressource kann mit Hilfe eines Attributs erfolgen, das den numerischen Schlüssel der Sperre angibt. Wenn die Warteschlangendatei durch ein Attribut festgelegt werden soll, muß der Parameter *ifl* das Attribut und den zugehörigen Wertebereich erhalten. Die Dateien und Ressourcen werden nicht bei der Modelldefinition, sondern bei der Modellausführung bestimmt.

Verdrängte Einheiten werden zum Knoten *snlbl* geleitet und die Restbearbeitungszeit wird gegebenenfalls in dem Attribut ATRIB(*natr*) gespeichert. Falls *snlbl* nicht spezifiziert worden ist, wird die Einheit in die Warteschlange des Knotens AWAIT- oder PREEMPT eingestellt, von dem aus sie die Ressource belegt hat.

Im Gegensatz zum ALTER-Knoten kann die Kapazität von Ressourcen sofort reduziert werden. Der FREE-Knoten wird üblicherweise zur Freisetzung/Kapazitätserhöhung der Ressource verwendet. In der Rubrik FILE STATISTICS werden im Summary-Report folgende Informationen über die Warteschlange nachgehalten:

Dateinummer, Knotenlabel/PREEMPT, durchschnittliche, maximale bzw. aktuelle Warteschlangenlänge, deren Standardabweichung und durchschnittliche Wartezeit.

Verweise:      ⇒ **AWAIT, FREE, RESOURCE**

**Typische Anwendung:**

*Maschinenausfälle:*

Störfälle von Ressourcen sind durch eine sofortige Kapazitätsreduzierung gekennzeichnet.

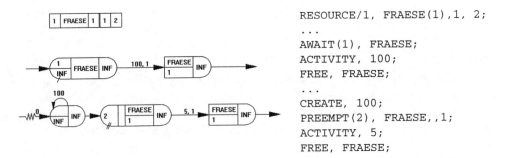

```
RESOURCE/1, FRAESE(1),1, 2;
...
AWAIT(1), FRAESE;
ACTIVITY, 100;
FREE, FRAESE;
...
CREATE, 100;
PREEMPT(2), FRAESE,,1;
ACTIVITY, 5;
FREE, FRAESE;
```

In einem Abstand von 100 Zeiteinheiten wird ein Störfall der Fräse modelliert. Wenn die Fräse ein Teil bearbeitet, wird dieses mit der Restbearbeitungszeit (in Attribut eins gespeichert) in die Warteschlangendatei eins eingestellt.

## *Knoten:* QUEUE

     QUEUE(*ifl*), *iq*, *qc*, BLOCK or BALK(*nlbl*), *slbls*;

| Feld | Option | Voreinstellung |
|------|--------|----------------|
| *ifl* | *Kardinal* oder ATRIB(*Index*) = j,k | Angabe erforderlich |
| *iq* | *Kardinal* oder 0 | 0 |
| *qc* | *Kardinal* oder 0 (>*iq*) | unendlich |

| Feld | Option | Voreinstellung |
|------|--------|----------------|
| BLOCK or BALK(*nlbl*) | siehe Warteschlange | keine Angabe |
| *slbls* | bei Bedarf eine Labelliste von SELECT- oder MATCH-Knoten, d.h. eine Liste von *Zeichenkette*(4) | keine Angabe |

Der QUEUE-Knoten stellt Einheiten in die Warteschlangendatei *ifl* ein. Die Auswahl der Datei kann – unter Angabe des Bereichs aller zulässigen Dateien – in Abhängigkeit von einem Attribut getroffen werden. Die Aufnahmekapazität der Warteschlange ist auf *qc* Einheiten beschränkt. Zu Beginn der Simulation enthält die Warteschlange *iq* Einheiten. Dem QUEUE-Knoten muß entweder ein MATCH-Knoten, ein SELECT-Knoten oder eine SERVICE-Aktivität folgen. Falls keine SERVICE-Aktivität angehängt wird, muß der Parameter *slbls* eine Labelliste aller nachfolgenden Knoten enthalten. Falls die Warteschlange zu Beginn der Simulation mit Einheiten vorbesetzt worden ist, können deren Attribute über den ENTRY-Befehl in der Kontrolldatei gesetzt werden.

Der Summary-Report enthält unter der Rubrik FILE STATISTICS folgende Informationen über die Warteschlange:

Dateinummer, Knotenlabel, durchschnittliche Wartezeit, durchschnittliche, maximale und minimale Warteschlangenlänge sowie deren Standardabweichung.

Verweise:    ⇒ **ENTRY, MATCH, SELECT, SERVICE**


**Typische Anwendungen:**

Da QUEUE-Knoten nie isoliert in ein Netzwerk eingebaut werden dürfen, werden entsprechende Anwendungen bei den assoziierten Knoten bzw. Aktivitäten beschrieben.

## Knoten: SELECT

    SELECT, *qsr*, *ssr*, BLOCK or BALK(*nlbl*), *qlbls*;

| Feld | Option | Voreinstellung |
|------|--------|----------------|
| *qsr* | Warteschlangenregel | POR |
| *ssr* | Bedienerregel | POR |

| Feld | Option | Voreinstellung |
|------|--------|----------------|
| BLOCK or BALK(*nlbl*) | siehe Warteschlange | keine Angabe |
| *qlbls* | Liste von *Zeichenkette*(4) | Angabe erforderlich |

Der SELECT-Knoten kann zwischen Warteschlangen und/oder SERVICE-Aktivitäten wählen. Es kann entschieden werden, in welche Warteschlange eine Einheit eingestellt, aus welcher Warteschlange eine Einheit genommen und welche SERVICE-Aktivität ausgeführt wird. Die Auswahl wird anhand einer Warteschlangenregel *qsr* und einer Bedienerregel *ssr* getroffen. Der Parameter *qlbls* muß eine Liste der konkurrierenden Warteschlangen enthalten.

Eine Umverteilung von Einheiten zwischen Warteschlangen ist nicht möglich, d.h. QUEUE-Knoten können nicht gleichzeitig Vorgänger und Nachfolger eines SELECT-Knotens sein. Wenn zwischen SERVICE-Aktivitäten ausgewählt wird, müssen QUEUE-Knoten dem SELECT-Knoten vorangehen. Die vorangestellten QUEUE-Knoten müssen auf den SELECT-Knoten verweisen. CONNECTOR-Linien verbinden den SELECT-Knoten mit seinem Vorgänger- und Nachfolgerknoten. Der SELECT-Knoten sollte in Verbindung mit SERVICE-Aktivitäten nur verwendet werden, wenn eine Modellierung mit Ressourcen unmöglich ist (siehe Anwendungen).

Verweis:     ⇒ **Aktivität SERVICE, QUEUE**

| Warteschlangenregel | Definition |
|---------------------|------------|
| CYC | Es werden nacheinander alle Warteschlangen ausgewählt (zyklische Priorität). |
| POR | Die erste verfügbare Warteschlange wird ausgewählt. Die Reihenfolge der Überprüfung ergibt sich durch die Anordnung der Warteschlangen. |
| RAN | Die Auswahl wird zufällig getroffen. |
| ASM/*save* | Zur Weiterleitung einer einzigen Einheit müssen alle Warteschlangen genau eine Einheit beisteuern. Die Attribute der erzeugten Einheit werden durch das SAVE-Kriterium festgelegt, wobei FIRST die Voreinstellung ist. |

| SAVE-Kriterium | Erläuterung |
|----------------|-------------|
| FIRST | Die Attribute der ersten ankommenden Einheit werden übernommen. |
| LAST | Die Attribute der letzten ankommenden Einheit werden übernommen. |

| SAVE-Kriterium | Erläuterung |
|---|---|
| HIGH(*natr*) | Die Attribute der Einheit, die den höchsten Wert im Attribut *natr* enthält, werden übernommen. |
| LOW(*natr*) | Die Attribute der Einheit, die den niedrigsten Wert im Attribut *natr* enthält, werden übernommen. |
| SUM | Die Attribute der generierten Einheit ergeben sich aus der Summe der Attribute aller zusammgefaßten Einheiten. |
| MULT | Die Attribute der generierten Einheit ergeben sich aus dem Produkt der Attribute aller zusammengefaßten Einheiten. |

Mit der ASM-Regel (Assembly) können Monatgevorgänge sehr leicht abgebildet werden. Wenn eine Zusammenfassung in Abhängigkeit von einem Attribut erfolgen soll, muß ein MATCH-Knoten zur Modellierung gewählt werden.

| | |
|---|---|
| LAV | Der Knoten mit der längsten durchschnittlichen Warteschlange wird ausgewählt. |
| SWF | Die als erste frequentierte Warteschlange wird ausgewählt. |
| LNQ | Der Knoten mit der längsten aktuellenWarteschlange wird ausgewählt. |
| LRC | Die Warteschlange mit der größten noch freien Kapazität wird ausgewählt. |
| SAV | Die am wenigsten frequentierte Warteschlange wird ausgewählt. |
| LWF | Die als späteste frequentierte Warteschlange wird ausgewählt. |
| SNQ | Der Knoten mit der kürzesten Warteschlange wird ausgewählt. |
| SRC | Die Warteschlange mit der niedrigsten noch freien Kapazität wird ausgewählt. |

Anhand der Warteschlangenregel wird entschieden, aus welcher Warteschlange eine Einheit genommen werden soll.

| Bedienerregel | Definition |
|---|---|
| CYC | Es werden nacheinander alle SERVICE-Aktivitäten ausgewählt (zyklische Priorität). |
| POR | Die erste freie SERVICE-Aktivität wird ausgewählt. Die Reihenfolge der Überprüfung ergibt sich aus der Anordnung der Service-Aktivitäten. |

| Bedienerregel | Definition |
|---|---|
| RAN | Die Auswahl wird zufällig getroffen. |
| LBT | Die SERVICE-Aktivität mit der höchsten Auslastung wird ausgewählt. |
| SBT | Die SERVICE-Aktivität mit der geringsten Auslastung wird ausgewählt. |
| LIT | Die SERVICE-Aktivität mit der längsten unbeschäftigten Zeitperiode wird ausgewählt. |
| SIT | Die SERVICE-Aktivität mit der kürzesten unbeschäftigten Zeitperiode wird ausgewählt. |

Mit der Bedienerregel wird die auszuführende SERVICE-Aktivität ausgewählt.

**Typische Anwendungen:**

*I. Auswahl von Lagerplätzen und Maschinen:*

Ein Fertigungsbereich besteht aus zwei Lagerplätzen und zwei Fräsen, von denen eine veraltet ist. Die ältere Fräse soll nur dann eingesetzt werden, wenn die andere Fräse belegt ist. Es wird eine gleichmäßige Belegung der Lagerplätze angestrebt.

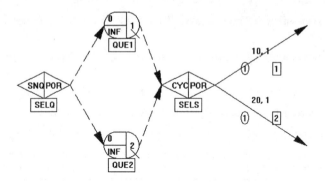

```
SELQ SELECT,SNQ, POR,,
          QUE1, QUE2;

QUE1 QUEUE(1),,,, SELS;
QUE2 QUEUE(2),,,, SELS;

SELS SELECT,CYC, POR,,
          QUE1, QUE2;

     ACTIVITY(1)/1, 10;
     ACTIVITY(1)/2, 20;
```

Der erste SELECT-Knoten stellt alle Einheiten in das am geringsten belegte Lager ein (SNQ-Regel). Die Bedienerregel POR kann vernachlässigt werden, weil keine SER-VICE-Aktivitäten angegeben sind. Wenn beide Lager gleichmäßig ausgelastet sind, wird QUE1 ausgewählt. Der zweite SELECT-Knoten wählt zyklisch aus den Warteschlangen Einheiten aus, d.h. von beiden Lagerplätzen werden abwechselnd Teile entnommen (CYC-Regel). Aus dem Lager werden genau dann Einheiten entfernt, wenn eine Aktivität frei ist. Falls beide Aktivitäten frei sind, wird die zuerst aufgeführte Maschine gewählt (POR-Regel). Der Fräsvorgang dauert entweder zehn Zeiteinheiten auf der neuen Fräse oder 20 Zeiteinheiten auf der alten Fräse.

*II. Auswahl von funktionsähnlichen Maschinen (ohne SELECT):*

Die Auswahl zwischen mehreren funktionsähnlichen Maschinen kann ohne den SELECT-Knoten modelliert werden, indem eine zusätzliche Ressource definiert wird, die die Gesamtbelegung widerspiegelt. In einer Arztpraxis praktizieren eine Ärztin und ein Arzt gemeinsam. Da die Behandlungsmethoden nicht identisch sind, müssen die Ärzte unterschiedlich modelliert werden. Die Patienten sitzen in einem Warteraum, aus dem die Ärzte sie nach dem FIFO-Prinzip aufrufen.

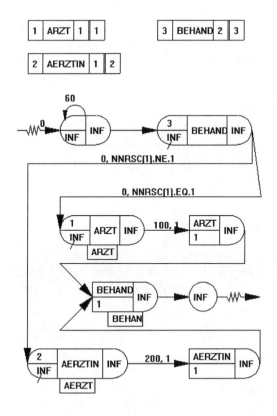

```
        RESOURCE/ARZT(1), 1;
        RESOURCE/AERZTIN(1), 2;        Definition Arzt, Ärztin
        RESOURCE/BEHAND(2), 3;         Definition Behandlung

        CREATE, 60;                    in Abständen von 60 ZE betreten
                                       Patienten die Praxis

        AWAIT(3), BEHAND;              alle Patienten müssen warten,
                                       bis ein Arzt frei ist

        ACTIVITY,, NNRSC(1).EQ.1, ARZT;
                                       Auswahlregel: gehe zum Arzt, wenn
                                       dieser zur Verfügung steht

        ACTIVITY,, NNRSC(1).NE.1, AERZT;
                                       sonst gehe zur Ärztin

ARZT    AWAIT(1), ARZT;               Modellierung des Arztes
        ACTIVITY, 100;
        FREE, ARZT, BEHAN;

AERZT   AWAIT(2), AERZTIN;            Modellierung der Ärztin
        ACTIVITY, 200;
        FREE, AERZTIN, BEHAN;

BEHAN   FREE, BEHAND;                 ein weiterer Patient kann behandelt werden
        TERMINATE;
```

Die Ressource BEHAND(lung) sorgt dafür, daß sich nur zwei Patienten im Behand-
lungsbereich aufhalten können. Die Auswahlregel besagt, daß die Patienten von dem
jeweils unbeschäftigten Arzt behandelt werden. Falls beide Ärzte keinen Patienten be-
handeln, wird der Arzt ausgewählt.

*III. Auswahl von Warteschlangen (ohne SELECT):*

Die Warteschlangenauswahl kann neben dem SELECT-Knoten über den RESOURCE-
Block oder den PRIORITY-Befehl realisiert werden. Eine statische Auswahl von Warteschlangen kann mit Hilfe einer dem RESOURCE-Block angehängten Dateiliste erfolgen.

```
 ┌──────────┬───┬───┐
 │ MASCHINE │ 1 │ 3 │ 4 │        RESOURCE/MASCHINE(1), 3, 4;
 └──────────┴───┴───┘
```

Einheiten der Warteschlange drei werden grundsätzlich den Einheiten der Warteschlange vier vorgezogen. Der PRIORITY-Befehl läßt eine dynamische Auswahl zu,
d.h. die Reihenfolge wird nicht bei der Modellerstellung festgelegt, sondern über Attribute gesteuert.

```
 ┌──────────┬───┬───┐
 │ MASCHINE │ 1 │ 3 │        PRIORITY/1, HVF(1);
 └──────────┴───┴───┘        RESOURCE/MASCHINE(1), 3;
```

Die Einheit, die den größten Wert im Attribut eins hat, wird als erste bedient.

## Knoten: TERMINATE

TERMINATE, *tc*;

| Feld | Option | Voreinstellung |
|------|--------|----------------|
| *tc* | *Kardinal* | unendlich |

Der TERMINATE-Knoten zerstört Einheiten, d.h. der belegte Speicherplatz wird wieder freigegeben. Der Fluß von Einheiten durch das Netzwerk wird an diesem Knoten beendet. Ein Simulationslauf ist abgeschlossen, wenn *tc* Einheiten zerstört worden sind.

Der TERMINATE-Knoten kann neben dem INITIALIZE-Knoten zur Steuerung der Simulationsdauer eingesetzt werden. Wenn die Einheiten und ihre Eigenschaften für den weiteren Verlauf der Simulation vernachlässigt werden können, sollten sie zerstört und der reservierte Speicherplatz freigegeben werden. Die Anzahl der Einheiten kann in globalen Variablen nachgehalten werden.

## Knoten: UNBATCH

UNBATCH, *natr*, M;

| Feld | Option | Voreinstellung |
|------|--------|----------------|
| *natr* | *Index* | Angabe erforderlich |

Der UNBATCH-Knoten kann einerseits Einheiten vervielfachen und andererseits durch den BATCH-Knoten gruppierte Einheiten freisetzen. Im ersten Fall muß das Attribut *natr* die Anzahl der identischen Einheiten angeben, die erzeugt werden sollen. Im letzten Fall muß *natr* dem Index der ALL-Funktion im BATCH-Knoten entsprechen, d.h. die Eigenschaften der kombinierten Einheiten sind in dem Attribut *natr* gesichert worden. Eine Vervielfachung von Einheiten in Abhängigkeit von Bedingungen kann auch mit Hilfe des M-Identifiers im Anschluß an jeden anderen Knoten erfolgen.

Verweise: ⇒ **Knotenaufbau, BATCH**

**Typische Anwendungen:**

*I. Temporäre Zusammenfassung:*

Siehe BATCH.

*II. Vervielfachung:*

Während die Fertigung eines Artikels in Losen von 50 Stück erfolgt, ist der Verkauf stückbasiert. Die Bearbeitungs-, Rüst- und Transportzeiten sind nur für ein Los bekannt. Daher soll eine Einheit im Produktionsbereich genau ein Los repräsentieren. Zur Überwachung des Lagerbestands muß jeder Artikel gesondert betrachtet werden, d.h. eine Einheit muß einen Artikel repräsentieren. Die Eigenschaften aller Artikel eines Loses sind identisch. Der Übergang der losbasierten auf die stückorientierte Modellierung kann durch einen UNBATCH-Knoten realisiert werden.

```
ASSIGN, ATRIB(1)=50;
UNBATCH, 1;
```

Der UNBATCH-Knoten generiert in Abhängigkeit vom ersten Attribut 50 Einheiten mit identischen Attributausprägungen.

# 7.3   Kontrollbefehle

## Befehl: ARRAY

Eingabeformat:    `ARRAY(irow, nelements), initial values;`

| Feld | Definition | Option | Voreinstellung |
|------|-----------|--------|----------------|
| *irow* | Feldnummer | *Kardinal* | Angabe erforderlich |
| *nelements* | Felddimension | *Kardinal* | Angabe erforderlich |
| *inital values* | Feldelemente | *Konstante* oder *Kardinal\*Konstante* | 0.0 |

Der Arraybefehl definiert und initialisiert Felder. Auf Feldelemente kann im Netzwerkteil mit ARRAY(*Feldnummer, Feldposition*) zugegriffen werden.

Beispiel:       `ARRAY(1,10), 2, 7*3, 4, 21;`

Das Feld eins der Dimension zehn mit den Elementen 2, 3, 3, 3, 3, 3, 3, 3, 4 und 21 wird angelegt.

## Befehl: ENTRY

Eingabeformat:   `ENTRY/ifl, ATRIB(1), ATRIB(2), ..., ATRIB(matr)`
                `/repeats;`

| Feld | Option | Voreinstellung |
|------|--------|----------------|
| *ifl* | *Kardinal* | Angabe erforderlich |
| *matr* | *Index* | 0 |

Der ENTRY-Befehl plaziert zu Simulationsbeginn eine Einheit in die Datei *ifl*. Die Datei muß mit einem QUEUE- oder einem AWAIT-Knoten assoziiert sein. Die Attributausprägungen der Einheit können explizit angegeben werden. Falls keine Attribute spezifiziert worden sind, werden sie mit null vorbesetzt. Neben dem CREATE-Knoten stellt der ENTRY-Befehl die einzige Möglichkeit dar, Einheiten in das Netzwerk einzusteuern. Eine zeitversetzte Erzeugung mit dem ENTRY-Befehl ist nicht möglich.

**Typische Anwendung:**

*Ankunft von Einheiten zu bestimmten Zeitpunkten:*

Der ENTRY-Befehl generiert alle Einheiten zum Zeitpunkt null. Wenn Einheiten zu unterschiedlichen Zeitpunkten kreiert werden sollen, muß eine Hilfskonstruktion gewählt werden. Eine Warteschlange wird zur Aufnahme der Einheiten angelegt. Die Ankunftszeiten müssen in einem Attribut abgespeichert werden. Eine nachfolgende SERVICE-Aktivität, deren Kapazität von der Anzahl der Einheiten abhängt, verzögert parallel alle Einheiten um die Ankunftszeit.

Beispiel:   `ENTRY/1, 100/1, 200/1, 300/;`
           `...`
           `QUEUE(1);`
           `ACTIVITY(1)/3, ATRIB(1);`

Der ENTRY-Befehl stellt dazu drei Einheiten zum Zeitpunkt null in die Warteschlange eins ein. Im ersten Attribut wird die gewünschte Ankunftszeit gesichert. Die nachfolgende SERVICE-Aktivität der Kapazität drei verzögert parallel alle Einheiten um die Ankunftszeit. Für nachfolgende Bearbeitungen stehen die Einheiten dann entsprechend nach 100, 200 und 300 Zeiteinheiten zur Verfügung.

## Befehl: EQUIVALENCE

Eingabeformat:     EQUIVALENCE/*var*, *name*/repeats;

| Feld | Option | Voreinstellung |
|------|--------|----------------|
| *var* | *Variable* | Angabe erforderlich |
| *name* | *Zeichenkette*(12) | Angabe erforderlich |

Der EQUIVALENCE-Befehl erlaubt eine inhaltliche Bezeichnung von Attributen, globalen Variablen und Feldern. Die Lesbarkeit von Programmen kann auf diese Weise erheblich gesteigert werden. Mehrere Umbenennungen können aneinandergefügt werden.

Beispiel:      EQUIVALENCE/ ATRIB(1), GROESSE/
                  ARRAY(1,1), RUESTZEIT/
                  XX(1), LOSGROESSE;
                  ...
                  ASSIGN, GROESSE = 10;

## Befehl: FINISH

Eingabeformat:     FINISH;

Der FINISH-Befehl führt die noch nicht aktivierten Simulationsläufe aus und beendet das Programm. Er ist der letzte Befehl innerhalb der Kontrolldatei, wird automatisch bei deren Erstellung erzeugt und hat keine Eingabefelder.

Verweis:      ⇒ **SIMULATE**

## Befehl: GENERATE

Eingabeformat:     GENERATE, *name*, *project*, *month/day/year/nnrns*, *ilist*,
                       *iecho*, *ixqt/iwarn*, *ipirh*, *ismry/fsn*, *io*;

| Feld | Definition | Option | Voreinstellung |
|------|------------|--------|----------------|
| *name* | Autor des Simulationsprojektes | *Zeichenkette*(20) | Leerzeichen |
| *project* | Projektbeschreibung | *Zeichenkette*(20) | Leerzeichen |

| Feld | Definition | Option | Voreinstellung |
|---|---|---|---|
| *month* | Monat der Projekterstellung | *Kardinal* | 1 |
| *day* | Tag der Projekterstellung | *Kardinal* | 1 |
| *year* | Jahr der Projekterstellung | *Kardinal* | 2001 |
| *nnrns* | Anzahl der Simulationsläufe | *Kardinal* | 1 |
| *ilist* | Der Parameterwert legt fest, ob das Programm einschließlich der Fehlermeldungen aufgelistet werden soll. | *Boolean* | Y |
| *iecho* | ..., ob der Summary-Report ausgegeben werden soll. | *Boolean* | Y |
| *ixqt* | ..., ob bei erfolgreicher Übersetzung das Programm ausgeführt werden soll. | *Boolean* | Y |
| *iwarn* | ..., ob eine Fehlermeldung ausgegeben werden soll, wenn eine Einheit im Netzwerk verloren geht. | *Boolean* | Y |
| *ipirh* | ..., ob die Überschrift INTERMEDIATE RESULTS vor jedem Simulationslauf ausgegeben werden soll. | *Boolean* | Y |
| *ismry* | ..., ob der Summary-Report nach jedem Simulationslauf ausgegeben werden soll oder in Abhängigkeit von *fsn*. | *Boolean* | Y |
| *fsn* | Dieser Parameter setzt fest, nach welchen Simulationsläufen der Summary-Report ausgegeben werden soll:<br>F:  nach dem ersten Simulationslauf<br>S:  nach dem ersten und letzten Simulationslauf<br>n:  nach dem *n*-ten Simulationslauf | F, S oder *Kardinal* | 1 |
| *io* | Spaltenanzahl der Ausgabe | 72 oder 132 | 132 |

Der GENERATE-Befehl beschreibt das Simulationsprojekt und den Aufbau der Ergebnisdatei. Jedes Simulationsprogramm muß mit einem GENERATE-Statement beginnen.

Beispiel:
```
GEN, CLAUS HELLING, SIMULATION MIT SLAM, 08/13/1993, 1, Y,
Y, Y/Y ,Y ,Y/1, 132;
```

## Befehl: INITIALIZE

Eingabeformat:     INITIALIZE, ttbeg, ttfin, jjclr/ncclr, jjvar, jjfil;

| Feld | Definition | Option | Voreinstellung |
|------|-----------|--------|----------------|
| ttbeg | Zeitpunkt des Simulationsbeginns | *Konstante* | 0.0 |
| ttfin | Zeitpunkt des Simulationsendes | positive *Konstante* | unendlich |
| jjclr/ ncclr | Der Parameterwert von *jjclr* entscheidet darüber, ob *ncclr* Sammelvariablen nicht gelöscht werden sollen. | *Boolean/Kardinal* | Y/alle |
| jjvar | ..., ob vor jedem Simulationslauf TNOW mit *ttbeg* besetzt und der INTLC-Befehl ausgeführt wird. | *Boolean* | Y |
| jjfil | ..., ob alle Warteschlangen nach einem Simulationslauf gelöscht werden sollen. | *Boolean* | Y |

Der INITIALIZE-Befehl gibt für jeden Simulationslauf den Zeitraum und die Initialisierung der Variablen sowie der Dateien an. Findet keine Spezifikation des Simulationsendes statt, wird solange simuliert, bis alle Ereignisse des Kalenders abgearbeitet worden sind oder die Simulation mit dem TERMINATE-Knoten beendet wird.

Beispiel:        INITIALIZE, 100, 25000, Y;
                 Die Simulation beginnt zum Zeitpunkt 100 und endet mit dem Zeitpunkt 25.000.

Verweis:     ⇒ **SIMULATE, TERMINATE**

## Befehl: INTLC

Eingabeformat:     INTLC, var, value, repeats;

| Feld | Option | Voreinstellung |
|------|--------|----------------|
| var | XX(*Index*) | Angabe erforderlich |
| value | *Konstante* | Angabe erforderlich |

Der INTLC-Befehl erlaubt die Vorbesetzung von globalen Variablen mit Konstanten. Mehrere Zuweisungen können aneinandergefügt werden.

Beispiel:        INTLC, XX(1)=500, XX(2)=17.5;

## Befehl: LIMITS

Eingabeformat:    LIMITS, mfil, matr, mntry;

| Feld | Definition | Option | Voreinstellung |
|------|-----------|--------|----------------|
| *mfil* | Anzahl der Dateien (Warteschlangen) | *Kardinal* | 0 |
| *matr* | Anzahl der Attribute pro Einheit | *Kardinal* | 0 |
| *mntry* | Anzahl der Einheiten, die sich gleichzeitig im System aufhalten | *Kardinal* | 0 |

Der LIMITS-Befehl legt den Speicherbedarf des Simulationsprogramms fest. In dem Simulationsprogramm muß dieser Befehl dem GENERATE-Statement folgen. Da der Gesamtspeicher begrenzt ist, sollte *mfil* und *matr* dem tatsächlichen Bedarf entsprechen. Die Grenze für *mntry* sollte großzügig gewählt werden, da sie vor dem Simulationslauf nur grob abgeschätzt werden kann. Nicht benötigte Einheiten sollten zur Begrenzung des Speicherbedarfs gegebenenfalls mit dem TERMINATE-Knoten vernichtet werden.

Beispiel:    LIMITS, 5, 2, 100;
Es werden durch diesen Befehl fünf Dateien definiert. Jede Einheit erhält zwei Attribute. Im System dürfen sich insgesamt 100 Einheiten gleichzeitig aufhalten.

## Befehl: MONTR

Eingabeformat:    MONTR, option, tfrst, tsec, vars;

| Feld | Option | Voreinstellung |
|------|--------|----------------|
| *option* | SUMRY, FILES, CLEAR, TRACE oder TRACE(Liste von *nlbl*) | Angabe erforderlich |
| *nlbl* | *Zeichenkette*(4) | Leerzeichen |
| *tfrst* | *Konstante* | 0.0 |
| *tsec* | positive *Konstante* | unendlich |
| *vars* | Liste von *Variablen* | alle Attribute |

Der MONTR-Befehl dient zur Überwachung von Simulationsläufen. Er hat nur für einen einzigen Simulationslauf Gültigkeit.

In Abhängigkeit vom Parameter *option* sind folgende Aktionen durchführbar:

SUMRY: Ab dem Zeitpunkt *tfrst* wird in Zeitabständen von *tsec* ein Summary-Report ausgegeben.

FILES: Ab dem Zeitpunkt *tfrst* wird in Zeitabständen von *tsec* der Inhalt aller Dateien ausgegeben.

CLEAR: Ab dem Zeitpunkt *tfrst* werden in Zeitabständen von *tsec* alle Statistiken gelöscht. Diese Option dient dazu, die Verzerrungen der Anlaufphase zu vermeiden.

TRACE: In dem Zeitraum von *tfrst* bis *tsec* wird ein Durchlaufprotokoll von jeder Einheit erstellt. Es wird festgehalten, wann welche Einheit welchen Knoten oder welche Aktivität erreicht hat. Die Knotenliste kann durch Spezifizierung von *nlbl* eingeschränkt werden. Das Protokoll kann um die Ausprägungen von Attributen oder Statusvariablen ergänzt werden. Der Parameter *vars* muß eine entsprechende Liste erhalten. Falls *vars* nicht explizit angegeben ist, werden alle Attributwerte ausgegeben.

Beispiel: `MONTR, TRACE(BOHR), 10, 20, ATRIB(1), NNQ(1);`

Wenn zwischen der 10. und 20. Zeiteinheit der Knoten mit dem Label BOHR von einer Einheit erreicht wird, erscheint im Ausgabeprotokoll der Zeitpunkt, die Identifikationsnummer der Einheit, die Knotenbezeichnung, die Ausprägung des ersten Attributs und die Länge der ersten Warteschlangendatei.

## Befehl: NETWORK

Eingabeformat: `NETWORK, option, device;`

| Feld | Option | Voreinstellung |
|------|--------|----------------|
| *option* | SAVE, LOAD | keine Angabe |
| *device* | *Kardinal* (< 100) | keine Angabe |

Der NETWORK-Befehl leitet in einem Programm die Netzwerkbeschreibung ein. Das Ende des Netzwerks wird durch die Anweisung ENDNETWORK angegeben. Das übersetzte Netzwerk wird bei Auswahl der SAVE-Option unter der Kanalnummer *device* binär gespeichert. Für spätere Simulationsläufe kann das Netzwerk mit Hilfe der LOAD-Option und der Kanalnummer geladen werden. Eine erneute Übersetzung des Netzwerks entfällt, und die ENDNETWORK-Anweisung ist überflüssig. In einem Simulationsprogramm sollten die Daten von der eigentlichen Modellstruktur getrennt werden. Wenn verschiedene Szenarien durchgespielt werden, bleibt das unter Umständen sehr komplizierte Netzwerk unverändert. Eine Übersetzung des Netzwerks ist unter der Verwendung der LOAD/SAVE-Option nicht für jedes Experiment erforderlich.

## Befehl: PRIORITY

Eingabeformat:   `PRIORITY/ifl, ranking/ repeats;`

| Feld | Definition | | Option | Voreinstellung |
|------|-----------|---|--------|----------------|
| *ifl* | Warteschlangendatei, deren Abarbeitungsregel geändert werden soll | | *Kardinal* | Angabe erforderlich |
| *ranking* | FIFO: | First-in-First-out-Regel, | FIFO, | FIFO |
| | LIFO: | Last-in-First-out-Regel, | LIFO, | |
| | HVF(*Index*): | die Einheit mit dem größten Wert im Attribut ATRIB(*Index*) hat die höchste Priorität, | LVF(*Index*), HVF(*Index*) | |
| | LVF(*Index*): | die Einheit mit dem niedrigsten Wert im Attribut ATRIB(*Index*) hat die höchste Priorität | | |

Warteschlangen werden grundsätzlich nach der FIFO-Regel abgearbeitet. Der PRIORITY-Befehl läßt eine Variation dieser Regel zu.

Beispiel:   `PRIORITY/2, HVF(1)/4, LIFO;`

In der Warteschlangendatei zwei werden die Einheiten nach den Werten des ersten Attributs sortiert. Einheiten mit einem höheren Wert haben eine höhere Priorität. Die Warteschlangendatei vier wird nach dem LIFO-Prinzip abgearbeitet, d.h. die Einheit, die als letztes eingetroffen ist, wird zuerst weitergeleitet.

## Befehl: RECORD

Eingabeformat:   `RECORD(iplot), indvar, id, itape, ptb, dtplt, ttsrt,`
                      `ttend, kkevt;`

| Feld | Definition | Option | Voreinstellung |
|------|-----------|--------|----------------|
| *iplot* | numerische Identifizierung des Plots | *Kardinal* | sequentielle Ordnung |
| *indvar* | unabhängige Variablen | XX(*Index*) oder *Statusvariable* | Angabe erforderlich |

| Feld | Definition | Option | Voreinstellung |
|------|------------|--------|----------------|
| *id* | alphanumerische Identifizierung der unabhängigen Variable | *Zeichenkette*(16) | Leerzeichen |
| *itape* | Kanalnummer der Ausgabe; falls *itape* den Wert null hat, werden die Werte im Hauptspeicher verwaltet | *Kardinal* | 0 |
| *ptb* | Ausgabe eines Plots und/oder einer Wertetabelle | P, T oder B | P |
| *dtplt* | Abstand zwischen zwei Ausprägungen der unabhängigen Variablen, für die der Wert der abhängigen Variablen gedruckt werden soll, d.h. es werden nur die Punkte geplottet, deren x-Wert glatt durch *dplt* teilbar ist. Für eine Wertetabelle hat dieser Parameter keine Bedeutung. | positive *Konstante* | 5.0 |
| *ttsrt* | Anfangszeitpunkt der Aufzeichnung | positive *Konstante* | Beginn der Simulation |
| *ttend* | Endzeitpunkt der Aufzeichnung | positive *Konstante* | Ende der Simulation |
| *kkevt* | Dieser Parameter gibt an, ob vor und nach jedem Ereignis die Werte gespeichert werden sollen. Es wird ggf. sichergestellt, daß alle Variablenänderungen in Ereignisroutinen protokolliert werden. | *Boolean* | Y |

Der RECORD-Befehl dient zur Erstellung von Wertetabellen bzw. zweidimensionalen Plots/Trajektorien. Ein Plot trägt den Wert einer Variablen in Abhängigkeit von einer unabhängigen Variablen ab. Unabhängige Variablen werden in einem Koordinatenkreuz auf der x-Achse, die abhängigen Variablen auf der y-Achse abgetragen. Eine Wertetabelle stellt in zwei Spalten die abhängigen und unabhängigen Variablen gegenüber. Während der RECORD-Befehl den Erhebungsbereich und die Ausprägung der unabhängigen Variable definiert, bestimmt die VAR-Anweisung den abhängigen Wert. Die abhängigen Werte können als Funktionswerte interpretiert werden. Eine Menge von VAR-Befehlen muß dem RECORD-Befehl direkt folgen.

Die Trajektorie bzw. die Wertetabelle wird in den Summary-Report aufgenommen.

**Typische Anwendung:**

*Entwicklung von Warteschlangen:*

Beispiel:
```
RECORD(1), TNOW, ZEIT;
VAR, NNQ(1); WS-BOHRER;
VAR, NNQ(2), WS-SAEGE;
RECORD(2), XX(1), LOSGROESSE;
VAR, NNQ(2), WS-SAEGE;
```

Insgesamt werden drei Trajektorien (Plots) erstellt, die sich auf zwei Diagramme verteilen. Im ersten Diagramm wird die Entwicklung der Warteschlangen vor der Säge und dem Bohrer über die komplette Simulationszeit betrachtet. Das zweite Diagramm enthält eine Darstellung der Warteschlange vor der Säge in Abhängigkeit der globalen Variable XX(1), um eventuelle Korrelationen festzustellen.

## Befehl: SEEDS

Eingabeformat:    `SEEDS, iseed(is)/ r, repeats;`

| Feld | Definition | Option | Voreinstellung |
|------|-----------|--------|----------------|
| *iseed* | Startwert | ungerade positive ganze Zahl | siehe Funktion DRAND() |
| *is* | Nummer des Zufallszahlenstroms | *Kardinal* (1-10) | sequentielle Ordnung |
| *r* | *r* bestimmt, ob der Zufallszahlenstrom vor jedem Simulationslauf erneut initialisiert werden soll. | *Boolean* | Y |

Der SEEDS-Befehl setzt den Startwert einer der zehn von SLAM bereitgestellten Zufallszahlenströme. Der neunte Zufallszahlenstrom wird für Zufallszahlen ausgewählt, wenn Zufallszahlen im Netzwerk ohne explizite Angabe eines Zufallszahlenstroms verwendet werden. Für die Auswahl von Nachfolgerknoten in Abhängigkeit von Wahrscheinlichkeiten wird grundsätzlich der zehnte Zufallszahlenstrom genommen.

Beispiel:
```
SEEDS, 1(2)/Y, 7(4);
```

Der Zufallszahlenstrom zwei wird mit dem Startwert eins ausgestattet und vor jedem Simulationslauf neu initialisiert. Der vierte Zufallszahlenstrom wird mit dem Wert sieben gestartet und bei mehreren Simulationsläufen wird dieser nicht neu initialisiert.

## Befehl: SIMULATE

Eingabeformat:  SIMULATE;

Der SIMULATE-Befehl bewirkt die Ausführung eines Simulationslaufs. Alle Kontrollbefehle wirken sich auf die Simulation aus. Werden nach der SIMULATE-Anweisung weitere ENTRY- , INTLC- und MONTR-Befehle (*Datenbeschreibung*) aufgeführt, haben sie auf die Simulation keinen Einfluß.

Auf diese Weise können Szenarien mit unterschiedlichen Daten nacheinander durchgespielt werden. Falls nur ein Simulationslauf durchgeführt wird, kann das SIMULATE-Statement entfallen.

Beispiel:
```
GEN,,,, 3;
LIMITS;
Datenbeschreibung 1
NETWORK;
    Netzwerkbeschreibung
    ENDNETWORK;
SIMULATE:
Datenbeschreibung 2
SIMULATE;
Datenbeschreibung 3
SIMULATE;
INIT;
FIN;
```

In diesem Beispiel könnte der dritte SIMULATE-Befehl entfallen, da der FINISH-Befehl den im GENERATE-Befehl initierten, aber noch nicht ausgeführten dritten Simulationslauf starten und erst dann das Programm beenden würde.

## Befehl: TIMST

Eingabeformat:  TIMST, var, id, h;

| Feld | Option | Voreinstellung |
|------|--------|----------------|
| *var* | XX(*Index*) oder *Statusvariable* | Angabe erforderlich |
| *id* | *Zeichenkette*(16) | Leerzeichen |
| *h* | NCEL/HLOW/HWID | kein Histogramm |

Der TIMST-Befehl zeichnet die Entwicklung einer Variable auf und stellt beobachtete Werte in eine Liste ein. Im Summary-Report erscheint eine statistische Auswertung dieser Liste. *id* erlaubt eine alphanumerische Identifizierung der Statistik.

Der TIMST-Befehl wertet Variablen aus, deren Werte permanent gemessen werden können. Der COLCT-Knoten wertet dagegen Variablen aus, deren Werte nur zu bestimmten Zeitpunkten erfaßt werden können (vgl. Abschnitt 1.2.5).

| Histogrammparameter | Funktion | Option | Voreinstellung |
|---|---|---|---|
| NCEL | Klassenanzahl | *Kardinal* | kein Histogramm |
| HLOW | untere Grenze der ersten Klasse | *Konstante* | 0.0 |
| HWID | Klassenbreite | positive *Konstante* | 1.0 |

Wenn die Parameter *NCEL*, *HLOW* und *HWID* spezifiziert worden sind, werden die Beobachtungen in Form eines Histogramms dargestellt.

In der Rubrik STATISTICS FOR TIME-PERSISTENT VARIABLES des Summary-Reports werden folgende Informationen angegeben:

Identifizierung, Durchschnitt, Standardabweichung, Variationskoeffizient, minimaler und maximaler Wert sowie die Beobachtungsanzahl.

## Befehl: VAR

Eingabeformat:     VAR, *depvar, symbl, id, loord, hiord;*

| Feld | Definition | Option | Voreinstellung |
|---|---|---|---|
| *depvar* | unabhängige Variable | XX(*Index*) oder *Statusvariable* | Angabe erforderlich |
| *symbl* | Dieser Parameter legt das Zeichen fest, das im Plot für jede Wertekombination erscheint. Falls nur ein VAR-Kommando auf ein RECORD-Statement Bezug nimmt, kann die Spezifizierung entfallen. | *Zeichenkette*(1) | Leerzeichen |
| *id* | alphanumerische Identifizierung | *Zeichenkettte*(16) | Leerzeichen |

| Feld | Definition | Option | Voreinstellung |
|------|-----------|--------|----------------|
| *loord* | Der kleinste zu berücksichtigende Wert auf der y-Achse wird festgelegt. Bei der Angabe von MIN wird der kleinste beobachtete Wert genommen. Falls MIN(*Konstante*) spezifiziert worden ist, wird der Wert angesetzt, der das größte Vielfache von *Konstante* und kleiner gleich dem kleinsten beobachteten Wert ist. | *Konstante*, MIN oder MIN(*Konstante*) | MIN |
| *hiord* | Der größte zu berücksichtigende Wert auf der y-Achse wird festgelegt. Bei der Angabe von MAX wird der größte beobachtete Wert genommen. Falls MAX(Konstante) spezifiziert worden ist, wird der Wert angesetzt, der das kleinste Vielfache von Konstante und größer gleich dem größten beobachteten Wert ist. | *Konstante*, MAX oder MAX(*Konstante*) | MAX |

Der VAR-Befehl definiert die abhängige Variable eines Plots bzw. einer Trajektorie. Dieser Befehl tritt nur in Verbindung mit dem RECORD-Statement auf.

Verweis:     ⇒ **RECORD**

## 7.4   Material Handling Extension

### 7.4.1   Grundlagen

SLAM stellt zur Abbildung von Materialhandhabungseinrichtungen wie Kranen und Transportern eine Reihe von Aktivitäten, Blöcken, Knoten und Befehlen bereit. Die Erweiterungen werden als Material Handling Extension (MHE) zusammengefaßt.

Die zusätzlichen Elemente lassen sich in die Gruppen »Modellierung von Kranen«, »Modellierung von spurgebundenen Transportsystemen« und »Bildung von Transportlosen« unterteilen. In den folgenden drei Abschnitten werden die drei Gruppen detailliert vorgestellt.

Für die Verwaltung der Transporter verwendet SLAMSYSTEM einige zusätzliche Statusvariablen. Die Aufzählung der Variablen in Tabelle 7.5 stellt eine Ergänzung der Tabelle 7.2 dar.

| Symbol | Erläuterung |
|---|---|
| NVCPT(*Index*) | Anzahl der Fahrzeuge am Kontrollpunkt *Index* |
| NCPENT(*Index*) | Anzahl aller Fahrzeuge, die den Kontrollpunkt *Index* passiert haben |
| NTLOAD(*VFLBL*) | Anzahl der Fahrzeuge der Flotte *VFLBL*, die zum Beladen fahren |
| NLOAD(*VFLBL*) | Anzahl der Fahrzeuge der Flotte *VFLBL*, die beladen werden |
| NTUNLD(*VFLBL*) | Anzahl der Fahrzeuge der Flotte *VFLBL*, die zum Entladen fahren |
| NUNLD(*VFLBL*) | Anzahl der Fahrzeuge der Flotte *VFLBL*, die entladen werden |
| NTIDLE(*VFLBL*) | Anzahl der Fahrzeuge der Flotte *VFLBL*, die unbeschäftigt fahren |
| NSIDLE(*VFLBL*) | Anzahl der Fahrzeuge der Flotte *VFLBL*, die unbeschäftigt stehen |
| NLDS(*VFLBL*) | Zeitanteil, zu dem die Fahrzeuge der Flotte *VFLBL* beladen waren |
| NULDS(*VFLBL*) | Zeitanteil, zu dem die Fahrzeuge der Flotte *VFLBL* unbeladen waren |
| VID | Fahrzeugbeschreibung |
| VLOC | Fahrzeugposition |
| VSTAT | Fahrzeugstatus |
| NSEG(*Index*) | Anzahl der Fahrzeuge auf dem Segment *Index* |
| NSGENT(*Index*) | Anzahl der Fahrzeuge, die das Segment *Index* passiert haben |

*Tabelle 7.5: Verzeichnis der MHE-Statusvariablen*

Die Kontrolldatei muß bei der Nutzung der Material Handling Extension angepaßt werden. Die Anzahl der Attribute im LIMITS-Befehl muß um drei erhöht werden. Neu eingeführt wird der MHMONTR-Befehl.

## Befehl: LIMITS

Bei Verwendung der Material Handling Extension muß die Anzahl der Attribute um drei erhöht werden. Die zusätzlichen Attribute dienen dazu, Informationen über zugewiesene Fahrzeuge, Lagerplätze und Ressourcen zu verwalten. Der Modellbauer kann diese Attributwerte abfragen, sollte es aber vermeiden, ihre Werte zu verändern.

## Befehl: MHMONTR

Eingabeformat:    MHMONTR/*iunit, option, tfrst, tsec;*

Der MHMONTR-Befehl ist die Variante des MONTR-Befehls, die bei Verwendung der Material Handling Extension einzusetzen ist. Die Option CTRACE dient der Überwachung von Kranbewegungen, ATRACE zur Kontrolle von Transporterbewegungen. Das Ablaufprotokoll wird für den Zeitraum von *tfrst* bis zum Zeitpunkt *tsec* aufgezeichnet und standardmäßig in der SLAM-Ausgabedatei gespeichert. Eine Umleitung der Ausgabe ermöglicht die Option *iunit*. In einer Kontrolldatei können mehrere MHMONTR-Befehle verwendet werden.

| Feld | Option | Voreinstellung |
|------|--------|----------------|
| *iunit* | *Kardinal* | NPRNT |
| *option* | CTRACE oder ATRACE (LABEL), wobei als LABEL DETAIL oder NONDETAIL erlaubt ist | Angabe erforderlich |
| *tfrst* | positive *Konstante* | 0.0 (Simulationsbeginn) |
| *tsec* | positive *Konstante* > *tfrst* | Simulationsende |

Verweise:    ⇒ **LIMITS, VCONTROL, VCPOINT, VFLEET, VFREE, VMOVE, VSGMENT, VWAIT**

Beispiel:      `MHMONTR, ATRACE(DETAIL), 100, 200;`

Es wird ein detailliertes Ablaufprotokoll der Transporterbewegungen zwischen den Zeitpunkten 100 und 200 erstellt.

## 7.4.2  Modellierung von Kranen

### Block: AREA

| AREA | | | |
|------|------|------|------|
| area/arnum | npiles | natra | ifls |

`AREA,area/arnum,npiles,natra,ifls;`

| Feld | Option | Voreinstellung |
|------|--------|----------------|
| *area* | *Zeichenkette*(8) | Angabe erforderlich |
| *arnum* | *Kardinal* | sequentielle Ordnung |
| *npiles* | *Kardinal* | Angabe erforderlich |
| *natra* | *Kardinal* | Angabe erforderlich |
| *ifls* | Liste von *Kardinal* | Angabe erforderlich |

Der AREA-Block beschreibt Lagerflächen, von denen Krane Material aufnehmen und auf denen sie Material ablegen können. Die Lagerflächen bestehen aus *npiles* Lagerplätzen, die mit Hilfe der PILE-Blöcke definiert werden. Der GWAIT-Knoten fordert ATRIB(*natra*) Lagerplätze an, die der GFREE-Knoten wieder freigibt. Ein AREA-Block wird durch ein Label *area* und eine optionale Numerierung *arnum* identifiziert. Der numerische Schlüssel wird gegebenenfalls aus der sequentiellen Anordnung der AREA-Blöcke bestimmt. Falls keine freien Lagerplätze zur Verfügung stehen, werden die Einheiten in der Warteschlangendatei *ifl* verzögert.

Lagerflächen stellen eine Gruppierung von Lagerplätzen dar, die entfernungsmäßig in der Nähe liegen. Bei einer Materialeinlagerung spielt es in der Regel keine Rolle, auf welchem Platz innerhalb einerLagerfläche das Material abgelegt werden soll. Für die Berechnung von Transportzeiten ist aber der genaue Lagerort notwendig.

Verweise:    ⇒ **CRANE, GFREE, GWAIT, PILE**


**Typische Anwendung:**

*Modellierung eines schienengebundenen Flurförderfahrzeugs:*

An einem kleinen Beispiel soll das Zusammenspiel aller Elemente der Material Handling Extension bezüglich einer Kran-Modellierung erläutert werden. Die Abbildung 7.2 spiegelt das abzubildende System wider. In einer Fabrikhalle transportiert ein Kran Material von Lager A zu Lager B. Beide Läger bestehen jeweils aus vier Lagerplätzen mit Kapazitäten von fünf bzw. zehn Einheiten. Die Teile benötigen generell zwei Kapazitätseinheiten eines Lagerplatzes.

Der Kran ist auf einer Querstange befestigt, die wiederum auf zwei Schienen läuft. Neben der Querstange kann die Position des Krans auf der Querstange verändert werden. Auf diese Weise ist eine Bewegung des Krans in Querrichtung (TROLLEY DIRECTION), d.h. orthogonal zur Schienenführung, und in Längsrichtung (BRIDGE DIRECTION), d.h. parallel zur Schienenführung, möglich. Jede Stelle der Fabrikhalle kann von dem Kran erreicht werden. Die Bewegungsabläufe in Quer- bzw. Längsrichtung laufen gleichzeitig ab. Die Entfernungen werden in Längeneinheiten [LE] und die Zeiten in [ZE] gemessen. Für die Ausgestaltung und die Konsistenz der Dimensionierung (z.B. [km/h] oder [m/min]) ist der Modellersteller verantwortlich. Die technischen Daten des Krans sind:

- ▶ maximale Geschwindigkeit in Querrichtung: 20 [LE/ZE],
- ▶ postive Beschleunigung: 5 [LE/ZE$^2$],
- ▶ negative Beschleunigung (Abbremsen): 5 [LE/ZE$^2$] und
- ▶ maximale Geschwindigkeit in Längsrichtung: 20 [LE/ZE].

Mit Hilfe des Koordinatenkreuzes kann die Position der Lagerplätze und des Krans bestimmt werden. Die Ausgangspostion des Krans ist z.B. (500,400).

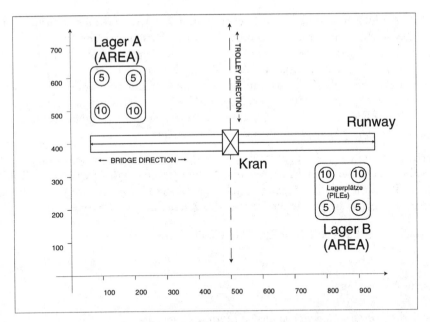

*Abbildung 7.2: Aufbau und Funktionsweise des Krans*

Der Kran hat die Aufgabe, das Material aus Lager A in das Lager B zu transportieren. In einem Abstand von 50 [ZE] trifft Material in Lager A ein und muß im Lager B 500 [ZE] verweilen. Das Be- bzw. Entladen des Krans dauert jeweils fünf [ZE].

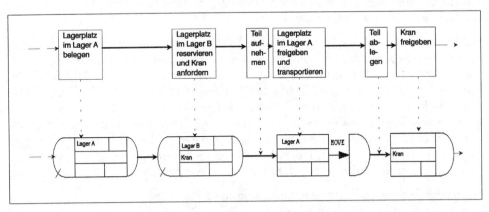

*Abbildung 7.3: Transportsequenz des Krans*

In der Abbildung 7.3 ist die Umsetzung der Transportsequenz in ein SLAM-Netzwerk angegeben. Zunächst wird ein Lagerplatz im Lager A belegt. Anschließend muß ein Kran angefordert werden. Vorher muß aber sichergestellt sein, daß das Material im

Lager B aufgenommen werden kann, d.h. ein Lagerplatz im Lager B muß angefordert werden. Wenn alle Anforderungen mit Hilfe des GWAIT-Knotens erfüllt sind, wird die Simulationszeit um die Beladezeit verzögert.

Es folgt ein GFREE-Knoten, der den Lagerplatz im Lager A freigibt und die Simulationszeit um die Transportzeit zum Lager B verzögert. Die Transportzeit errechnet sich aus den Geschwindigkeitsangaben der Kran-Definition. Nachdem Lager B erreicht worden ist, kann der Kran entladen und freigesetzt werden. Leerfahrten des Krans, d.h. Fahrten von Lager B nach Lager A, verzögern die Simulationszeit ebenfalls.

Im folgenden wird das komplette Netzwerk dargestellt. Zunächst werden die beiden Lagerplätze definiert. Der AREA-Block beschreibt die Lagerflächen. Die PILE-Blöcke geben die Koordinaten innerhalb des Gesamtsystems und die Kapazitäten der Lagerplätze an.

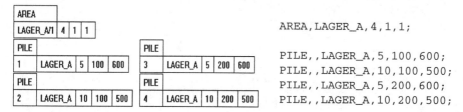

```
AREA,LAGER_A,4,1,1;

PILE,,LAGER_A,5,100,600;
PILE,,LAGER_A,10,100,500;
PILE,,LAGER_A,5,200,600;
PILE,,LAGER_A,10,200,500;
```

Die erste Lagerfläche erhält die Bezeichnung LAGER_A und besteht aus vier Lagerplätzen. Das erste Attribut der Einheiten gibt an, wieviel Kapazität eines Lagerplatzes benötigt wird. Wenn keine freien Lagerflächen zur Verfügung stehen, werden die Einheiten in der ersten Warteschlangendatei verzögert. LAGER_A besteht aus vier Lagerplätzen. Die Kapazitäten und Koordinaten lassen sich aus der Abbildung 7.2 entnehmen. Der erste Lagerplatz hat beispielsweise die (x, y)-Koordinaten (100, 600) und eine Kapazität von fünf.

Analog zu Lager A kann das zweite Lager beschrieben werden.

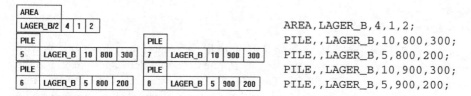

```
AREA,LAGER_B,4,1,2;
PILE,,LAGER_B,10,800,300;
PILE,,LAGER_B,5,800,200;
PILE,,LAGER_B,10,900,300;
PILE,,LAGER_B,5,900,200;
```

Der CRANE-Block definiert gemäß der oben genannten Eigenschaften den Kran.

| CRANE |   |     |     |
|-------|---|-----|-----|
| KRAN/1 | 1 | 500 | 400 |
| 20 | 5 | 5 | 20 | 3 |

CRANE,KRAN/1,1,500,400,20,5,5,20,3;

Das Netzwerk besteht aus einem CREATE- und einem ASSIGN-Knoten sowie einer typischen Transportsequenz (vgl. Abbildung 7.3). Im ersten Attribut der Einheiten wird die Anzahl der benötigten Lagerkapazitätseinheiten festgelegt. Die Dateinummern der GWAIT-Knoten entsprechen den Nummern der AREA-Blöcke. Die bisher nicht beschriebenen Knoten werden in den folgenden Abschnitten näher erläutert.

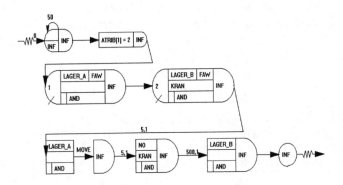

```
CREATE,50;
ASSIGN,ATRIB(1)=2;
GWAIT(1),   LAGER_A;
GWAIT(2),   LAGER_B,
            KRAN;
ACTIVITY,5;
GFREE/      MOVE,
            LAGER_A;
ACTIVITY,5;
GFREE,      KRAN;
ACTIVITY,500;
GFREE,      LAGER_B;
TERMINATE;
```

Der Summary-Report (vgl. Abbildung 7.4) enthält Informationen über die Warteschlangen vor den Lagerflächen sowie den Kran, die Belegung der Lagerplätze und die Auslastung des Krans nach 5.000 ZE. Die Warteschlangenstatistiken der zweiten und dritten Datei sind identisch, da die Anforderung einer Ziellagerfläche immer parallel zu einer Anforderung eines Krans erfolgt. Der CREATE-Knoten erzeugt 101 Einheiten. 28 Einheiten warten am ersten GWAIT-Knoten, d.h. sie haben noch keinen Lagerplatz im Lager A erhalten. 52 (36+12+4+0) Einheiten haben das Lager B bzw. das System verlassen. 28 Kapazitätseinheiten sind im Lager A belegt. Da eine Einheit immer zwei

Kapazitätseinheiten benötigt, befinden sich also 14 Einheiten im Lager A. Im Lager B halten sich 7 Einheiten auf. Das Lager A ist fast zu 100% ausgelastet. Da zwei Lagerplätze eine Kapazität von fünf haben, können diese Lagerplätze maximal mit vier Kapazitätseinheiten bzw. zwei Einheiten gefüllt werden.

```
                S L A M   I I   S U M M A R Y   R E P O R T

                        **FILE STATISTICS**

   FILE   LABEL/   AVERAGE   STANDARD    MAX.     CURRENT   AVERAGE
   NUM.   TYPE     LENGTH    DEVIATION   LENGTH   LENGTH    WAIT TIME
    1     GWAIT     9,412     9,228       28       28       465,941
    2     GWAIT    11,335     3,904       14       14       776,342
    3     CRANE    11,335     3,904       14       14       776,342
    4     CAL.      7,534     1,186       10        8        29,969

                      **AREA/PILE STATISTICS**

  AREA  AREA     PILE  PILE   CURR.   AVER.   MIN.    MAX.    NUM.    ENTITIES
  NUM.  LABEL    NUM.  CAP.   UTIL.   UTIL.   UTIL.   UTIL.   ARRIVE  LEAVE
   1    LAGER_A   1    5,00   4,00    3,87    0,00    4,00    16      14
                  2   10,00  10,00   9,03    2,00   10,00    28      23
                  3    5,00   4,00    3,31    2,00    4,00     9       7
                  4   10,00  10,00   7,46    2,00   10,00    20      15
   2    LAGER_B   5   10,00   8,00    8,72    2,00   10,00    40      36
                  6    5,00   4,00    3,24    0,00    4,00    14      12
                  7   10,00   2,00    1,11    0,00    2,00     5       4
                  8    5,00   0,00    0,00    0,00    0,00     0       0

                        **CRANE STATISTICS**

            NUM.  NUM.          TO    TO             TO    TO
   CRANE    OF    OF     PIK    PIK   PIK     DROP   DROP  DROP    TOTAL
   NUM.  LABEL PIKS  DROPS  UTIL   UTIL  INTERF  UTIL   UTIL  INTERF  UTIL
    1    KRAN   59    58    0,06   0,44  0,00    0,06   0,44  0,00    0,99
```

*Abbildung 7.4: Simulationsergebnisse der Kran-Modellierung*

28 Einheiten warten auf die Zuweisung einer Stellfläche im Lager A. 14 Einheiten warten auf einen Transport von Lager A nach Lager B. Die Warteschlange beim zweiten GWAIT-Knoten ist lediglich auf den Kran zurückzuführen, da im zweiten Lager noch Kapazitäten frei sind (Lagerplatz acht enthält keine Einheiten). Der Kran stellt mit einer Auslastung von 99% eindeutig den Engpaß dar. 59 Einheiten sind bewegt worden, und eine Einheit wird gerade vom Kran transportiert. Sechs Prozent der Zeit wurde je-

weils für Lade- bzw. Entladevorgänge benötigt. Die Prozentsätze (44%) für die Leerfahrten und die Transportfahrten sind identisch, da das Material nur in eine Richtung
bewegt wird und die Geschwindigkeiten identisch sind. Wartezeiten treten nicht auf.

## Block: CRANE

| CRANE | | | |
|---|---|---|---|
| crane/crnum | runway | xcoord | ycoord |
| bspd | acc | dec | tspd |

```
CRANE, crane/crnum,runway,
       xcoord,ycoord,bspd,acc,
       dec,tsp,ifl;
```

| Feld | Option | Voreinstellung |
|---|---|---|
| crane | Zeichenkette(8) | Angabe erforderlich |
| crnum | Kardinal oder Leerzeichen | sequentielle Ordnung |
| runway | Kardinal | Angabe erforderlich |
| xcoord | nicht-negative Konstante | Angabe erforderlich |
| ycoord | nicht-negative Konstante | Angabe erforderlich |
| bspd | positive Konstante | Angabe erforderlich |
| acc | nicht-negative Konstante | 0 |
| dec | nicht-negative Konstante | 0 |
| tspd | positive Konstante | unendlich |
| ifl | Kardinal | Angabe erforderlich |

Der CRANE-Block definiert genau einen Kran, der sich auf einem Schienenstrang
(RUNWAY) bewegt (schienengebundenes Flurförderfahrzeug). Der Kran kann sich
parallel (Längsrichtung bzw. BRIDGE DIRECTION) oder orthogonal (Querrichtung
bzw. TROLLEY DIRECTION) zum Schienenstrang bewegen. Die beiden Bewegungsabläufe erfolgen gleichzeitig, d.h. der Kran verbindet zwei Punkte auf direktem Weg.
Während die Eigenschaften des Krans explizit definiert werden müssen, sind die Schie-
nenstränge nur konsequent durchzunumerieren.

Der Kran kann grundsätzlich ausgehend vom Startpunkt alle Punkte eines Systems anfahren, wenn er mit positiven Geschwindigkeiten in beide Richtungen ausgestattet
wird. Ein Kran stellt einen potentiellen Engpaß dar und kann im weiteren Sinn als Ressource bezeichnet werden.

Die alphanumerische Beschreibung *crane* und der numerische Schlüssel *crnum* identifizieren einen Kran, der sich auf dem Schienenstrang *runway* bewegt. Der Startpunkt

wird durch die Koordinaten *xcoord* und *ycoord* festgelegt. *bspd* und *tspd* beschreiben die Maximalgeschwindigkeiten in Quer- bzw. Längsrichtung. Falls keine positive Beschleunigung *acc* und keine negative Beschleunigung *dec* spezifiziert worden sind, erreicht der Kran sofort seine Maximalgeschwindigkeit und hat keinen Bremsweg.

Aufgrund der Krangeschwindigkeit und der Koordinaten von Start- und Zielpunkt wird die Fahrzeit vom System berechnet. Falls bei einer Krananforderung kein Fördermittel zur Verfügung steht, werden die Einheiten in der Warteschlangendatei *ifl* verzögert. Falls mehrere Krane auf einem Schienenstrang fahren dürfen, erfolgen die Bewegungen nach folgenden Prioritätsregeln:

▶ Beladene Krane haben grundsätzlich eine höhere Priorität als unbeladene Krane.
▶ Wenn beide Krane den gleichen Status haben, wird dem Kran mit dem früheren Auftrag eine höhere Priorität zugewiesen.
▶ Falls keine Auswahl aufgrund der Regeln (1) und (2) getroffen werden kann, richtet sich die Priorität nach der Nähe zum Zielpunkt, wobei kleineren Entfernungen die höhere Priorität zugestanden wird.
▶ Krane ohne Auftrag müssen immer ausweichen.

Da Kräne auf einem Schienenstrang keine Ausweichmöglichkeiten haben, sind Rückwärtsfahrten teilweise unvermeidlich. Die Transportzeiten können durch nötige Rückwärtsfahrten oder Wartezeiten verlängert werden. Ein Kran kann sieben unterschiedliche Zustände aufweisen:

▶ der Kran wird beladen (Beladezeit),
▶ der Kran transportiert Material (Transportzeit),
▶ der Kran bewegt sich, um Material abzuholen (Leerzeit),
▶ der Kran wird entladen (Entladezeit),
▶ der Kran ist beladen und muß einem Kran höherer Priorität ausweichen (beladene Verzögerungszeit),
▶ der Kran holt Material und muß einem Kran höherer Priorität ausweichen (unbeladene Verzögerungszeit) und
▶ der Kran hat keinen Auftrag (Wartezeit).

Der Summary-Report weist für die einzelnen Zustände die Prozentsätze gemessen an der Simulationszeit aus.

Krane werden an einem GWAIT-Knoten angefordert und können an einem GFREE-Knoten freigesetzt werden. Material kann grundsätzlich immer nur zwischen zwei Lagerflächen bewegt werden. Daher sollte die Anforderung eines Krans immer mit der Anforderung einer Ziellagerfläche einhergehen. Transportvorgänge bildet der GFREE-Knoten in Verbindung mit der MOVE-Spezifikation ab. Der Modellbauer muß neben den Transportvorgängen nur die Be- und Entladezeiten vorgeben, alle übrigen Zeiten werden berechnet. Bevor der Modellbauer Geschwindigkeits- bzw. Entfernungsangaben definiert, müssen die Dimensionen festgelegt werden. Die Interpretation einer Zeiteinheit im Zusammenhang mit Zeitangaben von Geschwindigkeiten und Beschleunigungen muß ebenso konsistent sein wie die Entfernungsdimensionen im Zusammenhang mit Lagerplätzen, Geschwindigkeiten und Beschleunigungen. Die Entfernung zwischen Lagerplätzen sei in Metern und die Simulationszeit in Sekunden angegeben worden, dann haben die Geschwindigkeiten die Dimension Meter/Sekunde bzw. die Beschleunigungen die Dimension Meter/Sekunde$^2$. In der Rubrik CRANE STATISTICS des Summary-Reports werden folgende Informationen aufgeführt:

> Nummer des Krans, Label des Krans, Anzahl der aufgenommenen Einheiten, Anzahl der abgelegten Einheiten sowie die Prozentsätze der Zustände (Beladezeit, Leerzeit, unbeladene Verzögerungszeit, Entladezeit, Transportzeit, beladene Verzögerungszeit) und die Gesamtauslastung.

Verweise:     ⇒ **AREA, GFREE, GWAIT, PILE**

*Beispiel:*

| CRANE | | | |
|---|---|---|---|
| KRAN/1 | 1 | 500 | 400 |
| 20 | 5 | 5 | 20 | 3 |

CRANE,KRAN/1,1,500,400,20,5,5,20,3;

Der CRANE-Block definiert einen Kran mit der Nummer eins und dem Label KRAN. Die Ausgangsposition ist der Punkt (500,400). Die Maximalgeschwindigkeit in beiden Richtungen beträgt jeweils 20 [LE/ZE] und die negative bzw. positive Beschleunigung liegt bei fünf [LE/ZE*ZE]. Die dritte Datei ist als Warteschlangendatei ausgewählt worden.

**Typische Anwendungen:**
Siehe AREA.

## Block: PILE

| PILE | | | | |
|---|---|---|---|---|
| pnum/pile | area | cap | xcoord | ycoord |

PILE,*pnum/pile*,*area*,*cap*,
*xcoord*,*ycoord*;

Der Pile-Block definiert einen Lagerplatz mit der Kapazität *cap* an der Stelle mit den Koordinaten *xcoord* und *ycoord*. Der numerische Schlüssel *pnum* identifiziert den Platz. Ein Label *pile* kann wahlweise vergeben werden.

| Feld | Option | Voreinstellung |
|---|---|---|
| *pnum* | *Kardinal* | Angabe erforderlich |
| *pile* | *Zeichenkette*(8) | Leerzeichen |
| *area* | *Zeichenkette*(8) | Angabe erforderlich |
| *cap* | positive *Konstante* | Angabe erforderlich |
| *xcoord* | positive *Konstante* | Angabe erforderlich |
| *ycoord* | positive *Konstante* | Angabe erforderlich |

Jeder Lagerplatz muß eindeutig einer Lagerfläche *area* zugeordnet sein, da der Zugriff auf Lagerplätze nur über Lagerflächen erfolgen kann. Krane können Material von einem Lagerplatz aufnehmen und an einem anderen ablegen. Ein Lagerplatz stellt einen Engpaß dar und kann im weiteren Sinn als Ressource bezeichnet werden.

In der Rubrik AREA/PILE STATISTICS des Summary-Reports werden folgende Informationen aufgeführt:

> Nummer und Label der AREA, Nummer und Kapazität des PILEs, die aktuelle, durchschnittliche, minimale und maximale Auslastung des PILEs sowie die Anzahl der ein- und ausgelagerten Einheiten.

Verweise:  ⇒ **AREA, CRANE, GFREE, GWAIT**

*Beispiel*

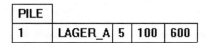            PILE,1,LAGER_A,5,100,600;

Im LAGER_A wird ein Lagerplatz an der Stelle (100,600) mit der Kapazität fünf eingerichtet.


**Typische Anwendungen:**
Siehe AREA.

## Knoten/Aktivität: GFREE

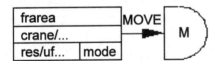

```
GFREE/move,frarea,crane/repeats,res/uf,repeats,mode,M;
```

| Feld | Option | Voreinstellung |
|------|--------|----------------|
| *move* | MOVE oder Leerzeichen | Leerzeichen |
| *frarea* | *Zeichenkette*(8), ATRIB*(Index)* oder NO | NO |
| *crane* | Liste von *Zeichenkette*(8) oder ATRIB*(Index)* | Leerzeichen |
| *res* | Liste von *Zeichenkette*(8) oder ATRIB*(Index)* | Leerzeichen |
| *uf* | positiver ganzzahliger *Wert* | 1 |
| *mode* | AND oder OR | AND |

Der GFREE-Knoten stellt einen Lagerplatz, einen Kran, eine Anzahl von REGULAR-Ressourcen oder eine Kombination dieser drei Ressourcentypen frei. Zuvor müssen die Ressourcen an einem GWAIT-Knoten belegt worden sein. Die Parameter *frarea*, *crane*, *res* beinhalten entweder das Label der entsprechenden Ressource oder ein Attribut, das den numerischen Schlüssel der Ressource angibt. Eine Freisetzung erfolgt nur, wenn der Parameter spezifiziert worden ist.

Der Parameter *frarea* bestimmt die Lagerfläche, in der Kapazitäten freigesetzt werden sollen. Die Höhe der freizusetzenden Lagerkapazität richtet sich nach dem vorgelagerten GWAIT-Knoten (ATRIB*(natra)*). Das vorletzte Attribut enthält die Nummer des Lagerplatzes, dessen freie Kapazität erhöht wird. Der Parameter *crane* bestimmt den freizusetzenden Kran. Es kann nur ein Kran freigegeben werden. Falls am GWAIT-Knoten eine Liste von Kranen zum Transport der Einheit zur Auswahl steht, muß diese Liste am GFREE-Knoten wiederholt werden. Das System setzt dann den tatsächlich eingesetzten Kran frei.

Der Parameter *res* bestimmt die freizusetzende REGULAR-Ressource. Die Menge richtet sich nach dem Parameter *uf*. Falls eine Liste von Ressourcen angegeben worden ist, hängt die Freigabe von dem Parameter *mode* ab. Die Angabe von AND sagt aus, daß alle aufgelisteten Ressourcen gemäß *uf* freigegeben werden. Der OR-Mode setzt die gleiche Mode-Spezifikation und eine gleiche Ressourcenliste beim vorgelagerten GWAIT-Knoten voraus. Das System setzt in diesem Fall die tatsächlich belegte Ressource frei. Die entsprechende Information wird im letzten Attribut nachgehalten.

Der optionale Parameter *move* zeigt eine Bewegung eines Krans an. Der Transport von Einheiten zwischen zwei Lagerflächen erfolgt mit Hilfe eines Krans. Dementsprechend muß eine Einheit einen Kran sowie einen Lagerplatz in der Startlagerfläche und der Ziellagerfläche beanspruchen. Der Startlagerplatz zeichnet sich dadurch aus, daß der GFREE-Knoten ihn freigibt. Die Transportzeit berechnet das System aus den Koordinaten der Lagerplätze und der Krangeschwindigkeit.

Verweise:    ⇒ **AREA, CRANE, GFREE, PILE**

**Typische Anwendungen:**

*I. Auswahl eines Krans:*

Siehe GWAIT.

*II. Einlagerung:*

Siehe GWAIT.

*III. Schienengebundenes Flurförderfahrzeug:*

Siehe AREA.

## Knoten: GWAIT

```
  ┌──────┬───────────────┐
  │ area │ plogic (natrm)│
┌─┤──────┴───────────────├─┐ M )  GWAIT(ifl),area/plogic(natrm),crane/
│ ifl │ crane/...        │        repeats,res/ur,repeats,mode,M;
  │──────────┬───────────│
  │ res/ur...│ mode      │
  └──────────┴───────────┘
```

| Feld | Option | Voreinstellung |
|------|--------|----------------|
| *ifl* | *Kardinal* oder ATRIB*(Index)*=j,k | Angabe erforderlich |
| *area* | *Zeichenkette*(8) oder ATRIB*(Index)* | Leerzeichen |
| *plogic* | PILE-Regel | FAW |
| *natrm* | *Index* | keine Angabe |
| *crane* | *Zeichenkette*(8) oder ATRIB*(Index)* | Leerzeichen |
| *res* | *Zeichenkette*(8) oder ATRIB*(Index)* | Leerzeichen |
| *ur* | positiver ganzzahliger *Wert* | 1 |
| mode | AND oder OR | AND |

Der GWAIT-Knoten stellt eine Verallgemeinerung des AWAIT-Knotens dar. Neben REGULAR-Ressourcen können Lagerplätze und Kräne angefordert werden. Die Parameter *area*, *crane* oder *res* beinhalten entweder das Label der entsprechenden Ressource oder ein Attribut, das den numerischen Schlüssel der Ressource angibt. Die Einheit wartet in der Warteschlangendatei *ifl*, bis alle Ressourcen bereitstehen. Erst wenn alle Ressourcen freie Kapazitäten haben, werden die Anforderungen erfüllt.

| PILE-Regel | Erläuterung |
|---|---|
| FAW | Suche einen freien Lagerplatz, beginne mit dem als ersten aufgelisteten Lagerplatz, sonst warte. |
| LAW | Suche einen freien Lagerplatz, beginne mit dem als letzten aufgelisteten Lagerplatz, sonst warte. |
| FMW(*natrm*) | Suche einen freien Lagerplatz, beginne mit dem als ersten aufgelisteten Lagerplatz. Alle Einheiten eines Lagerplatzes müssen den gleichen Wert im Attribut *natrm* haben, sonst warte. Die Einheiten werden restriktiv nach ihrem Typ sortiert. |
| LMW(*natrm*) | Suche einen freien Lagerplatz, beginne mit dem als letzten aufgelisteten Lagerplatz. Alle Einheiten eines Lagerplatzes müssen den gleichen Wert im Attribut *natrm* haben, sonst warte. Die Einheiten werden restriktiv nach ihrem Typ sortiert. |
| FMA(*natrm*) | Suche einen freien Lagerplatz, beginne mit dem als ersten aufgelisteten Lagerplatz. Alle Einheiten eines Lagerplatzes sollten den gleichen Wert im Attribut *natrm* haben. Wenn die entsprechenden Lagerplätze bereits gefüllt sind, wird ein beliebiger freier Lagerplatz gewählt. Die Einheiten werden in eine Warteschlange gestellt, falls alle Plätze belegt sind. |
| LMA(*natrm*) | Suche einen freien Lagerplatz, beginne mit dem als letzten aufgelisteten Lagerplatz. Alle Einheiten eines Lagerplatzes sollten den gleichen Wert im Attribut *natrm* haben. Wenn die entsprechenden Lagerplätze bereits gefüllt sind, wird ein beliebiger freier Lagerplatz gewählt. Die Einheiten werden in eine Warteschlange gestellt, falls alle Plätze belegt sind. |
| MSW(*natrm*) | Belege Lagerplatz ATRIB(*natrm*), sonst warte. |
| MSA(*natrm*) | Suche Lagerplatz, beginne mit Lagerplatz ATRIB(*natrm*), sonst warte. |

Der Parameter *crane* bestimmt den Kran. Es kann nur ein Kran angefordert werden. Falls der Transport von mehreren Kränen ausgeführt werden kann, muß eine entsprechende Liste von Kränen aufgeführt werden. Bei der Auswahl eines Krans wird diese Liste von links nach rechts abgearbeitet. Der Parameter *res* bestimmt die angeforderte REGULAR-Ressource. Die Menge richtet sich nach dem Parameter *ur*. Falls der GWAIT-Knoten eine Liste von Ressourcen enthält, hängt die Anforderung von dem Parameter *mode* ab. Die Angabe von AND sagt aus, daß alle Ressourcen angefordert werden. Für die OR-Spezifikation muß lediglich eine Ressource zur Verfügung stehen. Die Vorgehensweise ist auch hier wieder von links nach rechts. Die Ressourcenliste ist auf fünf Angaben beschränkt.

Der Parameter *area* wählt die Lagerfläche aus, in die die Einheit eingelagert werden soll. Das Attribut ATRIB(*natra*) gibt die Anzahl der benötigten Lagerplätze an. Falls mehrere Lagerplätze in einem Lagerbereich zur Verfügung stehen, erfolgt die Auswahl nach der PILE-Regel. Eine Aufteilung der gewünschten Lagerkapazität auf mehrere Lagerplätze ist nicht möglich.

In der Rubrik FILE STATISTICS des Summary-Reports werden folgende Informationen aufgeführt:

Dateinummer, Knotenlabel/GWAIT, durchschnittliche, maximale bzw. aktuelle Warteschlangenlänge sowie deren Standardabweichung und die durchschnittliche Wartezeit.

Verweise:      ⇒ **AREA, CRANE, GWAIT, PILE**

**Typische Anwendungen:**

*I. Belegung von Lagerplätzen in Abhängigkeit von Attributen:*

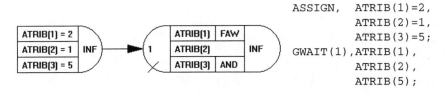

```
ASSIGN,  ATRIB(1)=2,
         ATRIB(2)=1,
         ATRIB(3)=5;
GWAIT(1),ATRIB(1),
         ATRIB(2),
         ATRIB(5);
```

Der GWAIT Knoten fordert einen Lagerplatz in der zweiten Lagerfläche, den ersten Kran und die fünfte REGULAR-Ressource an. Falls eine Anforderung nicht erfüllt werden kann, wartet die Einheit in der ersten Warteschlangendatei.

*II. Auswahl eines Krans:*

Für den Materialtransport vom Lager START zum Lager ZIEL stehen zwei Krane K_NEU und K_ALT zur Verfügung. Da K_NEU der schnellere von beiden Kranen ist, soll er möglichst oft eingesetzt werden. Der erste GWAIT-Knoten fordert gemäß der FAW-Regel einen Lagerplatz im Lager START an. Anschließend wird ein Lagerplatz im Lager ZIEL und ein Kran, entweder K_NEU oder K_ALT, angefordert. Falls beide Krane bereitstehen, wird K_NEU gewählt. Der GFREE-Knoten bildet den Transport ab und gibt den Lagerplatz im Lager START frei. Kurzzeitig sind also zwei Lagerplätze reserviert.

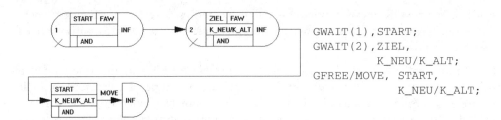

```
GWAIT(1),START;
GWAIT(2),ZIEL,
         K_NEU/K_ALT;
GFREE/MOVE,  START,
              K_NEU/K_ALT;
```

### III. Einlagerung:

In einem Lager soll die Einlagerung von Material abgebildet werden. Drei unterschiedlich qualifizierte Arbeiter räumen die Regale ein. Während MUELLER 10 ZE für einen
Einlagerungsvorgang benötigt, braucht SCHMIDT 20 ZE und MEYER sogar 30 ZE.
Um die Einlagerungszeiten möglichst gering zu halten, soll jeweils der qualifizierteste
freie Lagerarbeiter eingesetzt werden.

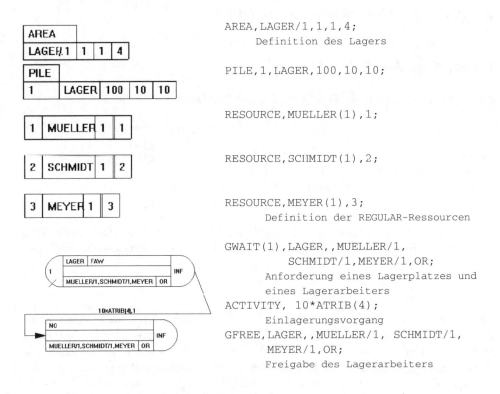

```
AREA,LAGER/1,1,1,4;
     Definition des Lagers

PILE,1,LAGER,100,10,10;


RESOURCE,MUELLER(1),1;


RESOURCE,SCHMIDT(1),2;


RESOURCE,MEYER(1),3;
     Definition der REGULAR-Ressourcen

GWAIT(1),LAGER,,MUELLER/1,
        SCHMIDT/1,MEYER/1,OR;
     Anforderung eines Lagerplatzes und
     eines Lagerarbeiters
ACTIVITY, 10*ATRIB(4);
     Einlagerungsvorgang
GFREE,LAGER,,MUELLER/1,  SCHMIDT/1,
     MEYER/1,OR;
     Freigabe des Lagerarbeiters
```

Der GWAIT-Knoten fordert einen freien Lagerplatz und einen Lagerarbeiter an, der das Material einräumen soll. Die OR-Spezifikation wählt genau einen Werker aus, wobei die Liste von links nach rechts abgearbeitet wird. Das vierte (letzte) Attribut ist der numerische Schlüssel der ausgewählten Ressource. Da die Ressourcen von eins bis drei durchnumeriert worden sind (MUELLER = 1, ...), berechnet sich die Einlagerungszeit durch 10*ATRIB(4). Der abschließende GFREE-Knoten setzt den Werker anhand des viertes Attributs wieder frei.

*IV. Schienengebundenes Flurförderfahrzeug:*

Siehe AREA.

## 7.4.3 Modellierung von spurgebundenen Transportsystemen

### Block: VCPOINT

| VCPOINT | | | | |
|---------|-------|-------|--------|----------------------------|
| CPNUM/ CPLBL | RCNTN | RROUT | CHARGE | VCPOINT *cpnum/cpllbl, rcntn, rrout, charge;* |

| Feld | Option | Voreinstellung |
|-------|--------|----------------|
| *cpnum* | Kardinal | Angabe erforderlich |
| *cplbl* | Zeichenkette(8) | Leerzeichen |
| *rcntn* | FIFO, CLOSEST oder PRIORITY | FIFO |
| *rrout* | SHORT | SHORT |
| *charge* | Boolean | NO |

Die Ressource VCPOINT definiert einen Kontrollpunkt, d.h. einen Randpunkt eines Segmentes. Die Kontrollpunkte werden durch den numerischen Schlüssel *cpnum* identifiziert. Zusätzlich kann im Feld *cplbl* einem Kontrollpunkt ein Name zugewiesen werden. Die Belegungsregel *rcntn* (Rule for contention) gibt an, welches Fahrzeug den Kontrollpunkt zuerst belegen darf, wenn mehrere Fahrzeuge warten.

Mit Hilfe der Weiterleitungsregel *rrout* (rule for routing) wird angegeben, welches Segment als nächstes durch das Fahrzeug belegt wird. Einfache Regeln für die Belegung von Kontrollpunkten und für die Weiterleitung der Fahrzeuge werden von SLAM vorgegeben, komplexe kann sich der Modellbauer als FORTRAN-Programm selbst schreiben.

Die *charge*-Option ermöglicht die Berücksichtigung der Batterieaufladung von Fahrzeugen an den Kontrollpunkten. Ein Flag wird auf »on« gesetzt, wenn das Fahrzeug den Kontrollpunkt erreicht. Bei Verlassen des Kontrollpunkts wird das Flag wieder auf »off« gestellt. Diese Informationen können genutzt werden, um eine Kontrolle der Batterieladezustände zu realisieren.

In der Rubrik CONTROL POINT STATISTICS des Summary-Reports werden folgende Informationen über die Kontrollpunkte aufgenommen:

Kontrollpunktnummer und -name, Anzahl der Belegungen, durchschnittliche Auslastung, maximale Warteschlangenlänge, aktuelle Auslastung.

Verweise:      ⇒ VCONTROL, VFLEET, VFREE, VMOVE, VSGMENT, VWAIT


**Typische Anwendung:**

*Definition von Schienennetzen:*

Die Abbildung 7.5 veranschaulicht, wie durch die Kombination der Ressourcen VCPOINT und VSGMENT ein Schienennetz für ein Transportsystem definiert werden kann. Im ersten Schritt werden die Kontrollpunkte festgelegt. Nur an diesen Punkten kann ein Fahrzeug Steuersignale erhalten. Kontrollpunkte werden auch als Informations- oder Broadcastpunkte bezeichnet.

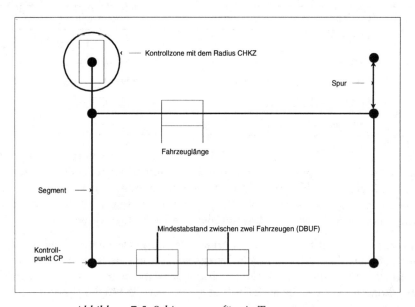

*Abbildung 7.5: Schienennetz für ein Transportsystem*

Der zweite Schritt dient der Defintion der zulässigen Verbindungen zwischen den Kontrollpunkten. Erst jetzt wird durch die Angabe der Länge der Segmente die räumliche Ausdehnung des Schienennetzes festgelegt. Die Fahrzeuge können sich nur auf diesem Gleissystem bewegen.

Werden alle Verbindungen (VSGMENT) als Einbahnstraßen (UNIDIRECTIONAL) ausgelegt, verhindert das Simulationsprogramm SLAM durch implementierte Steuerungsregeln, daß sich Fahrzeuge gegenseitig blockieren. Wenn zwei Fahrzeuge um ein Segment konkurrieren, können Fahrzeuge mit höherer Priorität den kürzesten Weg benutzen, Fahrzeuge niedrigerer Priorität müssen ausweichen oder warten. Zur Verhinderung von Blockade- bzw. Deadlocksituationen dienen folgende Prioritätsregeln:

▶ Fahrzeuge, die ihr Ziel nur auf einem möglichen Weg erreichen können, haben Vorrang vor Fahrzeugen, die alternative Strecken benutzen können.

▶ Ein beladenes Fahrzeug auf dem Weg zum Entladepunkt hat Priorität vor unbeladenen Fahrzeugen.

▶ Unbeladene Fahrzeuge auf dem Weg zum Beladepunkt haben Vorrang vor Fahrzeugen mit dem Status »frei«.

Wenn in beide Richtungen befahrbare Segmente (BIDIRECTIONAL) verwendet werden, reichen die vorhandenen Steuerungsregeln nicht in allen Fällen aus, um Deadlocks zu verhindern. Die Steuerungslogik muß vom Modellbauer über FORTRAN-Routinen ergänzt werden. Da diese Regeln sehr komplex werden können, ist zu empfehlen, zur Modellierung einfacher Transportsysteme stets unidirektionale Segmente zu verwenden.

Eine Ausnahme bilden spezielle bidirektionale Segmente, die von SLAM automatisch als »Spur« erkannt werden. Eine Spur ist ein in beide Richtungen befahrbares Segment mit der Kapazität eins, das einen Kontrollpunkt mit einem zweiten Kontrollpunkt verbindet, von dem keine weiteren Segmente abgehen. Die Spur ist also eine Art Sackgasse, die von der Hauptfahrstrecke abgeht. Spuren werden beispielsweise definiert, um Belade- und Entladestationen für Maschinen oder Abstellplätze für Fahrzeuge zu modellieren, ohne daß die Fahrzeuge während der Lade- bzw. Pausezeit das Gleisnetz blockieren.

Ein Fahrzeug, das sich im zweiten Kontrollpunkt einer Spur befindet, wird vom System so betrachtet, als ob es gleichzeitig den zweiten Kontrollpunkt und das Segment belegt. Das Segment und der zweite Kontrollpunkt können insgesamt nur ein Fahrzeug aufnehmen. Ein weiteres Fahrzeug kann erst dann in die Spur einfahren, wenn das dort befindliche Fahrzeug diese wieder verlassen hat. Blockaden dieser bidirektionalen Strecke sind ausgeschlossen.

## Block: VFLEET

| VFLEET | | | | | | | | | | | |
|---|---|---|---|---|---|---|---|---|---|---|---|
| VFLBL/VFNUM | NVEH | ESPD | LSPD | ACC | DEC | LEN | DBUF | CHKZ | IFL/RJREQ | RIDL | ICPNUM(NOV,SGUM) |
| | | | | | | | | | | | : : |
| | | | | | | | | | | | ICPNUM(NOV,SGUM) | REPIND |

```
VFLEET,vflbl/vfnum, nveh, espd, lsdpd, acc, dec, len, dbuf, chkz,
       ifl/rjreq, ridl, icpnum(nov, sgnum)/repeats, repind;
```

| Feld | Option | Voreinstellung |
|---|---|---|
| *vflbl* | *Zeichenkette*(8) | Angabe erforderlich |
| *vfnum* | *Kardinal* oder Leerzeichen | sequentielle Ordnung |
| *nveh* | *Kardinal* | 1 |
| *espd* | positive *Konstante* | 1.0 |
| *lspd* | positive *Konstantel* | 1.0 |
| *acc* | nicht-negative *Konstante* | 0 |
| *dec* | nicht-negative *Konstante* | 0 |
| *len* | positive *Konstante* | 1 |
| *dbuf* | positive *Konstante* | Länge |
| *chkz* | positive *Konstante* | LEN*0.5 |
| *ifl* | *Kardinal* | Angabe erforderlich |
| *rjreq* | PRIORITY oder CLOSEST | PRIORITY |
| *ridl* | STOP, STOP(CPNUM), STOP (CPNUM list) oder CRUISE (CPNUM list) | STOP |
| *icpnum* | *Kardinal* | Fahrzeuge werden dort eingesetzt, |
| *nov* | *Kardinal* | wo die ersten Anforderungen |
| *sgnum* | *Kardinal* | auftreten. |
| *repind* | *Boolean* | NO |

Die VFLEET-Ressource beschreibt eine Gruppe von Materialhandhabungseinheiten gleichen Typs. Die Anzahl der Fahrzeuge dieses Typs wird im Feld *nveh* angegeben. Eine Fahrzeuggruppe wird über den Namen *vflbl* identifiziert, optional kann eine Nummer *vfnum* vergeben werden. Die Zeit, die ein Fahrzeug für eine bestimmte Bewegung benötigt, wird über die Angabe von Geschwindigkeits- und Beschleunigungsparametern berechnet. Die Geschwindigkeit beträgt bei einem unbeladenen Fahrzeug *espd* und bei einem beladenen Fahrzeug *lspd*. Weiterhin gelten die Beschleunigungen *acc* (positiv) und *dec* (negativ). Der Abstand zwischen den Fahrzeugen wird durch ihre Länge *len*, den Mindestabstand zwischen zwei Fahrzeugen *dbuf* und den Radius der Kontrollzone an einem Kontrollpunkt *chkz*, der zu einem Zeitpunkt nur von einem Fahrzeug belegt werden kann, bestimmt.

Jede Fahrzeuganforderung durch eine Einheit an einem VWAIT-Knoten erhält einen Eintrag in die Anforderungswarteschlange *ifl*. Ist ein Fahrzeug verfügbar, wird nach der Anforderungsregel *rjreq* (rule for request) die nächste Anforderung ausgewählt. Die Voreinstellung der Anforderungsregel ist PRIORITY, d.h. die Anforderung wird nach der Prioritätsregel der Warteschlange *ifl* ausgewählt. Wenn die Warteschlange leer ist, wird ein verfügbares Fahrzeug nach Maßgabe der Regel *ridl* positioniert. Es stehen vier Standardregeln zur Positionierung von freien Fahrzeugen zur Verfügung. Bei der Voreinstellung STOP bleibt das Fahrzeug an der Stelle stehen, an der es freigegeben wird. Die Regel STOP(CPNUM) bewirkt, daß das freie Fahrzeug zum Kontrollpunkt mit dem Schlüssel CPNUM fährt. Die Variante STOP(CPNUM list) erlaubt die Definiton mehrerer Wartepunkte für freie Fahrzeuge. Schließlich kann mit der Regel CRUISE(CPNUM list) auch eine Liste von Kontrollpunkten angegeben werden, die freie Fahrzeuge auf einem Rundkurs anfahren.

Zu Beginn der Simulation können die Positionen der Fahrzeuge einer Gruppe gesetzt werden. Unterschiedlichen Kontrollpunkten *icpnum* können unterschiedliche Fahrzeuganzahlen *nov* zugeordnet werden. Das Feld *repind* erlaubt die Erstellung von individuellen Statistiken für einzelne Fahrzeuge.

In den Rubriken VEHICLE UTILIZATION REPORT und VEHICLE PERFORMANCE REPORT des Summary-Reports werden folgende Informationen über VFLEET-Ressourcen aufgenommen:

VEHICLE UTILIZATION REPORT:
Fahrzeuggruppenname, Anzahl der Fahrzeuge der Gruppe (Kapazität), jeweils die durchschnittliche Anzahl der Fahrzeuge, die zum Beladen fahren, die beladen, die zum Entladen fahren, die entladen und die durchschnittliche Anzahl der belegten (produktiven) Fahrzeuge.

VEHICLE PERFORMANCE REPORT:
Fahrzeuggruppenname, Anzahl der Be- und Entladevorgänge, durchschnittliche Anzahl der Fahrzeuge, die auf einer Leerfahrt bzw. auf einer Lastfahrt geblockt wurden, durchschnittliche Anzahl der Fahrzeuge, die nicht belegt fahren bzw. nicht belegt gestoppt wurden und die durchschnittliche Anzahl der nicht belegten (unproduktiven) Fahrzeuge.

Verweise:    ⇒ **VCONTROL, VCPOINT, VFREE, VMOVE, VSGMENT, VWAIT**

**Typische Anwendung:**

*Definition unterschiedlicher Fahrzeugarten:*

VFLEET-Ressourcen erlauben die Definition unterschiedlicher Fahrzeugarten. Neben spurgeführten, fahrerlosen Transportsystemen können auch Gabelstapler oder Hubwagen modelliert werden. Allerdings können sich diese bemannten Fahrzeuge im Simulationsmodell auch nur auf dem vorgegebenen Streckennetz bewegen. Zwei Beispiele sollen die große Variabilität des VFLEET-Blocks verdeutlichen.

Die erste Fahrzeuggruppe »AGV1« besteht aus zwei identischen Fahrzeugen, die beladen und unbeladen eine Geschwindigkeit von fünf Längeneinheiten pro Zeiteinheit erreichen. Beschleunigung und Abbremsen verursachen keinen Zeitverbrauch. Die Fahrzeuge sind zehn Längeneinheiten lang und der Mindestabstand beträgt 15 Längeneinheiten. Anforderungen für diesen Fahrzeugtyp werden in die Warteschlange eins eingestellt und nach deren Prioritätsregel abgearbeitet. Wenn keine Anforderungen vorliegen, bleiben die Fahrzeuge stehen. Zu Beginn der Simulation befinden sich beide Fahrzeuge am Kontrollpunkt eins bzw. auf dem Segment eins.

| VFLEET | | | | | | | | | | | |
|--------|---|---|---|---|----|----|---|------------|------|--------|-----|
| AGV1   | 2 | 5 | 5 | 0 | 0  | 10 | 15 | 1/PRIORITY | STOP | 1[2,1] | NO |

Zur Fahrzeugflotte »AGV2« gehören fünf typengleiche Fahrzeuge. Die Höchstgeschwindigkeit beträgt unbeladen zehn und beladen fünf Längeneinheiten pro Zeiteinheit. Beschleunigung und Abbremsen werden mit zwei Längeneinheiten pro Zeiteinheit[2] eingerechnet. Die zugehörige zweite Warteschlange bestimmt die Prioritätsregel bei der Abarbeitung von Transportanforderungen. Wenn Fahrzeuge nicht von Transportanforderungen belegt sind, verkehren sie zwischen den Kontrollpunkten zwei, drei und vier. Als Startpunkt wird für vier Fahrzeuge der Kontrollpunkt zwei bzw. das Segment zwei gewählt und dem letzten Fahrzeug der Kontrollpunkt vier zugewiesen.

| VFLEET | | | | | | | | | | | |
|--------|---|----|---|---|---|---|----|------------|--------------|--------|-----|
| AGV2   | 5 | 10 | 5 | 2 | 2 | 8 | 15 | 10 | 2/PRIORITY | CRUISE[2,3,4] | 2[4,2] | |
|        |   |    |   |   |   |   |    |            |              | 4[1,5] | YES |

## Block: VSGMENT

| VSGMENT | | | | | |
|---|---|---|---|---|---|
| SGNUM/SGLBL | CPNUM1 | CPNUM2 | DIST | DIR | CAP |

```
VSGMENT,sgnum, sglbl, cpnum1, cpnum2, dist, dir, cap;
```

| Feld | Option | Voreinstellung |
|---|---|---|
| sgnum | Kardinal | Angabe erforderlich |
| sglbl | Zeichenkette(8) | Leerzeichen |
| cpnum1 | Kardinal | Angabe erforderlich |
| cpnum2 | Kardinal | Angabe erforderlich |
| dist | positive Konstante | Angabe erforderlich |
| dir | UNI oder BI | UNI |
| cap | Kardinal | vom System berechnet |

Die VSGMENT-Ressource repräsentiert die Verbindung zwischen zwei Kontrollpunkten mit den Nummern *cpnum1* und *cpnum2*. Das Segment hat eine identifizierende Nummer *sgnum* und kann optional im Feld *sglbl* benannt werden. *dist* gibt die Länge des Segments an. Das Feld *dir* erlaubt, Segmente entweder als Einbahnstraßen (UNI-DIRECTIONAL) oder als in beiden Richtungen befahrbar (BIDIRECTIONAL) zu definieren. Die Anzahl der Fahrzeuge, die gleichzeitig ein Segment befahren können, wird als Kapazität *cap* bezeichnet. Gemäß der Voreinstellung wird *cap* vom System mit Hilfe der Segmentlänge, der Fahrzeuglänge und den Distanzpuffern berechnet.

In der Rubrik SEGMENT STATISTICS des Summary-Reports werden folgende Informationen über den Status der Segmente aufgenommen:

Segmentnummer und -name, begrenzende Kontrollpunkte, Anzahl der Belegungen, durchschnittliche, maximale und aktuelle Auslastung.

Verweise:   ⇒ **VCONTROL, VCPOINT, VFLEET, VFREE, VMOVE, VWAIT**

**Typische Anwendung:**
Siehe VCPOINT

## Knoten: VFREE

```
┌─────────┐
│ VFLBL   │╲                    VFREE, vflbl, rjreq, ridl, M;
│ RJREQ   │ M)
│ RIDL    │╱
└─────────┘
```

| Feld  | Option                                                              | Voreinstellung                                  |
|-------|---------------------------------------------------------------------|-------------------------------------------------|
| *vflbl* | *Zeichenkette*(8) oder ATRIB(*Index*)                             | Angabe erforderlich                             |
| *rjreq* | PRIORITY oder CLOSEST                                              | *rjreq*-Regel des entsprechenden Fahrzeugtyps   |
| *ridl*  | STOP, STOP(CPNUM), STOP(CPNUM list) oder CRUISE (CPNUM list)       | *ridl*-Regel des entsprechenden Fahrzeugtyps    |

Der VFREE-Knoten dient zur Freigabe eines Fahrzeugs des Fahrzeugtyps *vflbl*. Das Fahrzeug wird entsprechend der in der VFLEET-Ressource definierten Anforderungsregel *rjreq* weitergeleitet, wenn zum Freisetzungszeitpunkt eine oder mehrere Anforderungen vorliegen. Die Änderung der Anforderungsregel ist im VFREE-Knoten möglich. Gibt es keine Fahrzeuganforderung, wird nach der Regel *ridl* verfahren.

Verweise:     ⇒ **VCONTROL, VCPOINT, VFLEET, VMOVE, VSGMENT, VWAIT**

**Typische Anwendung:**
Siehe VWAIT

## Knoten/Aktivität: VMOVE

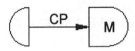

VMOVE, cp, M;

| Feld | Option                       | Voreinstellung      |
|------|------------------------------|---------------------|
| *cp* | positiver ganzzahliger *Wert* | Angabe erforderlich |

Nachdem einem Fahrzeug an einem VWAIT-Knoten ein Transportauftrag zugeordnet wurde, dient die VMOVE-Aktivität zur Modellierung der Bewegung zum Zielkontrollpunkt *cp*.

Verweise:  ⇒ **VCONTROL, VCPOINT, VFLEET, VFREE, VSGMENT, VWAIT**

**Typische Anwendung:**
Siehe VWAIT

## *Knoten: VWAIT*

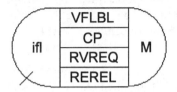

VWAIT (*ifl*), *vflbl*, *cp*, *rvreq*, *rerel*, M;

| Feld | Option | Voreinstellung |
|------|--------|----------------|
| *ifl* | *Kardinal* | Angabe erforderlich |
| *vflbl* | *Zeichenkette*(8) oder ATRIB(*Index*) | Angabe erforderlich |
| *cp* | positiver ganzzahliger *Wert* | Angabe erforderlich |
| *rvreq* | FIFO oder CLOSEST | FIFO |
| *rerel* | TOP oder MATCH | TOP |

Der VWAIT-Knoten verzögert Einheiten in der Warteschlange *ifl*, bis ein Fahrzeug des Typs *vflbl* verfügbar und bis zum Kontrollpunkt *cp* gefahren ist. Die Auswahlregel *rvreq* steuert die Auswahl der Fahrzeuge, wenn eine Einheit ein Fahrzeug anfordert und zu diesem Zeitpunkt mehrere Fahrzeuge verfügbar sind. Mit Voreinstellung FIFO wird das Fahrzeug ausgewählt, das am längsten unbeschäftigt war. Die Regel CLOSEST bevorzugt das Fahrzeug, das die geringste Fahrstrecke zur anfordernden Einheit ausweist.

Erreicht ein Fahrzeug aufgrund einer Anforderung den Kontrollpunkt *cp*, wird nach Maßgabe der Regel *rerel* eine Einheit zur Beförderung ausgewählt. Dies kann die erste Einheit in der Warteschlange sein (TOP) oder die Einheit, die die Anforderung des Fahrzeugs ausgelöst hat (MATCH). Von einem VWAIT-Knoten können M Einheiten weitergeleitet werden, wobei die Einheit, der ein Fahrzeug zugeordnet wird, stets die erste Aktivität belegt. Unter der Rubrik FILE STATISTICS des Summary-Reports werden folgende Informationen über die Warteschlange nachgehalten:

Dateinummer, Knotenlabel/VWAIT, durchschnittliche, maximale bzw. aktuelle Warteschlangenlänge und durchschnittliche Wartezeit.

Verweise:     ⇒ VCONTROL, VCPOINT, VFLEET, VFREE, VMOVE, VSGMENT

**Typische Anwendung:**

*Fahrerloses Transportsystem:*

Das Zusammenspiel von Knoten und Aktivitäten zur Darstellung von FTS (Fahrerlosen Transportsystemen) wird anhand einer einfachen Transportsequenz dargestellt. Einheiten, die zu einem VWAIT-Knoten gelangen, fordern ein Fahreug eines bestimmten Typs an. Vom System gesteuert bewegt sich das Fahrzeug zu dem im VWAIT-Knoten angegebenen Kontrollpunkt.

Erreicht das Fahrzeug den Kontrollpunkt, wechselt der Status des FTS von »Fahren zum Beladen« auf »Beladen«. Die zum Transport ausgewählte Einheit wird gemeinsam mit dem Fahrzeug durch eine Aktivität um die Beladezeit verzögert. Der Transport zum Zielpunkt der Einheit wird mit Hilfe des VMOVE-Knotens modelliert. Die Fahrzeuge nehmen den kürzesten Weg zum Zielpunkt.

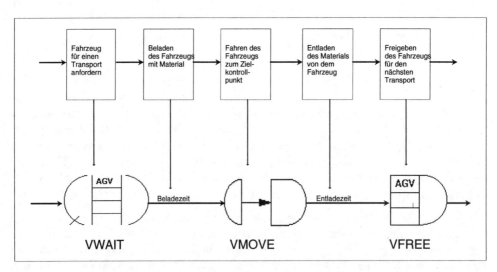

*Abbildung 7.6: Transportsequenz eines Fahrzeugs*

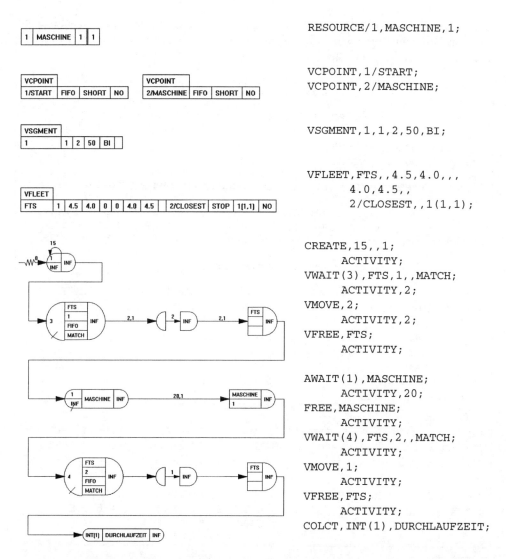

```
                                           RESOURCE/1,MASCHINE,1;


                                           VCPOINT,1/START;
                                           VCPOINT,2/MASCHINE;


                                           VSGMENT,1,1,2,50,BI;


                                           VFLEET,FTS,,4.5,4.0,,,
                                                  4.0,4.5,,
                                                  2/CLOSEST,,1(1,1);


                                           CREATE,15,,1;
                                               ACTIVITY;
                                           VWAIT(3),FTS,1,,MATCH;
                                               ACTIVITY,2;
                                           VMOVE,2;
                                               ACTIVITY,2;
                                           VFREE,FTS;
                                               ACTIVITY;


                                           AWAIT(1),MASCHINE;
                                               ACTIVITY,20;
                                           FREE,MASCHINE;
                                               ACTIVITY;
                                           VWAIT(4),FTS,2,,MATCH;
                                               ACTIVITY;
                                           VMOVE,1;
                                               ACTIVITY;
                                           VFREE,FTS;
                                               ACTIVITY;
                                           COLCT,INT(1),DURCHLAUFZEIT;
```

Die Fahrzeit wird von SLAM automatisch unter Berücksichtigung folgender Informationen berechnet:

▶ Startpunkt der Einheit,
▶ Zielpunkt der Einheit,
▶ Leistungsmerkmale des zugeordneten Fahrzeugs,
▶ Stauungen und Status der auf der Fahrstrecke liegenden Kontrollpunkte und Segmente.

Am Zielpunkt wird mittels einer Aktivität um die Entladezeit verzögert. Anschließend wird das Fahrzeug durch den VFREE-Knoten wieder freigegeben und kann die nächste Transportanforderung erfüllen.

```
                        SLAM II SUMMARY REPORT

SIMULATION PROJECT FTS BEISPIEL        BY CLAUS HELLING
DATE 22/ 1/1993                        RUN NUMBER     1 OF     1
CURRENT TIME       .5000E+03
STATISTICAL ARRAYS CLEARED AT TIME      .0000E+00

        **STATISTICS FOR VARIABLES BASED ON OBSERVATION**

                MEAN    STANDARD   COEFF. OF   MINIMUM MAXIMUM NO.OF
                VALUE   DEVIATION  VARIATION   VALUE   VALUE   OBS
DURCHLAUFZEIT   149     60,6       0,407       52,7    245     17

                     **FILE STATISTICS**

FILE                 AVERAGE   STANDARD   MAXIMUM  CURRENT  AVERAGE
NUMBER LABEL/TYPE    LENGTH    DEVIATION  LENGTH   LENGTH   WAIT TIME
   1   AWAIT         0,000     0,000        1        0        0,000
   2   VEHICLE       7,587     4,381       16       16       72,949
   3   VWAIT         7,358     4,296       15       15      108,208
   4   VWAIT         0,249     0,432        1        1        6,916
   5   CALENDAR      2,720     0,449        4        2        3,148

                    **RESOURCE STATISTICS**

RESOURCE  RESOURCE  CURRENT    AVERAGE    STANDARD   MAXIMUM   CURRENT
NUMBER    LABEL     CAPACITY   UTIL       DEVIATION  UTIL      UTIL
1         MASCHINE 1           0,72       0,449      1         0


RESOURCE  RESOURCE  CURRENT    AVERAGE    MINIMUM    MAXIMUM
NUMBER    LABEL     AVAILABLE  AVAILABLE  AVAILABLE  AVAILABLE
1         MASCHINE 1           0,2800     0          1
```

*Abbildung 7.7: Summary-Report des FTS-Beispiels: Auszug I*

Als einfaches Beispiel wird die Versorgung einer Maschine durch einen Gabelstapler modelliert. Eine Maschine wird aus einem Zentrallager, das 50 Meter von der Maschine entfernt ist, mit Zwischenprodukten versorgt. Die Zwischenprodukte werden im 15-Minuten-Takt losweise von einem Gabelstapler zu der Maschine transportiert. Be- und Entladevorgang haben jeweils eine Dauer von zwei Minuten. Das Los wird in 20 Minuten fertig bearbeitet und muß nach Abschluß der Bearbeitung in das Lager zurückgebracht werden.

```
                          **VEHICLE UTILIZATION REPORT**

              ---------- AVERAGE NUMBER OF VEHICLES ----------

VEHICLE                   TRAVELING            TRAVELING
FLEET       NUMBER        TO LOAD              TO UNLOAD             TOTAL
LABEL       AVAILABLE     (EMPTY)    LOADING   (FULL)    UNLOADING PRODUCTIVE
AGV         1             0,020      0,076     0,828     0,076     1,000


                          **VEHICLE PERFORMANCE REPORT**

              ---------- AVERAGE NUMBER OF VEHICLES ----------

VEHICLE                             TRAVELING
FLEET       NUMBER OF       EMPTY     FULL      TRAVEL.  STOPPED  TOTAL NON-
LABEL       LOADS  UNLOADS BLOCKED  BLOCKED    IDLE      IDLE     PRODUCTIVE
FTS         36     36       0,000    0,000      0,000    0,000    0,000


                          **SEGMENT STATISTICS**

SEGMENT  SEGMENT CONTROL      NUMBER OF  AVERAGE         MAXIMUM CURRENT
NUMBER   LABEL   END POINTS   ENTRIES    UTILIZATION     UTIL.   UTIL.
1                  1 / 2      1          1,000           1       1


                          **CONTROL POINT STATISTICS**

CONTROL  CONTROL                                MAXIMUM
POINT    POINT    NUMBER OF  AVERAGE            NUMBER    CURRENT
NUMBER   LABEL    ENTRIES    UTILIZATION        WAITING   UTILIZATION
1        START    19         0,113              0         0
2        MASCHINE 19         0,112              0         1


                      *** VEHICLE TRIP REPORT MATRIX ***

TABLE   1
              TO CP -      1        2      TOTAL
              FROM CP
                          ----     ----   -----
START          1.          18       19      37
MASCHINE       2.          18       17      35
              TOTAL        36       36      72
```

*Abbildung 7.8: Summary-Report des FTS-Beispiels: Auszug II*

Die wichtigsten Ergebnisse der Simulation sind den Ausschnitten des Summary-Reports in den Abbildungen 7.7 und 7.8 zu entnehmen. Sie bestehen aus umfangreichen Informationen über die Auslastung der Maschine, des Gabelstaplers, der Fahrstrecke und der Be- und Entladepunkte.

Der Gabelstapler ist voll ausgelastet, aber die Maschine nur zu 72%. Die Komponenten des Systems sind nicht richtig aufeinander abgestimmt. Ein Gabelstapler mit höherer Geschwindigkeit könnte die Maschine schneller mit Halbfabrikaten versorgen und sicherstellen, daß die Auslastung der Maschine steigt.

## Befehl: VCONTROL

Eingabeformat:     VCONTROL, *dtmin, dtmax, triprep, cprep, sgrep;*

| Feld | Option | Voreinstellung |
|------|--------|----------------|
| *dtmin* | positive *Konstante* | 0.01*dtmax |
| *dtmax* | positive *Konstante* | TTFIN - TTBEG |
| *triprep* | *Boolean* | YES |
| *cprep* | *Boolean* | YES |
| *sgrep* | *Boolean* | YES |

Der VCONTROL-Befehl reguliert die Zeitabstände, zu denen die Position von Fahrzeugen aktualisiert wird. Die Fahrzeugposition ist eine sich kontinuierlich verändernde Variable, deren Wert in der Simulation zu diskreten Zeitpunkten verändert werden muß. Dabei ist *dtmin* der minimale und *dtmax* der maximale Zeitabstand der Aktualisierung. Außerdem kann mit dem VCONTROL-Befehl gesteuert werden, zu welchen Materialhandhabungsressourcen (Fahrzeuggruppen *triprep*, Kontrollpunkte *cprep* und Segmente *sgrep*) Auslastungsreports im Summary Report erscheinen sollen.

Der Befehl *triprep* erzeugt im Summary-Report eine Matrix mit dem Namen VEHICLE TRIP REPORT MATRIX. Die Zeilen der Matrix stellen Kontrollpunkte dar, von denen ein Fahrzeug angefordert wurde. In den Spalten finden sich die im zugehörigen VMOVE-Knoten spezifizierten Zielpunkte. Ein Element dieser Matrix gibt an, wie häufig Transporte von einem Anforderungspunkt (Zeile) zu einem Zielpunkt (Spalte) durchgeführt wurden. In der letzten Zeile bzw. in der letzten Spalte werden die Transporte eines Ausgangspunkts bzw. eines Zielpunkts aufsummiert. Das Element rechts unten in der Matrix gibt die Gesamtanzahl der Transporte an.

Verweise:     ⇒ **VCPOINT, VFLEET, VFREE, VMOVE, VSGMENT, VWAIT**

## 7.4.4 Bildung von Transportlosen

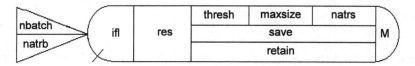

*Knoten: QBATCH*

```
QBATCH(ifl),res,nbatch/natrb,tresh,maxsize,natrs,save,retain,M;
```

| Feld | Option | Voreinstellung |
|------|--------|----------------|
| *ifl* | *Kardinal* | Angabe erforderlich |
| *res* | *Zeichenkette*(8) oder ATRIB(*Index*) | Angabe erforderlich |
| *nbatch* | *Kardinal* | 1 |
| *natrb* | *Kardinal* | keine Sortierung |
| *thresh* | positive *Konstante* | unendlich |
| *maxsize* | positive *Konstante* | *thresh* |
| *natrs* | *Kardinal* | Anzahl der Einheiten |
| *save* | SAVE-Kriterium | LAST |
| *retain* | ALL(*natrr*) | Angabe erforderlich |
| *natrr* | *Index* | keine Angabe |

Der QBATCH-Knoten verbindet einen BATCH- mit einem AWAIT-Knoten. Einheiten werden zunächst gruppiert, bevor eine Ressourceneinheit angefordert wird. Analog zum BATCH-Knoten werden die Werte im Attribut ATRIB(*natrs*) der ankommenden Einheiten aufsummiert, um den Kumulationswert einer Mengeneinheit zu berechnen. Wenn der Kumulationswert den Schwellenwert *thresh* erreicht hat, erfolgt die Generierung einer Mengeneinheit.

Falls die Ressource *res* zur Verfügung steht, reduziert der QBATCH-Knoten die Kapazität um eins und entläßt die Mengeneinheit. Wenn keine Ressource zur Verfügung steht, wächst die Menge, bis die Ressource frei ist. Wenn die Summe der Attribute ATRIB(*natrs*) den Wert *maxsize* übersteigt, wird eine neue Gruppe eröffnet, d.h. es werden Gruppen gebildet, deren Kumulationswert zwischen *thresh* und *maxsize* liegt.

Die Attribute der Mengeneinheit richten sich nach dem SAVE-Kriterium. Das Attribut ATRIB(*natrr*) legt den Speicherplatz für die Eigenschaften der ursprünglichen Einheiten fest. Im Gegensatz zum BATCH-Knoten hat der Modellbauer kein Wahlrecht zwischen einer Sicherung und dem Verlust der Eigenschaften. Ein folgender UNBATCH-Knoten mit *natrr* als Parameter löst die Menge wieder auf, und alle Einheiten erhalten ihre ursprünglichen Attribute.

Das SAVE-Kriterium ist als

▶ *S-Kriterium* oder als
▶ *S-Kriterium*/Liste von Attributnummern

definiert. Das *S-Kriterium* bezieht sich grundsätzlich auf die Sicherung aller Attribute. Die Attribute der angehängten Liste erhalten die Attributssummen der gruppierten Einheit.

| S-Kriterium | Erläuterung |
|---|---|
| FIRST | Die Attribute der ersten ankommenden Einheit werden übernommen. |
| LAST | Die Attribute der letzten ankommenden Einheit werden übernommen. |
| HIGH(*natr*) | Die Attribute der Einheit, die den höchsten Wert im Attribut *natr* enthält, werden übernommen. |
| LOW(*natr*) | Die Attribute der Einheit, die den niedrigsten Wert im Attribut *natr* enthält, werden übernommen. |

Die Einheiten können analog zum BATCH-Knoten in *nbatch* Teilmengen gruppiert werden, wobei eine Zuordnung in Abhängigkeit vom Attribut ATRIB(*natrb*) getroffen wird. Falls die Angabe von *natrb* fehlt, erfolgt keine Teilmengenbildung.

Falls *natrs* nicht spezifiziert worden ist, kann *thresh* als die Anzahl der gruppierten Einheiten interpretiert werden. Der Parameter *ifl* bestimmt die Warteschlangendatei, in der die Mengeneinheiten auf die Zuteilung einer Kapazitätseinheit der Ressource *res* warten. In der Rubrik FILE STATISTICS werden im Summary-Report folgende Informationen über die Warteschlange nachgehalten:

Dateinummer, Knotenlabel/QBATCH, durchschnittliche, maximale bzw. aktuelle Warteschlangenlänge, deren Standardabweichung und durchschnittliche Wartezeit.

Verweise:     ⇒ AWAIT, BATCH, UNBATCH


**Typische Anwendung:**

*Autofähre:*

Eine Autofähre verkehrt zwischen dem Festland und einer Insel. Erfahrungsgemäß möchten viele Touristen mit ihren Pkws in der ersten Tageshälfte auf die Insel übersetzen. Die Reederei möchte die Auslastung ihrer Fähre für diesen Zeitraum analysieren. Im einzelnen soll die maximale Wartezeit eines Pkws und die Anzahl der transportierten Pkws untersucht werden. Da die Fähre auf dem Rückweg am Vormittag kaum genutzt wird, ist nur die Richtung Festland-Insel zu modellieren. Die Ladekapazität der Fähre beträgt 30 Pkws. Aus wirtschaftlichen Gründen wird eine Minimalauslastung von 20 Pkws angestrebt. Für die Hinfahrt werden 20 Minuten und für die Rückfahrt 15 Minuten veranschlagt. Die Zeitangaben enthalten bereits die Verladezeiten. Die Ankunftszeit der Pkws ist mit einem Mittelwert von einer Minute exponentialverteilt.

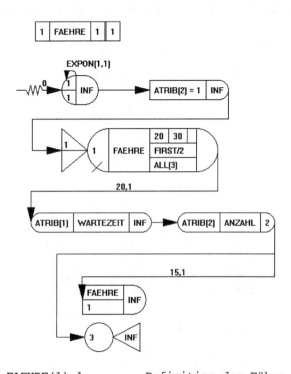

```
        RESOURCE,FAEHRE(1),1;              Definition der Fähre
        CREATE,EXPON(1,1);                 Ankunft der Pkws
        ASSIGN,ATRIB(2)=1;
        QBATCH(1),FAEHRE,,20,30,,
            FIRST/2,ALL(3);                Gruppierung der Pkws
        ACTIVITY,20;                       Hinfahrt
        COLCT,ATRIB(1),WARTEZEIT;
        COLCT,ATRIB(2),ANZAHL,,2;
        ACTIVITY,,,UN;
        ACTIVITY,15,,FR;                   Rückfahrt
FR      FREE,FAEHRE;                       Fähre kann beladen werden
UN      UNBATCH,3;                         Freisetzung der Pkws
```

Der QBATCH-Knoten faßt 20-30 Einheiten in Gruppen zusammen. Die Mengeneinheit erhält die Attribute des PKWs, der am längsten wartet. Die Auswertung des ersten Attributs liefert eine Statistik über die maximale Wartezeit. Im zweiten Attribut der Mengeneinheit wird die Summe von allen Werten des zweiten Attributs der gruppierten Einheiten hinterlegt. Da das zweite Attribut immer auf eins gesetzt wird, kann das zweite Attribut der Mengeneinheit als die Anzahl der transportierten Fahrzeuge interpretiert werden. Nach dem zweiten COLCT-Knoten wird die Einheit verdoppelt. Eine Einheit gibt nach 15 Minuten die Fähre frei, die andere Einheit wird zum UNBATCH-Knoten weitergeleitet. Der UNBATCH-Knoten setzt die kombinierten Pkws wieder frei.

# Literaturverzeichnis

*Abdin, M. F./Mohamed, N. S.:* FMS simulator using SLAM II, in: 21th Int. Automobil Technical Congress FISITA, Belgrad 1986, S. 53-59

*Abdin, M. F.:* Solution of scheduling problems of job-shop type FMS with alternative machine tools, in: Computers and Industrial Engineering, Band 11 (1986), S. 241-245

*Acree, E. S.:* Part and Tool Scheduling Rules for a Flexible Manufacturing System, US Dissertation 1983

*Adam, D.:* Produktionsmanagment, 7.Aufl., Wiesbaden 1993

*Afflerbach, L./ Lehn, J.:* Zufallszahlen und Simulation, Darmstadt 1986

*Amnino, J. S./Russell, E. C.:* The ten most frequent causes of simulation analysis failure-and how to avoid them!, in: Beiheft Simulation Today Nr. 60 zu Simulation 1979, H. 6, S. 137-140

*ASIM – Arbeitskreis für Simulation in der Fertigungstechnik (Hrsg.):* Simulationstechnik und Fabrikbetrieb, Tagungsbericht, München 1988

*Bäune, R./Mann, H./Schulze, L.:* Handbuch der innerbetrieblichen Logistik, 2. Aufl., München 1992.

*Baetge, J./Fischer, T.:* Simulationstechniken, in: Handwörterbuch der Planung, hrsg. v. Szyperski, N./ Winand, U., Stuttgart 1989, Sp. 1782-1795

*Bamberg, G./Baur, F.:* Statistik, 3. Aufl., München et al. 1984

*Banks, J./Malave, C. O.:* The Simulation of Inventory Systems, in: Simulation 1984, S. 283-290

*Banks, J.:* The simulation of material handling systems, in: Simulation, Band 55, San Diego 1990

*Barker, T.H.:* Performance improvement using simulation: Case history of a simulation project for Iowa Army Ammunition Plant load, assemble and pack processes, Konferenz-Einzelbericht: Quality Improvement Techniques for Manufacturing, Products, and Services, The Winter Annual Meeting of the ASME, San Francisco 10.-15.12.1989, Band PED-42 (1989), S. 89-96

*Berens, W.:* Prüfung der Fertigungsqualität: Entscheidungsmodelle zur Planung von Prüfstrategien, Wiesbaden 1980

*Biethahn, J.:* Optimierung und Simulation, Wiesbaden 1978

*Birtwistle, G.:* DEMOS, A System for Discrete Event Modelling on Simula, London 1979

*Bratley, P./Fox, B. L./Schrage L. E.:* A Guide to Simulation, 2. Aufl., New York 1987

*Brockhage, J.:* Produktionsplanung und -steuerung in einer Großreparaturwerkstatt mit objektorientierter datengetriebener Simulation, Frankfurt et al. 1993

*Caspers, F. W.:* Qualitätssicherung durch Fertigungsüberwachung: Möglichkeiten zur Gestaltung von Qualitätsregelkarten, Münster 1983

*Chang, Y. L./Sullivan, R../Wilson, J. R.:* Using SLAM to design the material handling system of a flexible manufacturing system, in: International Journal of Production Research, Band 24 (1986), S. 15-26

*Christy, D. P./Watson, H. J.:* The Application of Simulation, in: Interfaces 1983, S. 47-52

*Clementson, A. T.:* ECSL User's Manual, Birmingham 1973

*Control Data Corporation:* Continuous System Simulation Language Version 3, Sunngvale 1971

*Conway, R. W./Maxwell, W.L./ McClain, J.O. et al.:* User's Guide to XCELL + Factory Modeling System, 2. Aufl., Redwood City 1987

*Coyle, R. G.:* Management System Dynamics, London 1977

*Dagpunar, J.:* Principles of Random Variate Generation, Oxford 1988

*Divakar, R../Singh, N.:* A simulation approach to the design of an assembly line: A case study, in: International Journal of Operations and Production Management, Band 11 (1991), S. 66-75

*Ellinger, Th.:* Planung der Produktionsdurchführung, in: Handwörterbuch der Planung hrsg. v. Szyperski, N./Winand, U., Stuttgart 1989, Sp. 1602-1610

*Feil, P.:* Die wissensbasierte Lagerhaltungssimulation zur Unterstützung einer verbrauchsgesteuerten Disposition, Frankfurt et al: 1992

*Feldmann, K./Schmidt, B.:* Simulation in der Fertigungstechnik, Berlin et al. 1988

*Forrester, J. W.:* Industrial Dynamics, Cambridge 1961

*Forrester, J. W.:* Principles of Systems, Cambridge 1968

*Franta, W. R.:* The Process View of Simulation, New York 1977

*Godziela, R.:* Simulation of a flexible manufacturing cell, in: Winter Simulation Conference Proceedings, Washington 1986, S. 621-627

*Goldberg, A./Robson, D.:* Smalltalk-80, Reading 1983

*Gordon, G.:* The Application of GPSSV to Discrete System Simulation, Englewood Cliffs 1975

*Gross, J. R./Hare, S. M./Roy, S.:* Simulation modeling as an aid to casting plant design for an aluminium smelter, Konferenz-Einzelbericht: IMACS. 10th World Congress on System Simulation and Scientific Computation, Band 2, Montreal 1982, S. 160-162

*Grube, A.:* Moderne Erzeugung von Zufallszahlen, Darmstadt 1975

*Guasch, A. (Hrsg.):* Object Oriented Simulation, Proceedings of the SCS Multiconference on Object Oriented Simulation, San Diego 1990

*Gutenberg, E.:* Grundlagen der Betriebswirtschaftslehre, Band 1: Die Produktion, 24. Aufl., Berlin et al. 1983

*Hailey, W. A:* Validation of Simulation Models, in: Belardo, S./Weinroth, J. (Hrsg.): Simulation in Business and Management, San Diego 1990, S. 73-76

*Haupt, R.:* Produktionstheorie und Ablaufmanagement, Stuttgart 1987

*Henriksen, J. O.:* The integrated simulation environment, in: Operations Research 1983, S. 1053-1073

*Hooper, J. W.:* Strategy-related characteristics of discrete event languages and models, in: Simulation 1986, S. 153-159

*Hoover, S. V./Perry R. F.:* Simulation, Reading 1989

*Huang, P. Y./ Rees, L. P./Taylor III, B. W.:* A Simulation Analysis of the Japanese Just-in-Time Technique with Kanbans for a Multiline, Multistage Production System, in: Decision Sciences 1983, S. 326-344

*IBM:* Continuous system modelling programm III, White Plains 1974

*In-Kyo, R./Joong-In, K.:* Multi-criteria operational control rules in flexible manufacturing systems (FMSs), in: International Journal of Production Research, Band 28 (1990), S. 47-63

*Jackson, M.,* Advanced Spreadsheet Modelling with Lotus 123, New York 1988

*Kiran, A. S./Smith, M. L.:* Simulation studies in job shops scheduling, in: Bekiroglu, H. (Hrsg.): Simulation in inventory and production control, Proceedings of the Conference on Simulation in Inventory and Production Control, San Diego 1983, S. 46-51

*Kiviat, P. J./Villanueva, R./Markowitz, H. M.,* Simscript II, 2. Aufl., Los Angeles 1973

*Knopf, F. C.:* Computer aided designs for non-continuous processing, US Dissertation: 1980

*Kupsch, P. U.:* Lager, in: Handwörterbuch der Produktionswirtschaft, hrsg. v. Kern, W., Stuttgart 1979, Sp. 1029-1045

*Kwak, N. K./Schniederjans, M. J.:* GPSS model for balancing a conveyor line, in: Bekiroglu, H. (Hrsg.): Computer Models for Production and Inventory Control, La Jolla 1984, S. 93-98

*Kwasi-Amoako,G./Jack, R. M./Amitabh, R.:* A comparison of tool management strategies and part selection rules for a flexible manufacturing system, in: International Journal of Production Research, Band 30 (1992), S. 733-748

*Law, A. M./Kelton, W. D.:* Simulation Modelling and Analysis, New York et al. 1982

*Law, A.M.:* Introduction To Simulation, in: Industrial Engineering 1986, S. 46-63

*Lorenz, P./Scharff, A./Schulze, Th.:* Animationskomponenten in Simulationssprachen vom GPSS-Typ, in: Breitenecker, F./Troch, L./Kopacek, P. (Hrsg.): Simulationstechnik, Wien 1990, S. 300-306

*Lyneis, J. M.:* Corporate Planning and Policy Design, Cambridge 1980

*Masing, W.:* Handbuch der Qualitätssicherung, München et al. 1980

*McCallam, J. N./Nickey, B. B.:* Simulation models for logistics managers, in: Logistics Spectrum, Band 18 (1984), S. 10-15

*Mertens, P.:* Simulation, 2. Aufl., Stuttgart 1982

*Milling, P.:* Simulationsanalysen von Innovationsstrategien, in: Operations Research Proceedings 1988, hrsg. v. Pressmar, D./Jäger, K.E./Krallmann, H. et al., Berlin et al. 1989, S. 144-149

*Musselman, K. J.:* Computer Simulation, in: Manufacturing Engineering 1984, S. 115-120

*Newman, W. E./Boe, W. J./Denzler, D. R.:* Examining the use of dedicated and general purpose pallets in a dedicated flexible manufacturing system, in: International Journal of Production Research, Band 29 (1991), S. 2117-2133

*Noche, B.:* Simulation in Produktion und Materialfluß, Köln 1990

*Okagbaa, O. G. et al.:* Manufactoring system cell formation and evaluation using a new intercell flow reduction heuristic, in: International Journal of Production Research, Band 30 (1992), S. 1101-1118

*Overfeld, J.:* Produktionsplanung bei mehrstufiger Kampagnenfertigung, Untersuchung zur Losgrößen- und Ablaufplanung bei divergierenden Fertigungsprozesssen, Frankfurt et al. 1990

*Overfeld, J., Witte, Th.*: Lot-Sizing for Time-Phased Production, in: International Journal of Production Research 1992, S. 839-858

*Page, B.*: Diskrete Simulation. Eine Einführung mit Modula-2, Berlin 1991

*Pegden, C. D./Shannon, R. E./Sadowski, R. P.*: Introduction to Simulation using SIMAN, New York 1990

*Pegden, C. D.*: Introduction to SIMAN, Pennsylvania 1986

*Pfohl, H.-Ch.*: Logistiksysteme: Betriebswirtschaftliche Grundlagen, 4. Aufl., Berlin et al. 1990

*Pfohl, H.-Ch.*: Logistiksysteme, in: Handwörterbuch der Betriebswirtschaft, hrsg. v. Wittmann, W./Kern, W./Köhler,R. et al., 5. Aufl., Stuttgart 1993, Sp. 2615-2631

*Potts, B. K./Trevino, J.*: Simulation and Design of a Dual-Kanban Production System, in: Computers and Industrial Engineering, Band 17 (1989), S. 430-435

*Pratt, C. A.*: Catalogue of Simulation Software, in: Simulation 1987, S. 165-181

*Pritsker, A. A. B.*: The GASP IV Simulation Language, New York 1974

*Pritsker, A. A. B.*: Compilations of Definitions of Simulation, in: Simulation 1979, S. 61-63

*Pritsker, A. A. B.*: Introduction to Simulation and SLAM II, 3. Aufl., New York 1986

*Pritsker, A.A.B./Sigal, C. E./Hammesfahr, R. D. J.*: Network Models for Decision Support, Englewood Cliffs 1989

*Pritsker, A. A. B.*: Papers, Experiences, Perspectives, West Lafayette 1990

*Pritsker, A. A. B.*: FACTOR/AIM, User´s Guide, Indianapolis 1992

*Pugh, A. L.*: III. DYNAMO II User's Manual, Cambridge 1976

*Ravi, T./Lashkari, R. S./Dutta, S. P.*: Selection of Scheduling Rules in FMSs – A Simulation Approach, in: International Journal of Advanced Manufacturing Technology, Band 6 (1991), S. 246-262

*Reichmann, T.*: Lagerhaltungspolitik, in: Handwörterbuch der Produktionswirtschaft, hrsg. v. Kern W., Stuttgart 1979, Sp. 1060-1073

*Richardson, G. P./Pugh, A. L.*: Introduction to System Dynamics Modeling with DYNAMO, Cambridge 1981

*Rieper, B./Witte, Th.*: Grundwissen Produktion: Produktions- und Kostentheorie, 2. Aufl., Frankfurt et al. 1993

*Rieper, B.*: Betriebswirtschaftliche Entscheidungsmodelle: Grundlagen, Herne et al. 1992

*Roberts, E. B.* (Hrsg.): Managerial Applications of System Dynamics, Cambridge 1978

*Roberts, N./Andersen, D./Deal, R. et al.*: Introduction to Computer Simulation, Reading 1983

*Roderick, L. M./Phillips, D. T./Hogg, G. L.*: A Comparison of Order Release Strategies in Production Control Systems, in: International Journal of Production Research, Band 30 (1992), S. 611-626

*Sarker, B. R.*: Simulating a Just-in-Time Production System, in: Computers and Industrial Engineering, Band 16 (1989), S. 127-137

*Scharff, A./Schulze, T.*: Animation im GPSS-Simulator SIMPC, in: Tarangarian, D. (Hrsg.): Simulationstechnik, Hagen 1991, S. 468-472

*Scheifele, M./Warschat, J.*: Simulation eines flexiblen Montagesystems, in: Werkstatttechnik, wt – Zeitschrift für Industrielle Fertigung, Band 74 (1984), S. 337-340

*Schlittgen, R.*: Einführung in die Statistik, Analyse und Modellierung von Daten, 2. Aufl., München et al. 1990

*Schlittgen, R./Streitberg, B.*: Zeitreihenanalyse, 4. Aufl., München et al. 1991

*Schneider, M.*: Schlüsselplatzsteuerung – ein Beitrag zur Optimierung des Systems der Werkstattfertigung, Fortschrittsberichte VDI, Band 20 (1989)

*Schriber, T. J.*: Simulation Using GPSS, New York 1974

*Schriber, T. J.*: The Nature and Role of Simulation in the Design of Manufacturing Systems, in: Wichmann, K. E./Retti, J.: Simulation in Computer Integrated Manufacturing and Artificial Intelligence Techniques, Proceedings of European Simulation Multiconference, Ghent 1987, S. 5-18

*Schweitzer, M.*: Die Produktion, in: Handwörterbuch der Betriebswirtschaft, hrsg. v. Wittmann, W./Kern, W./Köhler, R. et al., Band 3, 5. Aufl., Stuttgart 1993, Sp. 3328-3347

*Seelbach, A.*: Ablaufplanung, in: Handwörterbuch der Betriebswirtschaft, hrsg. v. Wittmann, W./Kern, W./Köhler,R. et al., Band 1, 5. Aufl., Stuttgart 1993, Sp. 1-15

*Shannon, R. E.*: Systems simulation, Englewood Cliffs 1975

*Spriet, J. A./Vansteenkiste, G. C.*: Computer aided Modelling and Simulation, London et al. 1982

*Stahlknecht, P.*: Einführung in die Wirtschaftsinformatik, 6. Aufl., Berlin 1993

*Strandridge, C. R./Pritsker, A. A. B.:* TESS: the Extended Simulation Support System, New York 1987

*Streitferdt, L.:* Produktionsprogrammplanung, in: Handwörterbuch der Betriebswirtschaft, hrsg. v. Wittmann, W./Kern, W./Köhler,R. et al., Band 2, 5. Aufl., Stuttgart 1993, Sp. 3478-3491

*Tempelmeier, H.:* Simulation fertigungswirtschaftlicher Probleme mit SLAM II und SIMAN, in: Angewandte Informatik 1986, H. 2, S. 51-60

*Tempelmeier, H.:* Simulation mit SIMAN, Heidelberg 1991

*Trunk, C.:* Simulation for Success in the Automated Factory, in: Material Handling Engineering, Band 44 (1989), S. 64-76

*Ülgen, O. M.:* GENTLE: GENeralized Transfer Line Emulation, in: Computer Models for Production and Inventory Control, hrsg. v. Bekiroglu, H., La Jolla 1984, S. 99-106

*Ulrich, H.:* Die Unternehmung als produktives soziales System, 2. Aufl., Bern 1970

*Watson, H. J.:* An Empirical Investigation of the Use of Simulation, Simulation & Games 1978, S. 477-482

*Winkler, F./Rauch, S.:* Fahrradtechnik, Bielefeld 1987

*Wiese, H.:* Animierte Simulation der Endmontage von Haushaltsgaszählern, Diplomarbeit am Fachbereich Wirtschaftswissenschaften der Universität Osnabrück, Osnabrück 1992

*Witte, Th.:* Simulationstheorie und ihre Anwendung auf betriebliche Systeme, Wiesbaden 1973

*Witte, Th.:* Heuristisches Planen, Wiesbaden 1979

*Witte, Th.:* Konzepte der Lagerhaltungspolitik, in: Das Wirtschaftsstudium, 13. Jg. (1984), S. 307-312

*Witte, Th.:* Was kostet die Lagerhaltung wirklich? Ein mehrperiodiges Lagerhaltungsmodell bei zufallsabhängiger Nachfrage., in: Das Wirtschaftsstudium 14, Jg. (1985), S. 349-354

*Witte, Th.:* Fertigungssteuerung mit Hilfe der Simulation, in: Das Wirtschaftsstudium, 15. Jg., 1986a, S. 597-603

*Witte, Th.:* Modellierung von Lagerhaltungssystemen mit Netzwerkelementen von SLAM II – Überlegungen zum interaktiven Generieren von Simulationsmodellen, in: Biethahn, J./ Schmidt, B. (Hrsg.), Simulation als betriebliche Entscheidungshilfe, Berlin et al. 1986b, S. 200-212

*Witte, Th./Feil, P./Grzybowski, R.*: LASIM, Ein interaktives Lagerhaltungssimulationssystem, in: Beiträge des Fachbereiches Wirtschaftswissenschaften der Universität Osnabrück, Osnabrück 1988

*Witte, Th./Grzybowski, R.*: Objektbasierte Simulation eines fahrerlosen Transportsystems in Modula-2, in: Pressmar, D. et al. (Hrsg.), Operations Research Proceedings 1988, Berlin 1988, S. 138-143

*Witte, Th./Wortmann, J.*: Fabrikanlagen simulieren, in: Materialfluß 1989, S. 36-38

*Witte, Th.*: Simulation in Produktion und Logistik, Technica, H. 19, 1989, S. 13-19

*Witte, Th.*: Object Oriented Simulation and Relational Databases: Jobshop Simulations driven by Manufacturing Data, in: Modelling and Simulation, hrsg. v. Schmidt, B., Ghent 1990, S. 70-74

*Witte, Th./Brockhage, J.*: PROSIMO – Die datenbankgetriebene Simulation in der Bewährung einer Großreparaturwerkstatt, in: Biethahn, J. et al. (Hrsg.), Simulationsmodelle als betriebliche Entscheidungshilfe, Fachberichte Simulation, Berlin 1991

*Witte, Th.*: Simulation und Simulationsverfahren, in: Handwörterbuch der Betriebswirtschaft, hrsg. v. Wittmann, W./Kern, W./Köhler,R. et al., Band 3, 5. Aufl., Stuttgart 1993, Sp. 3837-3849

*Young-Hae, L./Kazuaki, I.*: Part Ordering through Simulation-Optimization in an FMS, in: International Journal of Production Research, Band 29 (1991), S. 1309-1323

*Zeigler, B. P.*: Theory of Modeling and Simulation, New York 1976

*Zwicker, E.*: Simulation und Analyse dynamischer Systeme in den Wirtschafts- und Sozialwissenschaften, Berlin 1981

# Stichwortverzeichnis

# Datenbanken

## Objektorientierte Datenbanken

Konzepte, Modelle, Systeme

Andreas Heuer

In diesem Buch werden die Konzepte objektorientierter Datenbankmodelle und -systeme sowie einige konkrete Modelle und Systeme vorgestellt.

628 Seiten, 1992, 79,90 DM, gebunden
ISBN 3-89319-315-4

## Relationale Datenbanken

Theorie und Praxis inklusive SQL-2

Hermann Sauer

In fast allen Lebensbereichen hat sich die Anwendung relationaler Datenbanken durchgesetzt. Sie lernen die Grundlage aller relationaler Datenbanken ebenso kennen wie deren interne Arbeitsweise.
Ein Leitfaden für die Beurteilung und Auswahl relationaler Datenbanksysteme rundet die Darstellung ab. Das Thema SQL-2 findet in diesem Buch besondere Beachtung.

291 Seiten, 2. Auflage 1992, gebunden
59,90 DM, ISBN 3-89319-573 - 4

## INFORMIX 4.0/5.0

Das relationale Datenbanksystem
mit INFORMIX OnLine

Dusan Petkovic

Das Buch beschreibt die Versionen 4.0 und 5.0 von Informix. Es ist als Lehrbuch konzipiert und wendet sich an Endbenutzer und Datenbankprogrammierer, die Informix erlernen und praktisch anwenden wollen.

476 Seiten, 1993, 79,90 DM, gebunden
ISBN 3-89319-530-0

ADDISON-WESLEY

# CBT

Computer Based Training (CBT) ist ein Gemeinschaftsprojekt der FernUniversität Hagen und des Addison-Wesley Verlags. Es handelt sich um elektronische Weiterbildungskurse zu wichtigen Themen der Informatik, die Sie an Ihrem PC unter Windows 3.1 bearbeiten können.

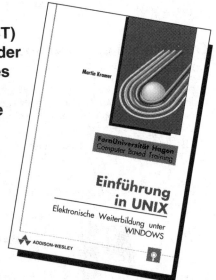

### Einführung in UNIX

Martin Kramer
Begleitbuch: 64 Seiten, inkl. 1 Diskette
298,- DM, ISBN 3-89319-439-8

### EInführung In C

Thomas Horn
Begleitbuch: 144 Seiten, inkl. 2 Disketten
298,- DM, ISBN 3-89319-440-1

### Die relatinonale Datenbanksprache SQL

Thomas Berkel
Begleitbuch: 128 Seiten, inkl. 2 Disketten
298,- DM, ISBN 3-89319-441-x

### Neuronale Netze

Richard Walker
Begleitbuch: 80 Seiten, inkl. 3 Disketten
298,- DM, ISBN 3-89319-442-8

### Wissensbasierte Systeme

Hans Kleine-Büning
Begleitbuch: 144 Seiten, inkl. 3 Disketten
298,- DM, ISBN 3-89319-438-x

### *Hardware-Voraussetzungen*

*- IBM kompatibler PC*
*- 2 MB Hauptspeicher*
*- zwischen 4 und 12 MB freier Festplattenspeicher, je nach Kurseinheit*
*- Microsoft Windows 3.0 oder höher*

### *Leistungsnachweis:*

*Nach erfolgreicher Bearbeitung eines Kurses kann jeder CBT-Teilnehmer eine Prüfung absolvieren und das FernUniversitäts-Zertifikat als Leistungsnachweis erwerben!*

**ADDISON-WESLEY**